三菱 PLC 标准化编程烟台方法

王前厚　编著

机械工业出版社

本书针对 PLC 行业长久以来设计工作量大、现场调试时间长、售后服务工作量大、工程师工作效率低的现状，提出了以面向对象为基础原理、模块化、高内聚低耦合的全新设计和编程框架，最终形成以提高效率为目的的标准化编程方法，作者命名为烟台方法。书中所提出的标准化编程原理和方法是一种普遍性的设计思想架构，适用于所有 PLC 品牌和绝大部分型号。

本书针对拥有大量用户群体的三菱 PLC 品牌专门编写。读者可以通过阅读本书，一方面了解三菱 PLC 平台的标准化实现方法，另一方面可以了解到关于烟台方法的最新进展。标准化的本质是模块化，模块化的基础是底层模块。本书中演示了将部分 BST 库模块移植到三菱系统中的技术要点，同时模块化的本意是所有模块都是可以拆下替换的。书中也演示了自己搭建及封装库函数的方法。本书主要针对 GX Works2 平台、FX3U 与 Q 系列 PLC 做了讲解，也对程序移植升级到 GX Works3 平台做了演示，因此本书讲解的内容可以用于三菱全系列平台和 PLC 型号。

本书适合工业自动化行业对 PLC 产品软件、硬件和编程语言有基本了解和应用经验的编程工程师阅读和参考。

图书在版编目（CIP）数据

三菱 PLC 标准化编程烟台方法 / 王前厚编著 .

北京：机械工业出版社，2024. 10. -- ISBN 978-7-111-76908-8

Ⅰ. TM571.61

中国国家版本馆 CIP 数据核字第 20240XA904 号

机械工业出版社（北京市百万庄大街 22 号　邮政编码 100037）
策划编辑：杨　琼　　　　责任编辑：杨　琼　闫洪庆
责任校对：韩佳欣　梁　静　封面设计：鞠　杨
责任印制：张　博

北京雁林吉兆印刷有限公司印刷

2024 年 12 月第 1 版第 1 次印刷

169mm×239mm · 16.75 印张 · 323 千字

标准书号：ISBN 978-7-111-76908-8

定价：85.00 元

电话服务　　　　　　　　网络服务

客服电话：010-88361066　　机　工　官　网：www.cmpbook.com
　　　　　010-88379833　　机　工　官　博：weibo.com/cmp1952
　　　　　010-68326294　　金　书　网：www.golden-book.com
封底无防伪标均为盗版　　机工教育服务网：www.cmpedu.com

自序：从科学界跨界开创工控行业新时代

我从事工业自动化行业 20 多年了。1997 年于上海大学硕士研究生毕业，先是从事机械设计 3 年多，后来学习了西门子 PLC 和 WinCC，从此一直专注在工控行业并从事工控行业，给自己在网上起的网名叫作万泉河，所以同行之中大部分只知道我的网名，知道或留意到真名的不多。总的来说，一直是网名比真名响亮，更有知名度。

而今，通过在行业中开创了一套全新的 PLC 设计编程方法——烟台方法，以及背后的一系列具体实践应用的样板程序，可以自豪地为自己做个推介了。

王前厚，1994 年上海大学机械自动化学院机械系毕业后，直升保送到上海市应用数学和力学研究所攻读固体力学硕士研究生。我们机械专业的数学力学课程实在简单，比起清华大学、中国科学技术大学等本科就有的力学专业来说，学得太浅。同时数学科目的课程学得也还不够多。所以，在真正读研阶段，我就感到吃力，发觉自己的数学基础严重不足，那些偏微分方程等的科目实在掌握不了，然而也没有毅力补足自己的欠缺。硕士毕业后就匆匆结束学业参加工作了。尽管当时许多老师依然看好，邀请读博士，我都拒绝了。

工作以后从事技术工作，做了一名普通的工程师。2016 年总结自己多年技术经验，编写了第一本专著《西门子 WinCC 从入门到精通》，然而这只是应用经验总结，并没有多少大的创新，所以也不值得多炫耀。

而今，全新的 PLC 编程的标准化原理——烟台方法完全是自己以一己之力完成的，所编写的全新的 PLC 编程模式，对于行业效率的提高，都是有一定创新性的。本人跳离原本的科学界，跨界从事工业自动化领域，给整个行业带来了创新性的进步与革新，对工业自动化领域带来的影响尤其是经济效益的贡献，也是值得自豪的。

随着技术的进步，各品牌的PLC产品纷纷升级，性能越来越强大，与IT系统越来越接近。过去传统的PLC编程模式已经不能适应时代的需求。

工程师除了掌握基本的PLC编程基础外，越来越迫切地需求用标准化、模块化的编程方法使项目系统的设计、调试、服务等方面可以更高效、更节省人工，本书为解决这种需求给出了方法。

PLC标准化编程烟台方法是设计方法和设计流程的标准化。越是复杂的工艺，不能重复地复制系统，越是需要标准化的设计方法。作者在不依赖于PLC品牌的基础上提出了全新的PLC编程方法的标准架构，在业界首次提出了面向对象的四层工艺设备库的概念，并陆续在西门子、AB、三菱、倍福、欧姆龙、施耐德、贝加莱等品牌中一一应用实现，到本书撰写之前，最新的研究成果，包括CoDeSys平台下的所有进口、国产品牌和型号，包括各种小型PLC的标准化架构研发均已实现。

从2018年起，作者将成功运行的实际工程项目资料整理打包，分享给参加学习的同行，由此组织了标准化学习营，将标准化成果推广到整个行业。几年间，在与学员的交流过程中，针对更多的应用需求，使标准化的设计理念更加丰富、成熟。为了帮助更多的自动化工程师同行掌握这种设计方法，快速提高工作效率，特编著了本书。读者可以通过阅读本书，获得灵感，尽自己所能应用到设计工作中。

本书对于三菱标准化学习营的学员，则可以作为学习提纲。结合已有的项目资料，可以更清晰地理解作者所主张的理念和思想。通过项目资料的对照印证，可以更好地吸收并更快地应用到项目中。

本书的章节设计，除了对既有的传统设计方法做了回顾之外，核心内容是以理论与实践相结合的方式，即先介绍一部分理论，然后对这部分理论进行实践应用，之后继续更深入地讲解理论，以及与之对应的实践应用。其中很多细节包含了作者20余年工作经验的精华。

为方便读者交流，在现有的自动化同行AD自动化俱乐部系列微信群之外，还开设了专门的读者交流微信群，读者可关注微信公众号或加作者本人微信zho6371995 等方式，获取加入微信群的邀请。

作者希望通过本书，可以引领国内自动化同行，实现与 IT 行业编程方法接近的标准化、模块化的设计方法。PLC 系统的设计编程工程师可以自豪地称自己为程序员，而不再是使用一种小众产品和设计语言的另类工程师。

作者预计，未来 10 ～ 20 年 PLC 产品还将继续存在，然而整个 PLC 行业的编程设计方法必定是标准化、模块化的。在所有的自动化工程公司以及非标设备制造厂中，工程师将承担系统开发和公司流程标准的制定，而具体的项目设计、程序设计、设备调试等工作则由生产部门负责执行。

希望未来从事工业 PLC 系统设计的同行和后辈在采用标准化设计方法时，能记得曾有过一位网名为万泉河的人所做出的开创性的贡献，那么作者本人也会为曾经从事过这个行业，并为这个行业做出过微薄的贡献而感到欣慰。

感谢所有标准化学习营的学员，你们的信任和支持是我不断研究和提高的动力。也特别感谢部分优秀学员参与了本书的审稿工作，为本书提出了很多有益的建议。

目　录

第 1 章

综　述

在工业生产过程中，大量的开关量顺序控制按照逻辑条件进行顺序动作，并按照逻辑关系进行联锁保护动作的控制，以及大量离散量的数据采集。传统上，这些功能是通过气动或电气控制系统实现的。1968 年美国 GM（通用汽车）公司提出取代继电器控制装置的要求，第二年，美国数字公司研制出了基于集成电路和电子技术的控制装置，首次采用程序化的手段应用于电气控制，这就是第一代可编程序逻辑控制器（Programmable Logic Controller，PLC）。

1987 年国际电工委员会（International Electrotechnical Commission，IEC）颁布的 PLC 标准草案中对 PLC 做了如下定义："PLC 是一种专门为在工业环境下应用而设计的数字运算操作的电子装置。它采用可以编制程序的存储器，用来在其内部存储执行逻辑运算、顺序运算、计时、计数和算术运算等操作的指令，并能通过数字式或模拟式的输入和输出，控制各种类型的机械或生产过程。PLC 及其有关的外围设备都应该按易于与工业控制系统形成一个整体，易于扩展其功能的原则而设计。"

早期的 PLC 主要由分立元件和中小规模集成电路组成，可以完成简单的逻辑控制及定时、计数功能。20 世纪 70 年代初出现了微处理器。人们很快将其引入 PLC，使 PLC 增加了运算、数据传送及处理等功能，完成了真正具有计算机特征的工业控制装置。此时的 PLC 为微机技术和继电器常规控制概念相结合的产物。

20 世纪 70 年代中末期，PLC 进入实用化发展阶段，计算机技术已全面引入 PLC 中，使其功能发生了飞跃式提高。更高的运算速度、超小型体积、更可靠的工业抗干扰设计、模拟量运算、PID（比例 - 积分 - 微分）功能及极高的性价比奠定了它在现代工业中的地位。20 世纪 80 年代初，PLC 在发达工业国家中已获得广泛应用。这个时期 PLC 发展的特点是大规模、高速度、高性能、产品系

1

列化。这个阶段的另一个特点是世界上生产 PLC 的国家日益增多，产量日益上升。这标志着 PLC 已步入成熟阶段。

20 世纪末期，PLC 的发展特点是更加适应于现代工业的需要。从控制规模来说，这个时期发展了大型机和超小型机；从控制能力上来说，诞生了各种各样的特殊功能单元，用于压力、温度、转速、位移等各种各样的控制场合；从产品的配套能力来说，生产了各种人机界面单元、通信单元，使应用 PLC 的工业控制设备的配套更加容易。目前，PLC 在机械制造、石油化工、冶金钢铁、汽车和轻工业等领域的应用都得到了长足的发展。

为了使工程技术人员更好地使用继电器、接触器系统，早期的 PLC 采用和继电器电路图类似的梯形图（LAD）作为主要编程语言，并将参加运算及处理的计算机存储元件都以继电器命名。

LAD 语言的主要特点是简单、直观。在早期的继电逻辑搭成的控制系统升级为 PLC 控制系统之后，所编制的 LAD 程序简直可以和继电器逻辑图完全等同。可以认为，由于 LAD 语言的发明诞生了整个 PLC 行业。

由于 LAD 语言过于直观，整个工业行业中所有的 PLC 品牌所编制的 PLC 程序都是平铺式的，按照电气控制柜或者按照生产工艺的顺序程序线性地平铺下来。由于技术的发展，一些品牌的 PLC 支持模块化，但也只是将平铺的程序简单地分割到若干模块中。从设计理念上来说，仍然是线性的。

近 10 年来，由于计算机技术的飞速发展，更快速、更大内存、更高性能的 CPU 应用到 PLC 系统中。同时各 PLC 厂商的软件系统也在不断地升级，各种新的功能接近计算机高级语言的编程语言加入到 PLC 的编程语言中，使得 PLC 编程更具灵活性，更接近计算机编程的方法。

但是，工业行业是个比较遵循传统的行业。虽然 PLC 的硬件和软件系统已经升级了多次，但很多行业，控制逻辑和程序还是遵循最早开始使用 PLC 做出的逻辑。在各 PLC 厂商推出新系统时，很多工业用户首要关心的是旧的控制程序能否直接升级使用？只有支持移植旧程序略加改造就能使用，才会接受，否则这些新产品新技术就会被市场拒绝。

于是，尽管计算机行业已经日新月异，并且 PLC 厂商提供的系统已经与 20 世纪 80 年代的旧产品性能上有翻天覆地的变化，但在大多数传统行业中，应用控制程序仍然与最早 80 年代的是一个套路，无非是细节上有一些差别。比如过去模拟量处理不方便，大量使用的纸质记录仪，而今换成了软件内部控制，数据直接传到上位机数据库中记录，仅此而已。

尽管计算机行业的编程方法飞速发展，但在工业控制领域，大量的 PLC 控制程序仍然沿用着 40 年前的套路。一代一代的工程师从入行开始，所接触的行业应用程序或者案例都是一样的，在他们自己设计出来的控制系统中逻辑程序也全都是继承效仿前人的，完全没有追随计算机行业那样有翻天覆地的变化。

基于 LAD 的线性编程方法，由于封装性不够好，一个重大的缺点是代码的重复使用性低，现场的调试工作量大，导致大批从事工业控制的工程师将大量的工作时间耗费在项目出差现场。一个工程项目，哪怕是相当多的重复性的项目，虽然已经做过了多次同样类型的项目，由于控制点数的变化和设备的具体参数的变化，导致应用程序逻辑总要有细微的差别。

诚然，一些自动化厂商推出了带有一定封装功能的控制软件产品，比如西门子公司的 PCS 7 和 AB 公司的 PlantPAx，但这些封装还是比较原始的，仅仅是在基本控制设备层面上实现了封装，在高级的工艺相关的逻辑没有做到封装，已有的项目经验不能顺利继承并充分利用，大量的逻辑实现仍然需要工程师在项目实施现场完成。

出于安全的原因，即便细微的差别也都需要具有丰富工程经验的工程师亲自完成，而不敢轻易地交给初入行的学徒，或者助理工程师来完成，这极大地影响了工作效率，同时加大了项目实施的成本。

本书作者从事自动化技术工作 20 余年，从开始消化吸收引进生产线项目，到自己主导设计生产线，调试自动化设备，以及从事技术支持工作，一直关注工业自动化行业的发展。

在关注工业自动化产品升级换代的同时，也一直持续研究高效地进行 PLC 标准化编程的原理和方法，从中积累了大量的素材和丰富的经验，并应用于工程实践。2018 年作者结合西门子最新发布的 TIA Portal V15.0 新功能，实现了全方位、真正的标准化应用，示范项目已经在客户工厂成功运行。

作者在项目成功应用以及培训经验的基础上，又进行理论总结，提取其中的理论精华部分，可以完全抛开原有的 PLC 硬件和软件，形成了面向整个自动化行业的标准化应用方法，即 PLC 标准化编程烟台方法。除了本书着重介绍的三菱 PLC 的标准化编程方法之外，对罗克韦尔、施耐德、倍福、欧姆龙等品牌的标准化设计方法也都做了应用示范，甚至对大量小型 PLC，如 S7-200、信捷、汇川、台达、海为等，也都做了研究，证实可行。

实践证明，这一方法是成熟可靠的。采用这一标准化的设计方法设计的程序，效率高、代码可复用性高，大大地减少了现场的调试时间和难度，也大幅降低偶然因素出错的概率，这对于整个自动化行业必将引领一场全新的潮流。

标准化设计方法的核心目的是提高程序的设计效率，如果不能提高效率，则标准化设计就没有意义。所以本书在讲述标准化原理方法的同时，会针对各品牌应用时重点介绍相关功能的高效实现，使读者在学习标准化方法的同时还可以复习强化对各品牌 PLC 软硬件的高效使用技巧。

小型 PLC 由于原始设计性能较低，先天不具备标准化编程的能力，为了使其具备这种能力，需要从基础进行较大的改造，因而需要较高的 PLC 应用能力，难度较大。本书作者虽然已经实现了在 S7-200 SMART PLC 中的标准化应用，台达、汇川、海为、信捷等小型 PLC 的标准化编程也都有了解决方案，但因篇幅的限制，相关的设计方法并没有在本书呈现。有兴趣的读者在阅读本书之后，在理解原理的基础上，可以联系作者进行咨询。

第 2 章

传统 PLC 编程方法的总结与回顾

2.1　所有物理信号都是 I/O 信号

我们通常认为 PLC 本质就是一台计算机。但 PLC 系统和计算机系统最大的区别是 PLC 主要针对简单物理 I/O 对象的处理，并且数量巨大。

尽管计算机软件中最终也是输入输出，但它面对的输入输出主要是鼠标输入、键盘输入、屏幕显示、磁盘数据读写（包含数据库）、网络通信数据读写、甚至更复杂的语音输入输出、图形输入输出、条形码、二维码和图像识别等。在个别情况下，比如一些分析仪器，会有与 PLC 一样处理简单物理电信号的 I/O，但通常数量非常少。在数量少的情况下，通常会在计算机上插入专用的 PCI（外部设备互连）板卡来实现，但如果一个系统中的物理 I/O 信号数量占多数时，传统计算机的接口就很难实现了，所以通常会由专用的 PLC 或 DCS（分散控制系统）实现。

所以，I/O 数量多的场合是 PLC 的主要应用领域。

这些 I/O 信号最基本的特点都是简单的电气信号，主要有数字量输入（DI）、数字量输出（DQ 或 DO）、模拟量输入（AI）、模拟量输出（AQ 或 AO）。

通常情况下，这些基本的电气信号通过 AD/DA 采集或者转换之后，在 PLC 内部呈现为基本的计算机数据，即长度为 1bit 或者长度为 16bit 的离散量。

除此之外，还有如高速计数输入和高速输出的信号，是靠特殊功能模块实现的，但到了系统内部，本质上仍然是数字量或者模拟量数据，所以不特别讨论。

在 PLC 程序中，所有物理信号都是 I/O 信号。整个控制系统最终都是在为这些 I/O 服务。根据输入的状态做出响应，最终输出到物理的电气设备。

2.2 通信数据都是 I/O 数据

现在的工业控制系统，越来越多的都是通过通信总线的方式传输数据。比如上述的物理 I/O 信号，大多都是通过各种 PROFIBUS、PROFINET 总线等，以及分布式 I/O 的模块传递的。除此之外，还有越来越多的智能型通信站，比如具有通信功能的变频器、二次仪表，甚至另外一台 PLC，因为设备之间工艺逻辑的需求，需要进行数据通信。

这些通信数据通常是单向的，即在本 PLC 系统看来，有一部分数据区是发送给通信伙伴的数据，而有另外一部分数据区是通信伙伴发给本机的（本机收到的数据）。把一台 PLC 作为一个独立的封闭系统来看，这些通信数据本质上也都是 I/O 数据，只不过数据类型除了上述的离散量和模拟量之外，还有可能是其他一些数据类型，比如字节、浮点数、字符串等。

但这些数据的 INPUT 和 OUTPUT 的属性区分还是很明显的，通信收到的数据相当于 I，通信发出的数据相当于 O。

2.3 上位机通信数据也是 I/O 数据

在上一节提到计算机系统中会有一些复杂的 I/O 信号，如声音、图像等。在工业系统中，遇到此类复杂信号时，通常不会直接进入 PLC，而是另外部署一台专用的计算机。这台专用计算机有时是触摸屏，通常称为人机界面（HMI）；有时是个人计算机，上面的软件通常称为 SCADA（监控与数据采集），总体统称为上位机。

这台上位机一方面实现与 PLC 通信，从 PLC 中获取实时数据；另一方面实现 HMI，把来自 PLC 中的数据实时显示到屏幕上，同时还可以把来自上位机的人工输入的指令和数据传送给 PLC，以指挥调度 PLC 系统运行。由于这一功能需求相当普及，所以所有 PLC 品牌都内置了和上位机的通信服务。在制作上位机软件时，不需要下位机的 PLC 做任何通信配合工作，而是上位机可以组态的方式，直接访问 PLC 的输入、输出、内存区，以及寄存器等 PLC 的各种存储区地址，从外观简单来看，PLC 侧并没有做什么编程工作，而内在的原理是 PLC 系统事先已经把上位机通信服务做好了。

当然，也有一些特殊协议连接的上位机，比如触摸屏作为 MODBUS 从站，这个时候所有 PLC 送给触摸屏显示的数据，在 PLC 侧是输出数据。而触摸屏上下发的数据指令，对应到 PLC 中则是输入数据。

总之，不管上位机数据是自由组态的通信，还是占用了单独的 PLC 的 I/O 地址，本质上这些数据对于 PLC 来说都是 I/O 数据。

　　唯独不同的是那些被组态了可以被上位机通信的数据，通常是可以读＋写，而最终是读还是写，完全取决于上位机和下位机使用中对此数据的处理，所以可以有相当大的自由度。

　　比如，如果 HMI 可以对一个变量的数值进行修改，而 PLC 程序中只读取这个数值，而不会给其赋值，那么这个变量对 PLC 来说相当于 INPUT；反之，如果 PLC 程序中不断通过运算，并将计算结果送到这个变量，而到了 HMI 中，则只是显示，那么它对 PLC 就相当于 OUTPUT。而即便在 HMI 上对它进行数值修改，也不会成功，因为写入的瞬间就被 PLC 的计算结果冲掉了。

2.4　面向 I/O 的逻辑编程

　　由于 PLC 诞生之初的设计目的是为了替代继电器逻辑，所以传统 PLC 程序的写法都是针对具体的 I/O 的。最典型的逻辑是电机的自保持梯形图逻辑，如图 2-1 所示。

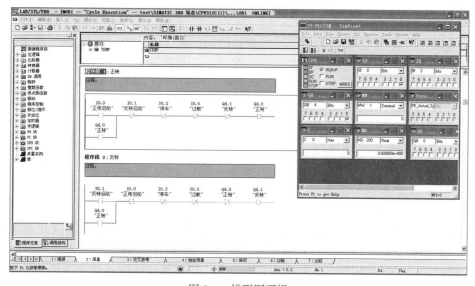

图 2-1　梯形图逻辑

　　一个梯形图逻辑里面包含了一个电机设备的所有启动指令、停止指令、运行条件、故障保护，以及逻辑互锁等信息，所以在调试中非常直观、便捷。如果一套系统中，这样的电机设备有 10 套，那也无非是复制 10 次，然后所使用的 I/O 地址修改一下，逻辑条件有稍微变化的地方，再做些细节的修改。这就是所谓的面向 I/O 的编程方法。

再进一步，如果系统规模更大，比如有 100 台电机，在一些中、大型的 PLC 系统中，就感觉有些复杂，把所有梯形图逻辑都罗列在一起，会显得特别冗长，查阅翻页都不容易。所以，行业中逐渐产生了模块化编程的思想和需求。最简朴的模块化编程思想，其实是与控制设备的物理空间排布相关的。比如一条生产线，设备的排布大致可以分为 A、B、C、D 4 个区，见表 2-1。

表 2-1　区域示意

A 区	B 区
C 区	D 区

那么在 PLC 系统编程中，大致按照每个区的分布方式，把其中的设备集中在一个功能块中进行编程，即 FC1 → A 区，FC2 → B 区，FC3 → C 区，FC4 → D 区。这种所谓的模块化编程，其实只是平行的模块调用。模块之间并不存在上下级调用关系，所以严格地说算不上是真正的模块化。本书谈及的标准化编程，本质上是模块化编程，但模块与模块之间，往往存在较多的上下级调用关系，本书后面的章节将逐渐提及。但又不称之为模块化编程，就是为了避免与这种平铺的模块调用混淆。

通常，一套工艺系统的分区没法做到严格清晰，总会有一些设备或者承上启下，或者被多个部位公用，总之会有一些设备处于模糊地带。否则，如果没有模糊地带的设备，分区之间完全独立，就没必要做到一个工艺系统里。

对于处于模糊地带的公用设备，在传统编程设计中，在控制系统中进行分区时，通常会比较任意，随便就近划一个区就可以了。因为即便划在邻区，其实也无所谓。相邻的区要使用其运行状态作为联锁时，直接取其状态的 I/O 信号即可。而如果要操控这个设备，那就用中间变量来传递。比如设备的主控逻辑在 A 区，但 B 区中某些工艺条件也要求启动。那么就在 B 区的程序块中生成一个请求启动的变量 M，然后再修改 A 区的设备逻辑，把这个 M 条件加进去。具体怎么加，取决于真实的工艺要求。总之，这种处理怎么做都正确，也都无可厚非。

当这种跨区域的联锁与启停逻辑在一套控制系统中随处可见，不定什么时候，工艺上就会提出个什么联锁需求时，这个控制系统的逻辑就会逐渐复杂庞大起来。然后用掉的中间变量也会越来越多，变量用得多了以后，除了程序的可读性变差以外，也容易产生重复使用，会给系统带来错误风险，所以就需要有一个规范的标准来规范这些变量的使用。这就是长期以来一些企业推行的编程规范。

2.5　传统编程标准规范

传统的面向 I/O、面向工艺过程的 PLC 编程方式，耗费了大量的全局公共资源。许多企业根据自家行业所制定的一些所谓的标准化规范，往往主要就是约定系统中的资源分配。

特定的工艺段分配给相应的资源，包括 FC 的编号、M 变量、T 变量、DB 等，都给约定特定的区域。这里指的是系统内部使用绝对地址寻址的 PLC，如西门子公司的 S7-200、S7-300、S7-400。而对于一些 PLC 内部使用了符号寻址，如 AB 公司的 1756、1769，变量名字可以随意起，只要与原来用过的变量名字不冲突即可。符号寻址看起来貌似简单多了，好像不存在变量使用冲突的问题。而实际中如果对各程序块所使用的变量名字不做区分，编程过程中一旦发现名称已使用，将不得已在一个 START 之后，新的 START 只好起名字为 START_1、START_2 等。

最终的程序反而更难以阅读了。要阅读理解程序，必须通过 PLC 编程软件所提供的交叉引用功能，作者文章《【万泉河】PLC 高级编程：抛弃交叉索引》对此做过阐述。所以，即便是符号寻址的系统，变量名字的命名也需要事先做好规范。

这些变量的使用，包括了程序逻辑中用到的辅助变量，如顺控步数，算术运算中用到的过程辅助变量等，也包括调用一些系统特定功能时需要强制绑定的实参，很多变量在程序中并没有使用，只不过是为了满足语法要求的占位，还包括了用于与上位机 HMI 通信而规划的变量区，如前文所述，对 PLC 是充当了 I/O 的功能。

通常为了方便在上位机 HMI 中批量建立变量，用于 HMI 通信的变量会指定专用的数据块，建立之后在程序中使用。由此，在 PLC 程序中，还需要有专门的模块用于收集数据状态，用于送给上位机显示或报警。这种规范约定也常常出现在各行业的企业标准中。

在以后的项目调试和升级换代中，即便不同的工程师经手，也按照规定的规律使用预留好的资源区域，最终，即便有多位工程师经手，经过上百遍的修改，也能保持整齐队形，不混乱。

然而，这种硬性的规定在实际执行中很难贯彻下去。一方面需要规范的制定者具有技术权威性，关于此话题，作者曾经写过文章《【万泉河】技术权威主导推动的企业标准化》做过探讨。另一方面即便是规范的制定者本人，也很难自始至终地保持程序的规范性。程序调试的过程往往伴随着工艺逻辑的调整和升级，有很多时候，工艺并不是确定的，所以所做的程序逻辑往往带有试试看的性质。编程工程师对这些功能测试性质的程序，就不会每一步都严格遵循标准规范。相反，有时候为了突出相关程序段的测试性质，反而会特意使用一些偏离规范的变量及资源。

然而，有可能经过若干次反复修改，工艺逻辑定型了，工程师就没有心情或没有机会坐下来对相关程序段完全重新编写了，所以那些曾经以为临时的测试功能段，就永久地沉没在了设备程序中。换一个新项目，再重新做程序时，这段程序也都未必有机会去改正，新项目往往周期短、任务急、压力大，又有一些新升级功能需要投入更多精力等各种原因，经不起折腾，所以也仍然将错就错了。

由此，一套程序维护几年后，里面"垃圾成山"。再往后，经手的人多了，就完全看不出规范的样子了。只能下决心，在有时间、有机会时，腾出手把整个项目重新严格按照规范再写一遍。其实，如果写程序的方法不变，即便完全重写一遍也仍然避免不了要再走一遍这样的循环。

2.6 结论

随着计算机芯片技术的发展，PLC 系统所采用的芯片也在不断地更新，系统性能逐渐提高。当 PLC 的 CPU 所采用的芯片已经与主流计算机芯片性能相差无几时，而 PLC 系统的编程方法仍旧采用面向过程和面向 I/O 的编程方式就严重落伍了，不能满足时代的需求了。

传统的、面向 I/O 编程方法的弊端是已有的技术成果不容易封装保存，也不容易实现标准化规范。由此导致设计过程不能标准化，设计调试工作量大，工程师工作效率低，建立在以往传统编程模式的设计标准，并不能真正地实现提高效率、降低成本的目的。因而迫切需要一种能够真正实现模块化架构的标准化编程方法，这是烟台方法系列丛书的成因。

作者从 2010 年开始，借鉴参考 PCS 7 的运行原理和模式，尝试在 S7-300PLC+ WinCC 的架构下，模仿实现 PCS 7 的运行效果，从而做了一些 PLC 编程标准化方向的探索，总结了一些经验。但是由于系统功能的限制，无法实现彻底的标准化架构。设计和调试效率虽说得到了一定程度的提高，但在标准化方面还不够成熟。

作者在标准化理论方面做了一些思考和总结，其中于 2018 年先后发表了两篇文章：《【万泉河】好的 PLC 程序和坏的 PLC 程序的比较标准》《【万泉河】不用 M 和 T 的程序好在哪里》。这两篇文章发出后，读者反响强烈，仅在西门子公司官方论坛，两个帖子的点击量就超过 3 万。

这里所提出的观点，其实都是最简单不过的基础知识，没想到竟然带来如此大的关注，很多同行由于不理解而互相争论。于是认识到，工控行业的工程师在标准化方向上，还存在大片的技术真空。

将 PLC 标准化编程的理论、技术探索、发展成熟到推广应用，既是我们的责任，也是摆在我们面前的巨大机会。

2013 年以来，西门子公司新的自动化系统平台 TIA Portal 逐渐普及应用。

也随之在 S7-1200 PLC 系统中逐渐尝试做标准化。在经历了 V13 SP1、V14、V15 等版本升级过程后，到 2019 年，终于在 V15 版本发布应用后，惊喜地发现实现标准化架构所需要的所有技术要点已经全部支持。全面实现标准化架构的条件已经成熟。

在 2018 年，作者利用一次新的工程项目设计开发的契机，把原来 S7-300 PLC 的控制系统，升级为 S7-1500 PLC，并将原本以旧的标准规范所做的控制程序全部废除，推倒重来。以全部模块化标准化的架构，重新设计了程序，并在项目中成功应用。

在新做项目的过程中，一方面满足项目的需求开发了大量的库函数模板，另一方面也逐渐丰富并完善了标准化设计方法的理论。到项目完工之时，标准化理论框架也基本形成。

由此，作者整理、总结了完整的标准化编程的方法和规范，并在后续项目中应用的同时，不断地完善，形成了一套成熟、完整的标准化方法。而后，以此理论架构为基础，在 S7-200 SMART PLC 中同样实现了标准化编程设计的应用。原本因为 PLC 系统功能的限制，认为小型 PLC 做不到标准化设计，但当我们真正掌握了标准化设计的规范之后，对其系统欠缺和不方便标准化应用的部分做了改造，并进行二次开发，添加了一些必要的功能，最后得以实现。

由于 S7-200 SMART PLC 不适合做标准化应用，改造过程比较复杂，难度系数较高，不建议新手尝试。

为了证明 PLC 标准化编程的方法不仅适用于西门子也同样适用于所有其他品牌，我们组织开发了面向 AB ControLogix 5000、三菱 GX Works 和 CODESYS 平台的标准化应用示范项目，对其他品牌平台的开发也一直在持续进行中。

2.7　相关参考文章

2.7.1　[万泉河] PLC 高级编程：抛弃交叉索引

在 PLC 编程领域，有一个非常重要的概念，即交叉索引（cross reference），通过交叉索引功能，可以检索出所有变量在 PLC 程序中的应用情况。这个功能十分重要，所有的 PLC 编程软件都必须有这个功能，所有的 PLC 工程师也都要学会使用交叉索引功能。而如果是自己从头设计的程序，除了前期规划时要将变量的使用规划好之外，设计调试中更需要随时回过头检查交叉索引，以核实变量没有重复、冲突。

交叉索引的本质就是把系统的全局变量按序号，或者从小到大或者按名称字母排布，在程序的每个程序块中检索，最终形成一个索引表。因为 PLC 程序都是没有编译的解释性语言，所以即便是从 PLC 中上传的没有注释的程序也一样可以检索得到，只需要花费一点时间重新生成索引表而已。

不仅仅是 PLC 程序，在上位机软件和触摸屏程序中，也都要求有交叉索引功能，需要能检索出每个变量在画面、脚本、报警系统各处的使用情况。然而，这一切在标准化模块化的系统设计里是根本不需要的。系统所有的结构都是清晰的，数据的传递都是通过接口实现的，包括到上位机和触摸屏也是专用的接口。程序的设计者在设计程序时只需要按规范的接口来调用程序，而在调试时也只需要关注特定模块的特定逻辑和功能，根本用不到变量交叉索引。

2.7.2 ［万泉河］好的 PLC 程序和坏的 PLC 程序的比较标准

这些年，我一直在寻找，在思考。

首先，要找到最合理、最理想的程序范本。最终，我认为是 PCS7。使用 PCS7 高级工具生成的程序，最终落到 S7-400 PLC 中，其本质还是 PLC 程序。尽管其代码规模大，不够精简，运行效率低，但是从编程的规范来说，它一定是最合理的。

其次，从中提炼出其可度量的、好的标准。

好的程序，一定是模块化的，面向对象的，层次分明的。PCS7 显然是遵循这一点做的，但还不足以作为考量程序好坏的标准。

我最终总结认为，好的程序标准是：不使用 M 中间量和 Timer。

可能有读者说，不用 M 量那用全局数据块建立数据一样可以。也有用 DB 块自己脉冲计数，也可以绕过不使用 Timer。

那性质是一样的，特征都是全局变量。

学过高级编程语言的人都知道，高级语言中最基本的原则就是少用全局公用变量，尤其禁止在函数块与函数块内部使用 PUBLIC 变量来交互数据。

放到 PLC 环境中，指的就是 M 和 T。

那么如何避免使用 M 量和 T 呢？答案是大量使用 FB，每一个设备，单元类型，均提炼做成类库，需要的存储区使用 FB 块内部的静态变量，而定时器则使用 SFB 的定时器，背景数据来自 FB 的多重静态数据。

那么是否可以完全做到呢？PCS7 显然是做到了。而我自己做过的程序，也有做到过没有使用 1 个 M 和 1 个 T 的，CPU 中指定的系统变量不算。

2.7.3 ［万泉河］不用 M 和 T 的程序好在哪里

我可以举一个例子，证明没有 M 和 T 的程序是好程序。

比如，你在做一个 S7-300 的项目，程序做完了，但被要求硬件配置换成软冗余。再比如，你曾经有调试完成的 S7–300 的项目，现在有一个同样点数配置的新项目，唯一不同是要求 CPU 做软冗余。那么怎么做？

如果你做的程序是没有 M 和 T 的，那只需要放进去直接运行即可。而如果你用了常规的 M 和 T，那就需要重新写全部程序，全部重新调试。因为软冗余不能对定时器 T 进行同步。对 M 区的同步也是有限指定的。

一个是能够直接复用的程序，一个是只能重新写的程序，好和坏还比不出来吗？

第 3 章

标准化的概念

关于标准、标准化、IEC 国际标准，以及烟台方法等概念，是属于基础的认知。然而由于标准化编程烟台方法是一个全新开创的设计方法，在行业中没有先例，所以有众多的同行对这些基础的概念认知有较大的误区。

为此，作者曾经写过多篇相关方面的科普文章，本书则将相关话题的文章整理为一个专门的章节。由于篇幅的限制和出版规范的要求，对这些文章只提炼其中的关键结论。读者如果阅读理解困难，可以从作者的微信公众号《PLC 标准化编程》和烟台方法知识星球搜索阅读原文。也可以从中阅读到更多未被本书收集的相关文章。

3.1 ［万泉河］当标准化编程方法遭遇非标设备

在工控领域，西门子的销售系统将工业客户分为两类，第一类叫工业客户，即做工程项目类型的；第二类叫 OEM，即原始设备生产商。

对于工业客户来说，每个工程项目都完全不一样，把无数的机电设备按照工艺要求组合在一起使用，做这样的工程项目的设计师，所有项目资料拿到手，都是从零开始设计。而且往往开始时工艺都不能确定，设备数量参数全都是随时变化的，再加上工期往往紧张，所以工程师大部分时间是在工地现场边指导施工，边进行设计。设备安装完，上电了，才边调试边写程序。

而对于另一类的 OEM 类的公司，即设备厂，通常是专注于某种专用设备的机械设备，大部分的研发工作在公司完成，出差中的研发工作相对会少一些。研发一个机型，公司能重复复制几十台，批量卖给不同的工业客户，研发工作会比较轻松，只要研发成功一次就够了。

但通常，设备的工艺只要稍微复杂些，就很难批量生产。每一台都要有改进，都要重新做设计。但有前面的旧版本做参考，工艺原理变化不大的情况下，如果能做好标准化、模块化设计，控制上需要改进的地方也不算多，工作量也不大。但如果没有做好标准化设计，即便同样的工艺部件，仅仅因为控制的 I/O 地址不同，或是分配使用的系统资源不同，而每套设备都要单独设计、调试，那么不仅工作量巨大，而且工程师需要到现场出差的时间也非常多。当下大量的非标自动化工程师被迫常年在工地现场出差，均是出于这样的原因。

我提出的 PLC 标准化编程方法，除了适用于工程项目提高效率以外对非标设备和非标工艺的设计过程中的设计方法标准化的。

3.2 ［万泉河］标准化模块化的本质不是搭积木，而是拆积木

我曾经参加了一个公司组织的标准化调研。

在讨论过程中，主持人多次用搭积木来比喻模块化。先是问 A，你们现在搞的设计架构是搭积木式的吧？对方回答，是。然后再问 B，回答也是。

最后结论就是，现在自动化公司的工程师，工作都是搭积木式的模块化，所以大家都是一样的标准化，实现起来没有问题。

唯一的重点是在开工制作积木素材之前，需要对系统工艺足够熟悉，在做架构分析时，规划设计足够的系统余量，只要做得足够全，将来在使用中就可以灵活使用，随时可以勾选选择需要的功能，而屏蔽不再需要的功能。而如果将来系统运行中又需要激活某个功能，却不再需要某个功能，也只需要将其中的某个参数勾选上，同时将另一个参数勾选掉。

如此实现了他们认为的标准化功能。

但我认为正确的标准化架构下的模块化，不是把所有的模块都加到生产线的控制系统中那才叫模块化，而是应该有一个仓库，里面存放了所有可以用到的如模具一样的模块。对于软件系统来说，这个仓库是计算机，而且这个计算机仓库不需要放到客户的生产线，而是只需要放在自己公司内部。

所谓的标准化的实现过程，其实是随着一次次的项目应用，把现场用过的、打磨好的模具拆下来储存的过程。所以标准化模块化的本质，不是搭积木，而是拆积木。

3.3 ［万泉河］结构化编程不是设备对象的模块化

结构化模块化编程的本质不是设备对象的模块化，而是功能的模块化。

比如一条生产线，如果按照物料行进方向按顺序简单分成若干个单元来设计和编程，那算不上什么模块化。烟台方法的标准化架构，要实现的是每一个功能的模块化。比如一台普通的电机，仅仅实现了手动自动的控制运行功能，但在各

行业的应用中会需要增加一些特殊的功能，比如中央声光报警、寿命累积、变频器、正反转、星 – 三角起动，以及触摸屏多路复用等。

有人在谈到要做标准化时，就大谈规划。大意是只要把所有需要的功能都提前考虑齐全了，都做好了，具体使用时只需要打勾，库函数的引脚上每个功能都有个激活的引脚，只需要把这个引脚打勾激活了，这个功能就选择激活了。

但如此的做法，有 2 个弊端：

1）把所有能想得到的功能都做在库函数里面，会导致库的规模巨大，具体应用中有大量的功能是用不到的，就成了累赘。然而因为所有功能都混杂在一起，要摘除未使用的功能反而需要一定的调试工作量。

2）这种大而全的思路本身是僵化的，其前提是技术工艺都是现成的，要求实现方法都是明确的，只需要规划好了做进去即可。然而忽略了工业领域需要一直创新，技术一直需要发展。如果已经做好固化了，再有新功能需求怎么办？那就不断再增加，而前面的所谓的规划就逐渐全部失效了。

3.4　[万泉河]《S7–1500 程序设计规范指南》与标准化编程的关系

《S7–1500 程序设计规范指南》最主要的观点就是提出了风格要统一，比如变量名等，文档中提出了多种可以采取的规则，然而，重点指出要统一，只能遵循其中一个规则，而不要同时全都遵循。

这种观点我当然非常支持。如果一个团队中，多个工程师平行协作，同时开发各种库应用，当然用同一个风格规则写成的程序，更有利于管理、维护和重用。

然而，这样的团队，规模得是相当大了。我在《PLC 标准化编程原理与方法》中做过分析统计，作为最底层的设备，比如电机类，各种接口形式都算作一个类型的话，整个行业的应用种类很容易会超过 100 种。而如果局限于一个公司所从事的某个行业，就会迅速减少到不过区区十几种了。由此，扩展到其他所有设备类型，加起来不过几十种，如果考虑工艺设备，可能最多也就 100 种。

而对于 PLC 这种应用层级的设备库，逻辑通常都是非常简单的，所以开发的工作量实在不可能动辄由几十乃至上百人来承担。况且，所有的库函数一旦开发成熟，以后基本很少再需要升级改进，只需要被不断重复调用。因此对一个成熟的公司的开发团队，需要的专职研发工程师数量肯定少之又少了。

我总结的传统 PLC 设计架构的分工与标准化架构的分工的区别如图 3-1 和图 3-2 所示。

同样以 6 个定员来比较，标准化架构下，负责核心研发的工程师只剩下一个。甚至最低级别的从事简单重复工作的成员，都不需要具备很多技能基础，所以自然也不需要进行什么风格约定。他们要做的只是简单培训，按照操作说明书，进行工作量输出即可。

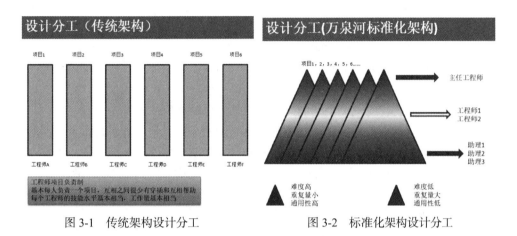

图 3-1 传统架构设计分工　　　　图 3-2 标准化架构设计分工

所以如果还是采取传统的项目负责制，那么风格统一自然相当重要，对公司内部人员互相协作，以及项目的维护等，都不可或缺。然而这个时候，要实现风格统一，难度就非常大。

然而，即便我举例的团队成员达到 6 人的情况，大部分的自动化设备公司，都很少能达到。很多设备公司，设计团队规模都很小，而电气专业的工程师少到只有 1 ～ 2 人。对他们来说与其矛盾重重地强调风格统一，还不如用立体架构替换原有的平行分工。

通过合理的立体架构的分工模式，实现设计流程的标准化，设计流程实现标准化之后，可以融入企业的生产管理流程，通过流程作业方式实现项目的设计生产和交付，而不再高度依赖工程师个人。

所以，总结《S7-1500 程序设计规范指南》中提及的标准化，指的是团队生成的程序代码的标准化。而我所推行的标准化方法，指的是生产流程的标准化。更大意义上已经渗透到工厂的管理领域，而不仅仅是代码本身。

3.5 ［万泉河］从标准化的烟台方法到标准的生产流程规范

标准，是一套统一的规范约定，约定这个规范的目的是为了方便后端的使用者使用，提高互换性。通过统一的规范，可以实现简单互换、重复使用，而不需要每次应用都要重新学习、研究、开发、定制，从而实现了高效率。

标准化，是制定、生成标准的过程。把原本杂乱的、无序的设计生产过程，通过科学有效的方法，找到合理的优化路径，最终设计生成简单易用的标准规范。

标准化生成的标准简单易用是一个非常重要的指标。而烟台方法的目标却绝不止这些。我们的目标是，对于一种工艺成熟的非标设备或者系统，设计者完成开发后，可以通过制定标准规范的方式，把设计编程调试的每一个环节都用规范固化下来，规范的结果对使用者没有门槛要求，只需要按照流程指导书逐步操作，就可以完成一个新的设备项目的设计工作。

例如，如果一个公司分别设立设备研发部和生产部，那么，研发部门研发一套新设备，调试完成之后，就可以制定这套设备的生产工艺流程和规范，除了机械设备部件的加工工艺、电气盘柜的制造工艺之外，自动化软件系统也包含其中。当然这其中每台新设备指的是设计和程序都完全不同的非标设备。如果是批量生产的软件程序都完全相同的设备，程序都不需要做任何修改，那属于标准设备，不在本书探讨范围内。相信所有标准设备的生产厂家很容易就实现了生产过程标准化。

由此，制造流程规范下发到生产部门，生产部门按照合同订单的配置，根据规范的指导，除进行设备元器件的采购加工之外，软件程序部分也根据规范的要求，逐步生成。由于程序的内容都是模块化的、拼装式的，程序的生成过程不需要有任何创新和调试，所以不需要专业工程师亲自操作，只需要普通的技术工人，经过简单培训后就可以胜任。

80 工位双联开关和 80 模拟量批量处理的例程发布后，有人问与我们平常方法写的程序有什么区别？

区别就在于简单，把复杂的功能逻辑封装在模块内部，而在应用层面一目了然的简化到极致的简单，实现的过程简单可复制，不需要任何技能就可以实现，因而可以通过编制生产指导规范的方式实现技术传承，可以形成公司内部的生产流程标准化。

下面就以 80 系列的例子为基础，假想为工程项目，做一个操作指导书，下发给假想的生产人员。从此以后，相似功能要求的项目，不管数量是 79 还是 81、70、90，甚至 800、8000，生产人员都可以按照操作指导的步骤一步步完成项目的设计流程全过程。现场的安装调试以及售后服务，也不再需要研发工程师参与。

在开始动手之前，先讲解一下例子的概念问题。这个例子是为了最大程度地模拟真实的工程项目现场。而真实的工程项目中，设备类型非常多，点数分布非常凌乱，没有规律。这里预设一个例子工况时，简单描述了有 80 个开关或者 80 个模拟量，然而并不表示数值 80 代表了某种规律性。

所以为了使得演示例子更具真实性，把两个例子糅合到一起，假设项目中既有旋钮开关和指示灯，也有模拟量，它们的数量也都不固定，指示灯的数量也为多个。

首先把原本的两套程序拼接到同一个 CPU 中，会发现拼接的过程就是简单地把程序模块和变量表复制过来。原本 OB1 中调用一个模块，增加到 2 个。仅此而已。

因为 80 例子程序未使用任何全局变量，所以简单复制并不会发生变量冲突，所以也不需要做任何调试。唯一有可能的是，FB/FC 的编号有可能冲突，那是因为编号原本就是系统自动从小到大分配的，而对于 Portal 这样智能的系统，复制时如果有冲突，会自动提示。然后只需要手动改一个空白编号即可。

具体的设计流程如表 3-1 所示的操作指导书。

表 3-1　PLC 程序操作指导书

步骤 1：根据合同技术附件内容和甲方交付的技术资料，统计 I/O 点数

	位号	通道	类型	UNIT	下限	上限		注释
1	AI_V019	%IW716	AI	pa	0	100	AI01_00	AI01_00||DPT-R5|{0, 100}pa
2	AI_V020	%IW718	AI	pa	0	500	AI01_01	AI01_01||DPT-F5|{0, 500}pa
3	AI_V021	%IW720	AI	°C	-5	55	AI01_02	AI01_02||THT-R6-T|{-5, 55}°C
4	AI_V022	%IW722	AI	%	0	100	AI01_03	AI01_03||THT-R6-RH|{0, 100}%
5	AI_V023	%IW724	AI	pa	0	100	AI01_04	AI01_04||DPT-R6|{0, 100}pa
6	AI_V024	%IW726	AI	pa	0	500	AI01_05	AI01_05||DPT-F6|{0, 500}pa
7	AI_V025	%IW728	AI	°C	-5	55	AI01_06	AI01_06||THT-R7-T|{-5, 55}°C
8	AI_V026	%IW730	AI	%	0	100	AI01_07	AI01_07||THT-R7-RH|{0, 100}%
9	AI_V027	%IW732	AI	pa	0	100	AI02_00	AI02_00||DPT-R7|{0, 100}pa
10	AI_V028	%IW734	AI	pa	0	500	AI02_01	AI02_01||DPT-F7|{0, 500}pa
11	AI_V029	%IW736	AI	°C	-5	55	AI02_02	AI02_02||THT-R8-T|{-5, 55}°C
12	AI_V030	%IW738	AI	%	0	100	AI02_03	AI02_03||THT-R8-RH|{0, 100}%
13	AI_V031	%IW740	AI	pa	0	100	AI02_04	AI02_04||DPT-R8|{0, 100}pa
14	AI_V032	%IW742	AI	pa	0	500	AI02_05	AI02_05||DPT-F8|{0, 500}pa
15	AI_V033	%IW744	AI	°C	-5	55	AI02_06	AI02_06||THT-R9-T|{-5, 55}°C
16	AI_V034	%IW746	AI	%	0	100	AI02_07	AI02_07||THT-R9-RH|{0, 100}%
17	AI_V035	%IW748	AI	pa	0	100	AI03_00	AI03_00||DPT-R9|{0, 100}pa
18	AI_V036	%IW750	AI	pa	0	500	AI03_01	AI03_01||DPT-F9|{0, 500}pa
19	AI_V037	%IW752	AI	°C	-5	55	AI03_02	AI03_02||THT-R10-T|{-5, 55}°C
20	AI_V038	%IW754	AI	%	0	100	AI03_03	AI03_03||THT-R10-RH|{0, 100}%
21	AI_V039	%IW756	AI	pa	0	100	AI03_04	AI03_04||DPT-R10|{0, 100}pa
22	AI_V040	%IW758	AI	pa	0	500	AI03_05	AI03_05||DPT-F10|{0, 500}pa
23	AI_V041	%IW760	AI	°C	-5	55	AI03_06	AI03_06||THT-R11-T|{-5, 55}°C

步骤 2：示范项目另存到新的工程项目，删除原有变量表，硬件组态按照新项目配置完成

步骤 3：将位号、通道和注释列的内容复制到 PLC 变量表中，与实际的模块通道对应

步骤 4：检查程序页面数量正确，如有多余，则删除，如有欠缺行，则拖拽公式生成

AI_V019	//#AI_V019(IN_INT:="AI_V019",	HI_LIM:=100,LO_LIM:=0,	INSTANCE:='DPT-R5',unit:='pa');
AI_V020	//#AI_V020(IN_INT:="AI_V020",	HI_LIM:=500,LO_LIM:=0,	INSTANCE:='DPT-F5',unit:='pa');
AI_V021	//#AI_V021(IN_INT:="AI_V021",	HI_LIM:=55,LO_LIM:=-5,	INSTANCE:='THT-R6-T',unit:="°C');
AI_V022	//#AI_V022(IN_INT:="AI_V022",	HI_LIM:=100,LO_LIM:=0,	INSTANCE:='THT-R6-RH',unit:='%');
AI_V023	//#AI_V023(IN_INT:="AI_V023",	HI_LIM:=100,LO_LIM:=0,	INSTANCE:='DPT-R6',unit:='pa');
AI_V024	//#AI_V024(IN_INT:="AI_V024",	HI_LIM:=500,LO_LIM:=0,	INSTANCE:='DPT-F6',unit:='pa');
AI_V025	//#AI_V025(IN_INT:="AI_V025",	HI_LIM:=55,LO_LIM:=-5,	INSTANCE:='THT-R7-T',unit:="°C');
AI_V026	//#AI_V026(IN_INT:="AI_V026",	HI_LIM:=100,LO_LIM:=0,	INSTANCE:='THT-R7-RH',unit:='%');
AI_V027	//#AI_V027(IN_INT:="AI_V027",	HI_LIM:=100,LO_LIM:=0,	INSTANCE:='DPT-R7',unit:='pa');
AI_V028	//#AI_V028(IN_INT:="AI_V028",	HI_LIM:=500,LO_LIM:=0,	INSTANCE:='DPT-F7',unit:='pa');
AI_V029	//#AI_V029(IN_INT:="AI_V029",	HI_LIM:=55,LO_LIM:=-5,	INSTANCE:='THT-R8-T',unit:="°C');
AI_V030	//#AI_V030(IN_INT:="AI_V030",	HI_LIM:=100,LO_LIM:=0,	INSTANCE:='THT-R8-RH',unit:='%');
AI_V031	//#AI_V031(IN_INT:="AI_V031",	HI_LIM:=100,LO_LIM:=0,	INSTANCE:='DPT-R8',unit:='pa');
AI_V032	//#AI_V032(IN_INT:="AI_V032",	HI_LIM:=500,LO_LIM:=0,	INSTANCE:='DPT-F8',unit:='pa');
AI_V033	//#AI_V033(IN_INT:="AI_V033",	HI_LIM:=55,LO_LIM:=-5,	INSTANCE:='THT-R9-T',unit:="°C');
AI_V034	//#AI_V034(IN_INT:="AI_V034",	HI_LIM:=100,LO_LIM:=0,	INSTANCE:='THT-R9-RH',unit:='%');
AI_V035	//#AI_V035(IN_INT:="AI_V035",	HI_LIM:=100,LO_LIM:=0,	INSTANCE:='DPT-R9',unit:='pa');
AI_V036	//#AI_V036(IN_INT:="AI_V036",	HI_LIM:=500,LO_LIM:=0,	INSTANCE:='DPT-F9',unit:='pa');
AI_V037	//#AI_V037(IN_INT:="AI_V037",	HI_LIM:=55,LO_LIM:=-5,	INSTANCE:='THT-R10-T',unit:="°C');
AI_V038	//#AI_V038(IN_INT:="AI_V038",	HI_LIM:=100,LO_LIM:=0,	INSTANCE:='THT-R10-RH',unit:='%');
AI_V039	//#AI_V039(IN_INT:="AI_V039",	HI_LIM:=100,LO_LIM:=0,	INSTANCE:='DPT-R10',unit:='pa');

（续）

步骤 5：PLC 程序，FB801 变量声明中生成第一列的实例数据，第二列的程序内容复制到 SCL 段落中。完成后取消注释
步骤 6：同样操作完成开关部分程序到 FB802 中
步骤 7：编译，程序完成。下载到 PLC 中
步骤 8：对 HMI 中的程序和画面，完成修改、联机调试、打点

这里只是简单给出了与程序相关的操作指导，实际应用中还可以对电气配盘、接线、上电过程、打点方式、异常错误处理等能想得到的细节一一给出经验性指导。

而当这些细节技术内容统一规范成为公司标准之后，就成为公司积累的财富，成为公司在行业中的核心竞争力。

3.6 [万泉河] PLC 标准化编程烟台方法是编程标准还是标准程序

我们所推行的 PLC 标准化编程烟台方法，是编程的标准还是一套通用的标准程序？

答案是：都不是。

标准化工作要做的是非标自动化公司的设计工作标准。而每个公司从事的设备行业都各不相同，我们会有一些成熟的经验帮助到这些公司，但对每一个公司的企业标准还是要自己来积累建立。烟台方法只不过是实现 PLC 程序的模块化、标准化的方法，为制定企业标准提供技术支持而已。

那么，这套程序是通用的标准程序吗？当然也不是。

标准程序的产生，只能局限于某个公司内部，某个单一非标设备系列。纵然整个行业，各种工控产品型号繁多，控制内容浩大，但具体到某一个系列的非标设备，或者某一个行业的工程系统，再加上单个公司的应用习惯，导致程序的标准化很容易实现。非标设备和工程项目每一台每一个合同配置都不完全一样，都千差万别，但最基础的控制工艺总是有限的，可以总结归纳模块化、系列化。

由此逐渐沉淀形成企业标准。最终提升了相关公司的设计生产效率。

其中配置方面的影响，一方面是设备系列间功能的差别，另一方面是使用了不同的 PLC 产品控制方案。以往在做标准化的过程中，比较难的是后一点。众多所谓做企业标准的大公司，也仅仅有限度地实现了前一点，而跨 PLC 平台的标准化，则基本无人能做。而烟台方法提供的架构方法，使得不同配置的 PLC 产品平台之间程序的移植也成为可能。

所以，烟台方法只不过是提供了一整套标准化设计的原理和方法，而外在提供的资料则只是其中的一个非标自动化设备的示例样板。到目前为止，已经为各主流 PLC 平台开发了示例样板，即同一套程序移植到了多个平台。

3.7 ［万泉河］PLC 标准化编程烟台方法的本质是低代码

我们所推行的 PLC 标准化编程烟台方法，本质上其实就是在实现低代码。只不过，比起 IT 领域的低代码开发，要容易得多，从提高效率的角度，对于批量式的程序生成，要么使用自动脚本程序，要么使用文本工具处理，都比"拖拉拽"效率要高得多。所以，从形式来看，我们并不是完整符合 IT 领域的 aPaaS 概念，但最终目的则是一样的。即降低应用侧的难度，让一个普通人，不需要多少专业技术技能以及编程技能，都可以快速设计出一个自动化项目应用程序。

其实，从 PLC 行业诞生之初，它的定位就是一种低代码的应用平台，比如它所发明的梯形图语言，就是通过"拖拉拽"的操作形式来实现逻辑程序的设计。而对应的上位机 SCADA 软件，通常称为组态软件，也是试图以尽可能的组态方式，实现人机界面的设计，而不是编程。对组态软件中的脚本功能，只是辅助，只在极少特殊需求时才遇到。

然而，随着工业应用水平的逐渐提高，PLC 的发展越来越接近于计算机，其内在的工作任务需求越来越复杂，一些更接近计算机习惯的编程语言被开发应用到 PLC 系统中。比如 SCL 和 ST 语言，就与高级语言几乎没有区别了。

而工业系统所控制的工艺与逻辑也日趋复杂，在某些复杂的工业系统中，一套 PLC 的程序逻辑甚至超过十几万行，所以已经完全偏离了其诞生之初的低代码的特色，需要进行再次高低拆分之后实现低代码，这就是烟台方法已经实现的功能。这种实现过程，就是把其中的逻辑功能，即高代码部分，尽可能地全部封装，封装之后留给低代码的部分越简单，对使用者的要求就可以越低，从而可以实现更低成本的人工使用。

3.8 ［万泉河］PLC 编程烟台方法中的干货

写程序时要尽量使用简单的通用的语法，而尽量避免使用过度依赖当下硬件平台特性的特殊指令，将来有需要时才有可能可以方便跨平台移植。

所以未来，对非标自动化设备的烟台方法的 PLC 编程，在设计架构时，一定不是局限于某个品牌的硬件平台，而是只针对所面对的设备工艺本身。把这个架构分析设计好了之后，应用到任何品牌，只要系统硬件功能支持，就可以快速实现应用程序了。

所以，过去有人在谈标准化编程时，总是强调硬件是基础，标准化的前提是先把硬件标准化，烟台方法不是这样的。在烟台方法的架构下，PLC 硬件（包含其软件系统）、烟台方法、设备工艺三者是平级的，互为工具，互为目标。

3.9　[万泉河]PLC 编程中的 IEC 61131–3 标准

不管是西门子还是倍福或者其他厂商，都会在他们的培训资料中特别强调他们支持遵循 IEC 61131–3 标准，而且很多时候会加一些词汇强调，比如绝对支持、完全支持、彻底遵循、完美支持等。

这就给我们造成一种错觉，同一个编程语言写的程序，是否可以直接兼容移植？

标准化的本质不是简单做库，但库函数是实现标准化的前提。如果能简单移植，直接使用，是最好不过的了。

从 Portal 中把 FB 导出为 SCL 源文件，然后改名为倍福 TC2 导出格式的 EXP 文件，导入到其软件中。编译，然后发现错误简直太多了，根本无法编译。如果能统计数量的话，几 KB 的一小段代码，估计错误一定超过 1000 个了。

如图 3-3 所示，举几个其中的问题：
- 函数名，西门子有双引号，而倍福不允许有双引号。
- 作者信息、版本信息、倍福不支持。
- 大括号 {} 包含一些变量特殊信息，倍福也不支持。
- 数据类型，西门子都是首字符大写，后面小写，而倍福只认全大写。
- 程序中变量调用时，西门子每个变量都自动添加了 #，而这在倍福中是非法的。但是，又不能全部替换清除，因为时间参数中比如 T#5S 等，又是必须的。
- 西门子的程序中有两种注释方式，(**) 和 // 都可以。倍福的 TC3 可以 // 开头的整句话为注释了。然而 TC2 不行，必须替换为 (**)。这用简单的查找替换根本不能实现。

怎么会这样？不是两家都说完全支持 IEC 61131–3 吗？

我分析下来，其实两家都没错，是我们理解错误。他们宣称的语法相同只是要求的学习习惯相同，最终实现的细节还是不一样。IEC 标准只是对通用部分的功能做了约定，而并不涉及更高级的使用。

比如对数据切片读写，原来的 IEC 标准中未提及，西门子的语法是 DWORD.%X0，而倍福的语法是 DWORD.0，但在欧姆龙和三菱中，这两种语法又是全都不认可的，需要更特殊的编程处理。

```
FUNCTION_BLOCK "Digital"
{ S7_Optimized_Access := 'FALSE' }
AUTHOR : RM
FAMILY : MON
VERSION : 1.0
  VAR_INPUT
    LOCK : Bool;
    ERR_EXTERN : Bool;
    LIOP_SEL : Bool;
    L_SIM : Bool;
    L_RESET : Bool;
    INP : Bool;
    INP_NEG : Bool;
    INP_SIM : Bool;
    DELAY_TIME : Time := T#5S;
    DELAY_TIME_OFF : Time := T#5S;
    INSTANCE : String[254] := 'Digital_001';
    RESTART : Bool;
  END_VAR

  VAR_OUTPUT
    QdwState : DWord;
    QLOCK : Bool;
    QSIM : Bool;
    QON : Bool;
    QON_DELAY : Bool;
    QOFF : Bool;
    QOFF_DELAY : Bool;
    QDELAY_TIME : Time;
    QDELAY_TIME_OFF : Time;
    QINP : Bool;
    QERR : Bool;
  #QSIM:=true;
  #OPdwCmd.%X20:=false;
  #OPdwCmd.%X21:=false;
ELSIF (#LIOP_SEL=true AND #L_SIM=false) OR (#OPdwCmd.%X20=true AND #LIOP_SEL=false) THEN
  #QSIM:= false;
  #OPdwCmd.%X20:=false;
  #OPdwCmd.%X21:=false;
END_IF;

(*
Network 3: Reset Operation
Vaiable: OPdwCmd Bit: 24 = Reset
*)
// Rising edge by linking
IF #L_RESET=true AND #SE_L_RESET_LINK_COND=false THEN
  #SE_L_RESET_LINK:=true;
  #SE_L_RESET_LINK_COND:=true;
ELSIF #L_RESET=true AND #SE_L_RESET_LINK_COND=true THEN
  #SE_L_RESET_LINK:=false;
ELSE
  #SE_L_RESET_LINK_COND:=false;
END_IF;
// Rising edge by operator
IF #OPdwCmd.%X24=true THEN
  #SE_L_RESET_OP:=true;
  #OPdwCmd.%X24:=false;
ELSE
  #SE_L_RESET_OP:=false;
END_IF;
// Reset error
#OP_RESET:=(#LIOP_SEL AND #SE_L_RESET_LINK) OR (#SE_L_RESET_OP AND NOT #LIOP_SEL);
```

图 3-3　代码移植错误

3.10　标准化设计工作的未来

通过阅读学习本书，读者可以更深刻地理解所获得的范例源程序，更容易消化吸收，并加以扩展，利用到自己所从事的行业工艺中。然而，整个标准化示范项目资料内容远比本书所涉及的范围大得多。更多的细节，更多的技巧，只有通过项目本身才能发现、获取，或者直接利用。因为有太多的知识和技术细节与标准化设计无关，或者根本不是什么高级技能，不值得拿到书面上来大书特书。当然了，这些细节很多只是作者本人的经验积累以及偏好，并不代表是标准答案，所以作者也自知没有资格把这些拿出来要求别人也这么照搬照做。许多比我们更优秀、经验更丰富的工程师，或者我们没有接触过的行业，都会有各自不同的实现方法和惯例。

然而，对于许多跨入自动化行业资历稍浅，或者从业过程中没有机会遇到更好的企业技术积累从中汲取营养的工程师，如果能够有机会获取分享的标准化项目，所能获得的营养远比本书所提供的内容更丰富，更直接。至少，对于新手来说，有了示范项目做参考，可以跳过自己从头设计的尴尬，可以一步到位拥有一个好的基础，可以在此之上专注于自己所从事的行业工艺。

这是作者将一整套的标准化设计原理方法编撰成书的原因。我们不担心将标准化设计原理方法整理出书会影响到正常的培训业务。这互相并不冲突，反而会互相促进，会吸引更多的工程师同行加入标准化设计方法的阵营，共同推进整个行业的标准化应用水平，并为各自的公司制定出更好的有利于提高生产效率的公司标准及行业规范。

一直以来，很多人误以为标准化编程就是我给你一个编程的标准规范，可以拿去使用，或者推广给公司，公司作为标准规范，强制要求所有的工程师遵守。所以我们以往都很少提及公司标准，以免引起更多的误会。

下面介绍一下一个自动化系统，理想的公司标准以及自动化行业的未来。

先看什么是公司标准。举一个 PLC 之外的例子。比如汽车制造厂的汽车生产线。

对于汽车生产线来说，整个生产线上的工人全都是不需要懂汽车的，更不需要懂设计汽车。他们所要做的是，按照公司标准的生产规范，以及细分的操作指令，完成规定的动作即可，其中包括了对部件的装配，软件的灌装，参数的调整设置等。

不仅仅汽车行业，所有的设备制造业都是这样的工序。

那么对于使用了 PLC 系统的非标设备制造行业，也应该是这样的工序，即所有的生产流程都应该是模块化、规范化的。

换句话说，整个生产流程中的操作者，都应该是工人，而不是工程师。即使对涉及 PLC 的部分需要的技师技能要求高一些，但绝对不能是主力工程师，因为他们需要做的工作也只是装配，而不是研发。

那么，工程师在哪儿呢？就和汽车行业一样，那些设计汽车的研发工程师应该在汽车研究院、研发中心里。他们在专心研究汽车的原理、性能、构造，并把设计理念产业化、标准化，形成公司标准、生产规范，交给汽车生产厂成为生产任务。

与之相对应的，自动化行业的工程师应该在哪里？也应该在企业的研发中心里。研发好设备的模块，包含硬件模块和软件模块，并设计好组装工艺流程，下发给生产工序，即完成其非标设备的生产过程。

甚至包括出差现场的调试工作，也不应该由工程师亲赴现场调试完成，而是应该有专门的现场服务的工程师，接受简单的培训，就可以完成现场的调试工作。

尤其现在远程调试模块如 WANQ 路由器等已经被广泛使用的情况下，工程师更不应该把时间浪费在长期出差的工程现场。

除了前期对工艺不了解或者技术水平欠佳的情况下，需要通过在现场一线的磨练积累经验之外，只要培养成熟，都应该提升进入研发序列，专心从事创新设备产品的开发。

这样，对公司，对员工个人，以及其家庭，都有益处，而且员工为公司贡献了更多的创新产品，公司获得更高的用工效率，自然也可以得到更多的效益。

就好比，那些汽车的研发工程师，自己需要亲自到现场调校自己所设计开发的汽车型号，或者到汽车修理车间亲自指导某个汽车型号的故障诊断和维修吗？现在看，是不可想象的。

我们修车时，哪怕去一个只有十几平方米的小店，汽车有什么故障，维修师傅都可以将一个诊断仪器接到汽车仪表盘下的接口上，把故障码读出来，然后根据仪器的提示，就可以一步到位了解汽车故障的原因以及维修的方法。很多时候，这个诊断仪器还可以通用于多个汽车型号乃至跨品牌。

汽车这样一台足够复杂的系统设备，能做到现在的自动化程度，我们除了感谢一代又一代汽车行业的工程师做出的贡献之外，我们自动化行业的工程师更应该学习这一点，在非标自动化设备中同样实现。

在实现 PLC 标准化编程方法之前，自动化行业的所有人都会认为这种设想是不可能的。所以没有办法，公司只好把工程师作为整个流程中的一部分，即便制造流程的其他方面都已经实现流水线作业了，但关键的 PLC 程序设计、调试等功能，还是需要人工来做，需要工程师直接面对每一个型号，每一个工程现场。工程师被绑定成了流水线上的一个机器单元。

每当公司产能扩张，要提供给客户更多的系统设备时，除了需要大量招聘基础安装工人，还需要按比例扩招部分数量的工程师专门从事设计调试工作。所以这些工程师无非是与产能配套的"工具人"而已，与多买几套工装设备并没有什么大的区别。

而当我们可以实现 PLC 标准化编程之后，解决方法就跃然纸上了。每个公司所从事的行业工艺总是有限的。即便号称公司出产每一台设备、承接的每一个订单都是不一样的，从来没有过完全一模一样的订单和设备，但细分下来，无非是其中的某个模块单元细节不一样。系统使用的模块足够多，所谓的设备之间不一样，也只不过是各种模块的排列组合导致结果数量众多而已。

很多公司，同一类的专用设备做了好多年，新的订单接到，虽说是有更改，配置和以前所有的都不一样，但不一样的部分模块，会在公司以前做过的其他设备中用过。所需要的只不过是把相关的模块，嵌入到新的设备配置中。极少系统需要针对新的排列组合做研发验证，大部分时候，都不需要做任何验证，只需要把模块更新即可。

所以，当 PLC 系统设计也能实现充分的模块化之后，当然可以想到，把 PLC 系统的设计工作纳入生产环节的公司标准是可以实现的了。

比如一套非标设备的工艺模块包含 A、B、C、D、E、F，每个模块又有不同的配置版本 1、2、3，见表 3-2。

表 3-2　工艺模块序列

	A	B	C	D	E	F
1	A1	B1	C1	D1	E1	F1
2	A2	B2	C2	D2	E2	F2
3	A3	B3	C3	D3	E3	F3

那么只要这 $6 \times 3 = 18$ 个库模块都已经开发完成，随便什么样的客户需要什么样的配置，都可以直接从库中找到相应的模块，快速拼接组装完成。比如 A1-B2-C1-D2-E3-F1。对于研发工程师来说，只需要把这些库函数模块准备好，写好使用说明书、使用的场景、方法等即可。

当然，在系统设备的生命周期内，有可能出现更多的配置版本，乃至更多的模块需求，比如 G1、G2、H1，那就针对新的项目新开发专用的模块，除了在新项目中调试验证成功之外，将新的功能模块加入到备选库中，并更新到企业标准，之后就可以直接使用了。

让我们畅想一下一个非标设备的生产制造流程可能需要的标准规范，与自动化设计相关的部分有设备位号表生成指导书、电气元件采购选型指导书、变量表生成软件使用说明书、电气图样自动生成软件使用说明书、PLC 程序自动生成步骤说明书、HMI 软件自动生成步骤说明书、HMI 画面 UI 标准化规范、电气控制柜组装工艺指导书、电气柜上电测试指导书、设备程序调试指导书、故障诊断售后服务指导书……

工程师开发好系统设计规范，并完成上述的各种指导说明书后，就可以交给生产部门，然后就可以完全脱离具体工程项目，把精力用于更多创新产品的研发了。

当然，这个实现的过程不容易，系统软件要做得功能足够完善，做好各种故障诊断，以及故障发生时的操作指导，这些需要极大的工作量。

然而难归难，总是可行的。所以从此以后，我们面对的不再是是否可行的问题，而是如何克服这些困难，把企业标准做好，做到简单可执行，做到能成功为工程师解困，最大化地为公司提高效率和效益。而这其中的难度，才真正体现了自动化工程师的身价。

这个过程不可能一蹴而就，也不需要一步到位。你可以从零开始逐步做起，每向前前进一小步，都会有相应的成效。日积月累，总有一天会实现本书中描述的最理想的状态。

正因为这项工作难度很大，而许多同行工程师试图实现在本公司内标准化系统设计都做不到，更不用说制定企业规范化设计生产标准了，那会更感觉如同登天般困难。

这不用担心，作者已经积累了足够多的自动化行业标准化设计经验，也给众多学员和同行做过标准化设计的规范指导。如果有读者所在公司需要做这方面的开发工作，可以找我们帮忙辅导分析，甚至由我们主导完成。

第4章

标准化编程原理

4.1　标准化方法的目的是提高效率

效率包含设计效率、调试效率和维护升级效率。所有这些效率所解决的都是人的效率，人的效率最终代表了效益，对于公司来说是增加了产出，降低了成本，提高了利润；对于工程师个人是提高了工作效率和单位时间创造的效益，最终所获得的工资收益，即自身价值也提高了。

对于一个自动化公司来说，同样的业务量，同样的工程师人数，原本需要加班加点才能应付，而实现标准化方法之后，工程师不再需要加班，而且工程师之间可以互换，设计工作交接非常容易，哪怕临时代替的人都可以随时上手。于是实现了工程师技术力量的互相备份。公司对技能优秀的工程师可以毫无顾虑地提拔，不再担忧工程师调离岗位后原承担的技术工作无人替代，由此实现了最大程度的人才管理优化。

最终，公司的人力成本降低了，效益提高了，由此达到了双赢。

4.2　标准化不代表完美和正确无错误

必须清晰地认识到，标准化方法设计的程序并不代表一定是正确无误、完美无缺的，尤其在刚开始进行标准化设计的初期。

由于一些模块是新开发的，虽然在实验室环境内经过了一些测试，但实验环境毕竟有别于真实的生产环境，总有一些逻辑的盲点事先不能测试到。另外，对一些从外部引进封装好的标准模块，编程工程师在初次使用时，对其特性不熟悉，在一些细节上可能有理解偏差，这些都有可能导致程序模块在初次上线运行时会出现各种各样的错误，需要在现场进行诊断、调试和改进。于是导致初次进行标准化架构调试所耗费的时间会更长，可能会有反对的声音，抱怨还不如从开始时就采用传统编程方式。所以，如果要推行标准化程序架构，公司领导层面需要对工程师有足够的支持，而对于主动推行的工程师个人，则自己要首先有充分的思想准备。最好选择工期足够宽裕的项目作为标准化项目的开始，而且标准化项目因为逻辑层级比传统编程方式多很多，调试时出现的问题也更为复杂，调试难度提高了一个等级。尤其是使用了逻辑无法确定正确的底层模块时，当因为底层模块出现不可控的错误，而事先没有发现时，则在自动工艺逻辑运行中，会出现比以往更难以诊断的结果。

一旦模块使用成熟，在项目中成功应用后，就可以建立充分的信心，在后面相似的项目重复应用中，不需要在此方面耗费精力。

我们的标准化示范项目，在一个工程中成功运行后，后面相仿项目的调试速度会大为提高，现场调试基本上就是物理对点，完成后，项目很快便完工了。然而在使用中，客户因为对设备使用不熟练，对一些设备状态不理解，就对程序逻辑提出质疑。他们会问，你们工程师调试这么快，是不是没完全调试好就急着撤了啊？比以往设备厂商调试时间少许多，会不会是逻辑里面有不完善的地方？

我们给出的回复是这个工艺的程序块与某某公司的某条线，或者你们同集团的某基地相似的项目只是配置不同，但这一块逻辑用的程序块是完全一样的，直接复制的，甚至时间戳都是一样的。他们投产运行已经半年或一年了，如果你们这里有问题，他们那里早就发现了。所以放心吧，不是逻辑方面的问题。于是客户就会安心查找机械工艺、原材料等其他方面的原因了。

而与此对应的，在一些无关紧要的不影响生产的细节的问题，如果有遗留一些小错误，就会随着简单复制而蔓延到许多项目。经常是在一个新项目执行中发现的问题，回溯历史，发现从开始的某个项目中，这个错误就存在。而客户还在正常使用并没有发现。于是根据错误的严重程度，决定是否有必要找合适的时机，给前面客户的设备也做适当的升级。

这时，PLC 的程序就与 Windows 操作系统或者苹果手机的操作系统一样了，都有了软件主动升级的功能，在客户发现故障之前主动升级修复错误，其实原理是一回事。

4.3　PLC 编程中的高内聚与低耦合

标准化编程的目的和最终呈现的结果，对应 IT 行业的专业词汇就是高内聚、低耦合。高内聚低耦合是软件工程中的概念，主要源自于面向对象的程序设计中原则。我们在推广标准化编程的过程中，不可避免地也遵循了这样的原则。首先在网上以高内聚、低耦合为关键字搜索，随便就能收到很多这方面的文章。这里转发一篇，大家可以看看什么是程序设计中的高内聚、低耦合？

https://mp.weixin.qq.com/s/y3zG97igGakL9rouNS8_kA

如果你不是专业 IT 程序员，而只是工控行业中 PLC 编程的工程师。看过那些文章之后仍然不明白与自己做的 PLC 编程有什么关系，或者不明白这些理念，如何能应用到自己日常的 PLC 程序设计中。

本节则试图以最浅显的语言来解释高内聚低耦合的含义，并以此约定 PLC 标准化编程的基本原则。

何为内聚，何为耦合？映射到 PLC 编程中，最简单的解释就是逻辑部分即为内聚，调用逻辑（即对象实例化）的过程即为耦合。高内聚低耦合的含义则为承载逻辑部分的功能要尽量复杂完备，而负责调用逻辑块的部分要尽可能的简单。当简单到啥逻辑都没有的时候，所谓的耦合，即调用的部分，存在的目的只是实现了参数（实参）的绑定。

最极致的简单是我给标准化学习营的学员提出的建议，也是我自己一直坚持的准则，模块调用的管脚上，哪怕一个取反，这是个最微不足道的逻辑吧？都不要有，即所有管脚的绑定实际参数必须是正值。

例如一个电机设备，它可能会有允许启动的条件和禁止启动的互锁条件，这两种条件的本质是互相取反的。通常的做法，一个设备允许启动的管脚绑上启动条件；而同级别的另一个设备，工艺要求是禁止启动的互锁条件，那就将变量取反，同样输入到允许启动的管脚了。我给出的原则建议是不允许！

给出的理由是，假设系统足够庞大，点数特别多。那么通常是主设工程师带几个实习生共同完成项目。复杂的逻辑部分自然由主设工程师负责，而相对简单的、不大需要动脑的部分安排实习生或者助理工程师来完成，即主要是数量庞大的对点、绑点、查线、消缺等工作。

在没有逻辑需求的情况下，只是简单地绑点，那么新手完全可以简单复制替换，或者复杂一点使用 Excel 或者小的自动工具也能完成。

若是上千个设备，同样管脚的位置，有的需要正逻辑，有的需要反逻辑，还偶尔有一些并联和串联，那基本上就会麻烦不断了。实习生要么是不熟悉工艺和逻辑到处出错，要么是无从下手时刻盯着主设工程师请教。在一些极端的情况下，主设工程师还会抱怨，这实习生什么都不懂，什么都问我，还不如我自己亲自做了呢！由此说明工作的分工失败了。

如果你还不能深刻理解什么叫高内聚，低耦合，只是简单地一下分工，高难度的是主任工程师做的工作就叫内聚，低难度的是新手实习生做的工作就叫耦合。

或许还有人说，我的控制系统很小，也无人与我配合，上上下下都是我自己一个人在搞定，没有必要分什么内聚和耦合了吧？

每个人的精力在一天内不可能是同一个紧张或者放松的状态。实际的工作情况也不允许你常年保持一个状态。比如经常有人表示，夜深人静的时候，注意力更集中，所以更容易做一些精细的，需要精确逻辑推理或者数学计算的工作。而白天的时候，各种事务性工作太多，电话、会议等打扰不断，根本容不得你静不下心来做设计，刚想做一点设计了，一个电话进来或者讨论一个新方案，思路又被打断，回来后都忘记做到哪儿了，又要从头开始。这个时候，你就可以对自己的工作时间做个合理的分工，把可以集中精力的连续片段的时间，安排做难度高的工作，而把容易被切割的片段时间，安排做用脑比较少，但属于偏向于体力活的简单工作。

前者即内聚，后者为耦合。这是在设计工作中的原则。

4.4　标准化思想与 PLC 品牌无关

前文讲过，我们在西门子 S7-1500 PLC 中完成标准化示范项目后，很快认识到，这个标准化思想可以形成脱离 PLC 品牌与型号的基础理论，我们很快实现了小型 PLC——S7-200 PLC 中的标准化应用，以及 Rockwell AB PLC 系统、三菱 GX Works 和 CODESYS 平台的示范项目移植。尤其后几个平台不是针对具体项目的设计，完全是为了功能实现，完成对同样功能配置的在不同 PLC 平台之间的移植。在移植的过程中，因为品牌不同，功能实现路径也稍有不同，虽然遇到一些障碍，但最终都顺利解决了，证明了标准化原理的普遍性。

作者是以西门子 PLC 为基础，完成了《PLC 标准化编程原理和方法》一书后，针对三菱 PLC 专门撰写了本书，使用的都是与前面出版的书中完全相同的理论方法和应用案例并充分证明了这点。因此，建议读者阅读时应注意举一反三，学会将烟台方法应用到所有 PLC 品牌平台的技能，而不是将技能仅仅局限于西门子或者三菱的 PLC 平台。

4.5　对象和实例的概念

标准化编程的基本思想的基础是面向对象，所以需要阐述面向对象的基本概念。

面向对象的标准化编程理念与软件行业的面向对象编程方法基本相同，但简单和直观得多。通常，软件行业谈到面向对象时，会强调面向对象编程的三大主要特征：封装、继承和多态。而在 PLC 编程中，这三点都不是非常重要。特别是后两者，大部分的 PLC 平台甚至都不支持，但仍然不妨碍我们使用面向对象的方法实现 PLC 标准化系统架构。所以，读者如果没有面向对象编程的基础，可以忽略三大特征，完全可以暂时越过不管，只关心面向对象本身的概念就够了。当然，在本书后面的章节和作者已经发表的文章中，有一些这三者的应用介绍，但那些文章都是在标准化示范程序之后发表的，说明标准化示范程序都没有用到此类技术，也照样完成了。

通常，在软件工程中，关于对象的原始定义是，把数据及对数据的操作方法放在一起，作为一个相互依存的整体——对象。对同类对象抽象出其共性，形成类。这种定义比较抽象，难以理解。但在 PLC 中其实就很简单，对象就是一个个具体的设备，类就是设备类型。设备和设备之间有足够多的共性，可以归纳为同一个类，即一个设备类型。而每一台具体的设备就是一个具体的对象，很多时候称为实例。在程序中，生成这个实例的过程称为实例化。

在 PLC 系统中有完全相同的设备和相似度极高的设备，应如何界定这种共性呢？我们以这个设备占用 PLC 的 I/O 点为界定标准，即如果两台设备占用 PLC 的 I/O 点完全一样，那么就将它们归纳属于同一个设备类型的类；如果两台设备虽然有极大的相似性，甚至外购的供应商的订货号、价格都是完全一样的，仅仅是系统功能设计细节的差别，如 PLC 控制信号多了或者少了一个硬件点，那么也仍然把它们细分归属为不同的类。

这样做的原因是在 PLC 系统中，比较重要的是设计环节的点数统计、符号表整理等工作。我们以 I/O 来界定设备的类型，可以根据统计的各种类型设备的数量，快速地得出统计结果，这是可以带给我们效率提升的重要因素。

下面举例说明。以往计算机系统中关于面向对象的概念举例中，见得最多的是把大象装进冰箱的例子，总是让读者莫名其妙。而在 PLC 系统中，则简单多了。比方说，电机就是一个设备类型。具体到系统中，可能有通风机、水泵、空压机、搅拌电机、提升电机、传送带、螺旋输送机等，都可以归纳为电机类，如图 4-1 所示。

它们的共同特点都是接触器（1 个 DO）驱动，具有电机保护功能（1 个 DI），尽管功率有可能千差万别，大到几十千瓦，小到 1kW 以下，但本质上它们的控制原理是相同的，那我们就认为它们是同一个类。

细分一些，如果上述的其中某一台或者几台电机设备，盘面上需

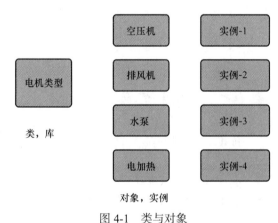

图 4-1 类与对象

要多一个人工操作启停旋钮，这个旋钮将来要接到 PLC 的 DI 信号，导致 PLC

多使用了 1 个 DI 点，显然这个 DI 点是属于该电机设备的，那么就需要专门为这类电机细分一个子类。

再比如，每个电机需要在盘面有运行指示灯，这在过去是通用配置，因为现在有 HMI 了，所以都不给电机配置指示灯了。但如果情况特殊，关键位置的电机需要有指示灯，多了一个 DO 点，也同样需要细分一个子类，这样才能保证在统计点表时不会有遗漏，不会导致设计阶段失误，避免到了现场调试时才发现这种不必要的遗漏带来的巨大的隐患。

上述两个细分功能有可能同时存在，或有可能单独存在。因此在对设备类型分类时应事先考虑到。加上原始电机类型，所需要的电机类型已经有了 4 种。

如此就会发现，单单看电机设备的类型，在各种细分功能需求下，将会导致其类型数量以几何级的倍数急剧增长。我们会在后面章节中专门把所有的电机类型和工业自动化系统中用到的其他设备类型逐一做细分总结，尽可能多地涉及各个细节，给读者以参考。

有读者会质疑，做这么多的设备类型会不会导致 PLC 系统负担太重？完全不必担心，在 PLC 程序中并不会为每一个细分类型都准备一个单独的类库，而是会多个类型共用一个类库。

这里的细分很大程度是针对设计环节的标准化，所以 PLC 系统设计的标准化其实就是从设计规划环节开始了！

4.6　PLC 控制系统中的设备类型

在工业自动化系统中，不管是过程控制还是制造加工行业，控制系统的设备类型在粗分类型是不多的。我们通常总结大部分的系统，俗称泵阀控制。其中，泵包含了气泵（风扇）、水泵以及运输固体物料的各种电机设备。在大的类型划分上都属于泵类（电机）。

还有一种是外购的标准设备，比如加湿器、制氮机、空压机、冷干机等，内部功能一般比较复杂，但提供给 PLC 系统的是一个简单接口，就是启动停止指令运行状态、报警状态，在 PLC 看来就与一台电机一样，因而可以作为电机大类处理。

而阀类，既有以气力为动力的气动阀也有以电力为动力的电动阀，但最终都是为控制介质或物料的流动为目的，所以都归为阀类。另外，在制造设备上会有一批气缸驱动的机械结构，因为气缸是被电磁阀所驱动的，而且特性上和阀类一样，也会有开到位、关到位的位置检测，所以通常也归到阀类中。

将控制系统中的电机和阀类清点完毕后，其他的设备类型就不多了。而我们以面向对象的视角来分析控制系统，要求所有的 I/O 都必须属于某一个特定的设备。

首先比较重要且常见的是模拟量数据。通常在系统中，对某一个物理量值进行采集就是为了监控它的实际数值，在最底层的 I/O 分层来看，它是独立的，不隶属于任何设备。所以我们需要规划一个模拟量数据的类，用来处理模拟量 AI 数据。AI 信号类型有多种，可以分为多个子类。

其次是一些单独的 DI 信号，比如一些检测工件的接近开关，检测物料的料位计，液位开关等，它们同样也是不隶属于任何一个单独的设备。或者有时候虽然与某个标准设备关系比较紧密，如果非要将它归属给哪个设备，反而还需要特别为它增加一个设备类型，有些不值得。所以，倒不如把 1 个 DI 信号作为一个设备。

有时 DI 信号需要一个防抖动的滤波，所以只需要在其设备级别设计滤波功能，需要时设置一下时间参数即可，不需要在具体逻辑中再特别考虑。

同时还会有一些单独的 DO，比如只需要一个 DO 输出的执行器，或者一些指示灯或者报警器也需要一个单独的类。这些指示灯或报警器与前文提及的电机状态指示灯还不一样，它们不是隶属于单独某个电机设备的，而是用来指示某个工艺段整体的运行状态，所以需要将它们归纳为一个单独的设备。作者文章《[万泉河] 如何优雅地点亮一个指示灯？》专门探讨过这个问题。在第 1 版本的标准化示范项目中是作为一种遗憾和疏漏出现的。所以，本书在此特别列出了这个 DO 设备类型，并强调其重要性，不可视其简单而忽视它。在文章中提到的公用设备的概念，会在本书稍后的章节中专门论述。

最后，还有一种数据类型是 AO，即模拟量输出通道。通常 AO 通道是与 PID 紧密联系在一起的。一个 PID 回路，通常需要一个 AI、一个 AO 以及一个来自 HMI 的设定值。通常 PID 会是一个独立性的类型，而且内部会包含对 AI 和 AO 数据的规范化处理，所以不需要独立的 AI 类的辅助。

一套自动化系统中的大部分 AO 通道数据都是属于 PID 回路的输出。甚至比如变频器驱动的电机，其启动停止等会与电机绑定在一起属于电机设备类，然而其频率给定值，会单独分出来属于一个 PID 回路，比如控制输出压力。

如果确实有个别的 AO 通道不需要 PID 计算，程序中可以借用 PID 块，只不过运行中把 PID 状态一直设置在手动状态，需要给定的输出值，直接给出即可。PID 块只是帮忙实现了一个规范化的作用。所以这是把个别 AO 通道当成了 PID 类的一个子类。

如果所设计的控制系统中根本没有 PID，那么显然也没必要为了 AO 而设置复杂的 PID 块，可以单独做一个 AO 模块，那就非常简单了，就是简单的物理量的线性转换，都不需要什么参数设置。

所以如何分类，程序员有灵活选择的权利。

总结：在 PLC 控制系统中，按大类划分设备类型，分别为如下 6 种：电机类、阀类、AI 类、DI 类、DO 类和 AO 类。

这些大类的集合，涵盖了一个控制系统中所有的 I/O。如果发现因为特殊行业的缘故有一些未被涵盖，应需要完善增加设备的类型。

在下一章的实际设计实践环节中，我们会对每一个基本设备类型逐个分析，对工程中实际可能会用到的子类逐一列出分析。

下面继续进行理论框架内容的介绍。

4.7　设备分层级

我们前面分析的设备对象和实例的概念都是属于系统中的基础设备，而在系统中，通常是由一个个基础设备组合而成的一个更为复杂的设备对象。在 IEC 和 ISO 等各类国际标准中对此有比较详细的描述，如 ISA–88、ISA–95、ISA–106 分别定义如图 4-2 所示。

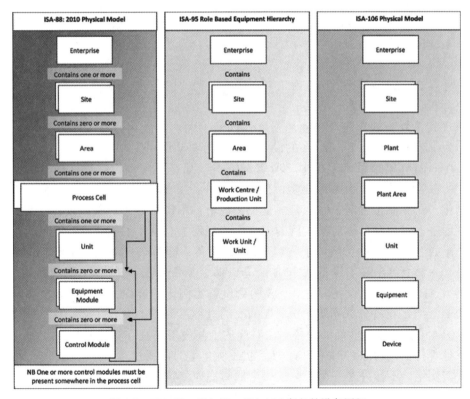

图 4-2　ISA-88、ISA-95、ISA-106 定义的设备层级

这些层级从下至上出现的英语词汇分别有 Device、Control Module、Equipment、Unit、Process Cell、Plant Area、Site 等。

这些词汇翻译对应到中文，大部分都没有更贴切的可望文生义的对应词汇。更何况，这些英文单词本身的含义也不够清晰到从词汇就可以定位其层级级别。

而设备的分层层级对于标准化架构是如此重要，所以我们直接引入数字层级的概念，即设备的层级从下至上分别为 L1、L2、L3、L4。L1 设备即我们前面分析的基础设备类型。L2 设备全部是由 L1 设备组成的。L3 设备是由大部分的 L2 设备以及少部分的 L1 设备组成的。同理，L4 设备是由大部分的 L3 设备以及少部分的 L2 设备组成的，极少情况下，可能也有少量的 L1 设备直接参与了 L4 设备的组成。

我们约定只有 L1 和 L2 设备允许接外设 I/O，而 L3 和 L4 不许接任何外设 I/O，即在这些设备对象实例化的过程中，L1 和 L2 的实参可以是外部 I/O，而 L3 和 L4 设备的实参不允许接外部物理 I/O。所以 L3/L4 类型设备的接口实参除了一些参数设定值之外，只可以有 L1 或 L2 或 L3 的设备实例。

而允许 L2 设备类型的实参接物理 I/O，导致本质上 L2 在上述的 ISA 架构分层中其实一样处在最底层。L2 只是对 L1 的功能细化或改进。所以严格地来说，不应该称为 L2 而应该称为 L1.5 或者 L1a，为了方便起见，我们也不需要太严格。

可以看出，其实到了 L3 和 L4 的设备级别，区分已经不明显了。有时候，如果分析认为 L3 设备的组成成分中存在一些 L3 级别的设备也未尝不可。从控制原理到设计方式，L3 和 L4 都不存在任何不同。因此可以将 L3 和 L4 设备统一称为工艺设备，将 L1 和 L2 的设备对象称为手动调用。

在面向对象的系统架构中，所有对象类型都是要实例化后才能成为实例对象。所以除了 L1/L2 设备需要实例化调用之外，L3/L4 的工艺设备也都分别需要实例化。在实例化之前，它们都只是工艺逻辑，不针对具体对象。只有在实例化的过程中，通过对具体对象实例的绑定，才实现了对具体工艺对象的控制。

比如 10 台 L1 设备组成了一套 L3 工艺设备，而一个自动化系统中有逻辑工艺一模一样的 L3 工艺设备 A 和 B 两套，那么系统中必然有 20 台 L1 设备，分属于 A、B 两套工艺设备。对 A、B 两套设备实例化的过程，其实就是将各自拥有的 10 台 L1 设备分派指定给 A、B 两套的过程。

图 4-3 表示了与前面的设备对象对应的工艺设备类及其实例的关系。

对所有工艺对象，哪怕只有一套也必须有实例化的过程，即先做工艺逻辑，后做实例化，不允许在一个工艺逻辑中同时完成。这是面向对象编程与面向过程编程最大的不同，也是与未掌握标准化编程方法的读者以往编程习惯不一样的地方。

这个原则其实也是可以理解的。一套工艺设备，虽然短时来看，只有一个应用实例，但假以时日，换个工程项目就有可能要求在同一系统下再添加一套同样的工艺设备。如果没有严格遵循类＋实例的原则，没有区分逻辑和实例，一次性在一个框架内针对过程工艺完成了逻辑，那么当遇到要系统扩展的需求就尴尬了。如果和往常一样，通过将程序功能块复制后直接修改为另一套使用的逻辑，那么程序中所有控制对象以及所使用的辅助变量都需要逐个修改，这非常容易导致系统出现漏洞。严重时，原来正常运行的那一套工艺设备因为增加了新的工艺设备，也会受影响，导致功能不正常了。

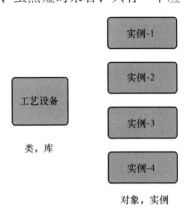

图 4-3　工艺设备类与实例

这完全是老一套的编程方式了，应坚决避免的，也是标准化架构方法试图提升的价值所在。

用演员演戏的例子来解释上述的原则。比如戏剧学院的学生们分组排演莎士比亚的戏剧《罗密欧与朱丽叶》，小明和小薇分别饰演男女主角。那么在讲述剧情的剧本中，只可以提到罗密欧和朱丽叶的名字，而不可以直接提到演员的名字，可以说罗密欧服毒自杀了，但不可以说小明服毒自杀了。对应的剧本就是我们在 L3 的函数，而对 L3 实例化的过程，本质上只是演员表而已。多组演员表演一个剧本，与一组演员表演一个剧本并最终上映的商业电影，在编剧写剧本时，没有区别。比如，如果最终男女主演分别换成了其他人，在剧本中也不需要做任何改动。

唯有严格遵循将角色和演员完全分开的规则，才能实现前文所述的高内聚、低耦合的目标。所以本书后面还会经常提及角色和演员，并用来打比方，读者从现在开始必须习惯角色和演员的区别。

4.8　HMI/ 上位机在标准化架构中的位置

在 20 世纪 80 年代之前，PLC 诞生的早期，一套自动化系统通常都是在盘面布置密密麻麻的按钮、指示灯和仪表来实现与人的交互，如图 4-4 所示。

而如今，这种形式越来越少了。大部分的控制系统，小到非标设备，会配置一台触摸屏（HMI），如图 4-5 所示，大到过程控制系统，则会配置 1 台乃至多台上位机计算机，通过安装的 SCADA 软件，与 PLC 通信，获取运行状态，发送控制指令。

按照通常的理解，会把 HMI/ 上位机当成控制系统中的一台单独的设备来看待，程序中也会有专门的模块，用于收集变量和 HMI 的通信数据。毕竟，不管 HMI 还是上位机，都是实实在在存在的设备，有订货号，是真金白银按数量买回来的，所以理解为设备总没错。

图 4-4　电气盘柜

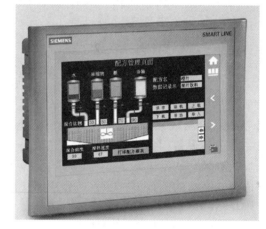

图 4-5　触摸屏

然而，在标准化架构中，当我们结合它所实现的功能就会发现并非如此。

我们前文讲解过，每个设备的启停按钮及指示灯都是这个设备所附属的一部分，它们所占用物理通道的 I/O 都会被分配给这个设备。而现在，HMI 所实现的是对这些操作端的替代。无非是一台 HMI 就能够实现设备上的所有 I/O 功能。

想象一下，如果给每台电机阀门都单独配置一个 HMI，那么每台 HMI 都只是那台设备的专属 I/O，与所替代的按钮、指示灯级别没有区别。

所以，在标准化架构下，HMI 和上位机并不能算作一个单独的设备，它们只不过是恰巧被所有设备共用的人机交互终端而已。从逻辑上，它同时属于系统中的所有设备，同时为所有设备提供操作接口。当然，如果系统中有多台 HMI 按生产线的区域分别各自控制其中的一部分功能，那么它们也只是分别被各自管辖的设备所共用。

反过来看，每一个设备类别，在功能设计之初就要预留好与 HMI/SCADA 通信的接口功能，权当作是设备分别配置了硬件的按钮、指示灯、仪表，各自独立与 HMI/SCADA 通信，与另外的设备没有关系，更与另外的设备增加或者减少没有关系。

要说有关系，也仅仅是 HMI 的计算和显示能力有限，导致能管理的设备数量有限制。当超出其限制之后，需要另外选型或者增加 HMI 的数量来解决。

HMI 所实现的功能包括：通过变量通信，实现对设备对象的运行控制、参数设定、状态显示、报警记录，以及趋势数据记录等。那么对每一项功能，在规划设计每一个设备类型的库函数时都需要单独部署。

当所有设备类型的库函数都天然具备了上位机通信功能并能自动地实现上述运行控制、参数设定、状态显示、报警记录，以及趋势数据记录功能之后，系统中每增加一套设备即增加一个实例，其相应的功能随之在上位机中增加一套配套的接口功能，这样的设计才真正称为模块化、标准化，才更具备高效率组态编程的可能。

当然，这要求 HMI 或者上位机软件系统功能足够强大，能够配合实现这些需要的功能。我们已经在部分配置中实现，而另外一些不能完全实现所有功能的HMI 产品，那就只能有所退让，退后一步，用多一些的人工操作来弥补了。

标准化架构中 HMI 所属的位置如图 4-6 所示。

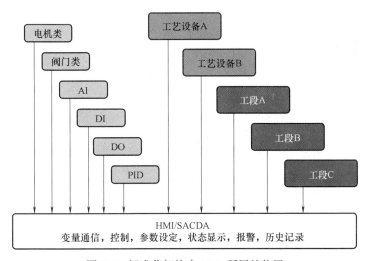

图 4-6　标准化架构中 HMI 所属的位置

4.9　PLC、HMI 产品的选型原则

理论上讲，设计工程师对 PLC、HMI 产品选型是有决定权的。所以，为了更方便地实现标准化架构，工程师有权力选择更合适的上下游产品，以提高设计效率，降低人力成本，提高效益。

然而，实际的情况是由于行业习惯的原因，或者市场因素、价格因素，很多工程项目在确定之前，PLC 的品牌型号都已经确定了，甚至明确地写在了合同中，那么留给工程师的余地就不多了。

所以，总会有一些迫不得已的情况，最终会影响到标准化的实施。然而，作为工程师，如果对所有产品型号实现标准化架构的难易程度提前有所了解，了解不同的选型方案之间效率的差异，并有足够的知识储备，那么就可以在后面的工作中，抓住一切自己有决定权的机会，尽量选择最适合的型号并加以实施，最终用工作成果来证明其价值。通过价值来向公司证明一些必要的成本投入会带来更高的效益。当然，如果实在不能自由选择，那么在已有选型条件下实现一定程度的标准化架构，也能够带来一定的收获。选择 PLC 的指标如下：

优选指标：带静态变量，能无限重复调用，生成实例，实例间有互不影响的子函数 / 功能块功能，如西门子：S7-1500，1200，S7-400，S7-300；AB:ControlLogix 1769、1756；CODESYS 家族等各厂商各系列产品。

次选指标：带子函数功能块功能，可以实现树状程序结构，但不带静态变量，如 S7-200 SMART。

淘汰指标：不能带子函数，所有控制功能在一个主程序中实现，如 FX3U（传统方式）。

上述的分类，其实核心只有一个指标，即能带静态变量的 FB。静态变量的好处是可以记忆存储运行期间产生的数据，而不会因为主循环周期 OB1 多次调用而丢失数据。

程序功能块中有静态变量功能，则可以实现更复杂的跨周期运算，重要数据可以自我实现保存，不需要借助外部的数据存储区，所以可以实现完全独立性的应用库函数。另外，因为有专用静态变量存储区，所以对程序功能块的每一个调用，均需要配置生成独立的存储数据块，这就完全相当于面向对象的实例的概念，所以天然符合面向对象的设计理念。

对于没有静态变量的程序块，要实现实例化还需要人工处理划分数据区，虽然最终也可以实现，但因为是间接的，麻烦相对较多。

对于支持静态变量 FB 的 PLC 其实性能也有区分。区别是能否支持 FB 的嵌套调用，即是否允许一个 FB 的类型作为另一个 FB 的形参被其访问。这种访问的本质相当于高级编程语言中的地址指针，通过一个指针把前一个 FB 的所有数据全部传入，可以对需要访问的数据直接访问。而在支持这种指针调用之前，想要实现类对象之间的串级访问，就只能通过原始的数据传递。不管是使用 UDT（用户自定义数据类型）还是分开到多个数值都比较麻烦。

这些麻烦还体现在，在类的互相调用之前，必须事先把接口全部规划好。如果在设计调试过程中，发现规划有缺陷就需要增减接口，于是每一个接口都要手动改动，非常麻烦。西门子 PLC 系统在 S7-300 和 S7-400 的时代是不支持的。即使是 TIA Portal 系统，也是到 V15 之后才支持，所以我们进行整体标准化系统开发是从 V15 之后才开始的。

当我们在以标准化选择标准审查其他品牌的 PLC 系统时，发现大部分的品牌其实也都可以满足这个要求了。除了 CODESYS 家族的各品牌，倍福、施耐德、ABB 等全都支持 FB 作为实参调用之外，甚至 AB 的 RSLogix 系统早在十几年前的 V18 版本就已经支持了。

当然，各品牌 PLC 自身的使用便捷程度不同，开放性不同，使用中也各有特点，但基本应用实现标准化架构是确信无疑的。

前面所讲的内容可能有一些读者不能完全理解。这很正常，毕竟大部分自动化行业的从业人员并没有深刻的 IT 编程基础。所以许多在软件工程中非常浅显的理论拿到 PLC 行业来讲就不习惯，难以理解。许多新毕业的大学生，在学校里也学过编程，也了解面向对象，但因为学得不够透彻，只记住了一些晦涩难懂的词汇，并没有领悟其本质的思想。

与传统 PLC 编程方式不同的是在标准化的架构里，需要对计算机软硬件系统比较了解，尤其对 PLC 的运行机制和原理要有足够的了解，PLC 系统与普通的计算机以及单片机还不同，它通常有一个自动、不断地往复循环的主程序，所有应用程序直接运行在这个主程序架构下。对于这种运行机制，普通的 IT 程序员在没有接触过 PLC 编程的情况下，根本不能理解，所以好多编程习惯和处理方法是 PLC 独有的。

然而，不同的 PLC 品牌之间的特性还有些细节不同。通常是品牌商在开发 PLC 软件平台时规定的不同的特殊语法。

这些技能掌握的程度也会影响 PLC 标准化编程的实现。尤其是 L2 层设备库函数的开发，需要许多库函数封装与集成方面的技巧，如果对底层运行机制了解得不够，开发时就会有较多困难，很多时候以自己的想法设计的程序实际运行的结果却大相径庭，因此在调试过程中会耽误很多时间，有时甚至都不能实现想要的功能。

作者之前针对 FB 的 INPUT、OUTPUT、INOUT、STATIC、TEMP 等各种类型的内部变量都发表过专门的文章进行分析探讨，这些都是基础知识，然而许多读者回复表示不能理解。可以看出他们的基础知识还是有所欠缺的。

我们这些文章针对的只是西门子系统，而对应到其他品牌还另有些细节的不同。我们根据这样的基础做出的标准化示范程序，移植到 AB、倍福系统时，就遇到了困难。原本在西门子系统中可行的方法，到了新环境就不支持了！最后还是做了些变通才实现。

大部分工程师在对标准化架构充分了解之后，可以给一些关键的模块封装定义 I/O 接口，以及描述逻辑需求，然后打包外包给更适合的人来完成。事实上，我们的标准化示范项目也不是完全自己做的，而是更多地采用了官方的或者他人现成的库函数。

4.10 标准化编程对程序员技能的要求

表 4-1 为标准化编程工作方法对工程师技能的需求。

表 4-1 工程师技能需求

序号	技能内容	难度系数（1～10）	重要程度（1～10）
1	基本的 Office 文档编辑处理	1	10
2	复杂的 Excel 公式设计使用	2	8
3	专业英语双向翻译	6	4
4	PLC 核心运行机制原理	6	4
5	相关自动化产品品牌选型应用	2	8
6	特定 PLC 型号的应用基础	1	10
7	特定 PLC 系统平台应用技能	2	8
8	图像处理和审美能力	8	2
9	AutoCAD 和 EPLAN 画图	4	6
10	行业生产工艺	9	1
11	生产工艺的自动化实现	1	10
12	特殊工艺功能（PID、图像识别等）	10	1
13	各种 PLC 专用图形化编程语言	2	8
14	类高级语言 SCL	6	4
15	计算机系统高级语言编程	8	2
16	工业系统通信协议	4	6
17	HMI 系统画面组态	2	8
18	SCADA 系统画面组态	2	8
19	SCADA 系统高级应用	6	4

表 4-1 中各项技能后面标注了难度系数和重要程度，只代表本书作者的认知，未必准确，各位读者可自行判断。

重要程度是指针对实现标准化架构以及提高效率的重要性，而不是满足岗位资质的重要性，两者概念上有重合，但不一样。

这里的难度系数是针对自动化工程师的，而不是针对普通人的。一些对普通人来说难度可能比较高的 Office 技能，在工程师眼里应该很简单，所以不能等同视之。而且因为属于通用知识，所以很容易通过网络学习得到。

从大部分的项目中可以看出，难度系数和重要程度基本成反比，难度系数大的项目，重要程度反而低，而重要程度高的项目，难度系数通常不大。

我们提出这些技能需求，并不是要求所有人都要具备所有这些技能之后，才可以动手做标准化设计。

标准化设计的基础是模块化，我们在上述提出的需求，其实从更大意义上讲是模块化。每个人定位自己目前的能力能做到的部分，暂时没有能力做到的或者将来能掌握的可能性也不大的项目可以拆分出来，独立成模块，然后去找内部或者外部资源支持。

当一个需求被提炼到足够清晰的模块化之后，就非常容易找到更低成本的外部资源支持。比如要对一张图片做背景透明处理，而自己并不会用 PS 软件，要学习相关技能还要花费较多的时间和精力，并且用到的机会也很少，那就不必花费更多的精力去自己掌握，完全可以在网络上找人帮忙做。

所有模块化的需求每一条看起来价值都很低，但整合在一起就实现了高价值。

假设一个全新的新手，所有的基础技能还没有掌握时，至少应拜对一位成熟的高手做老师，高手做复杂的工作，新手跟着做简单的工作，即高内聚、低耦合的耦合的部分工作。

跟着老师做项目的同时，自己一点点学习并逐渐累积能力，随着参与的工作内容越来越多，经过几个项目后，总有一天可以自己独立承担整个项目。

标准化、模块化最终必然带来专业化分工。根据每个人的特长形成一种机制，让每个人都能充分发挥其特长，那样的效率才是最高的。

比如，对于 MODBUS 通信，并不是每个工控工程师都有必要非常懂。大部分人可以将更多的精力集中于其所服务的行业。如果有人能够对通信部分提供完整的封装功能模块给他人使用，哪怕是收一些费用，对大部分工程师来说直接拿来用能实现最终的控制目标就足够了，没必要每个细节都达到专家级别的水平。

4.11　工艺设备的规划定义

各行业的自动化系统在进行标准化程序设计时，一个比较核心也是难度较大的问题就是如何划分工艺设备，或者有时候称作机器对象，在这里就是 L3/L4 设备。我们前面讲述了 L3 工艺设备是由基础的 L1/L2 设备组成的。然后许多 L3 设备串联或者并联一起，集合而成 L4 设备。

然而，如何划分每台 L3 设备，最重要的问题是如何界定它们之间的边界。经常有学员提出，整个生产线或者整个设备全是关联的，根本不存在清晰的边界，子设备之间总是有千丝万缕的联系。

其实分析工艺设备的边界，核心的问题只有两个：接口设备和公用设备。接口设备是指其中有一些承上启下的设备，处于交接边缘，不能确定应划分给哪边。公用设备则是指一台或者多台设备，同时属于两套相同或者相似的工艺设备。这个时候，大家就会比较疑虑，如果把公用设备分给了 A，则导致了 B 设备不完整，如果为了完整，A 和 B 一起都定义成一个大的工艺设备，但又太大，包含的设备太多。而且整个系统都这么处理将会发现设备之间总有牵连关系，最后只能整体组成一整个工艺设备。那就失去了工艺设备分层的意义，又回到过去传统的面向过程的方式了。

这里给出一个基本原则：接口设备和公用设备可以同时归属于多个工艺设备。

比如，有两个上下串联的反应釜，每个反应釜中各有搅拌、升温、温度检测、液位检测等基本设备，实现各自的工艺功能。两个反应釜之间用一个阀隔开。对于上反应釜来说，这个阀属于它的排空阀，用于工艺过程完成后排空。而对于下反应釜来说，这个阀又属于下反应釜的入口阀，用于接收物料。那么在进行工艺系统分析时，就完全可以把这个阀既分给上反应釜作排空阀，又分给下反应釜作入口阀。

然后在控制逻辑中，有可能只在上反应釜中操作其开和关，下反应釜的逻辑只读取状态。也有可能上部负责打开功能，下部负责关闭功能。这些都取决于具体的工艺逻辑需要，对划分工艺设备来说是完全自由的。

另外，也有一种可能，阀门只属于下反应釜，但整个下反应釜作为一个整体设备，属于上反应釜的一个控制部件。这种划分适用于上下之间信号沟通比较密集的情况，不仅仅是只有接口的阀的开关处理。当然，也可以倒过来。

对于公用设备也是一样。比如一台水泵，同时给两个反应釜补水，在逻辑上，水泵给 A、B 反应釜的补水是逻辑或的关系，任何一个需要补水时，水泵都开。两个系统都需要补水时，当然也是需要水泵开。这时需要把水泵同时作为两个系统的实参被调用并被控制。

将上述观点简化一下，即不需要界定区分接口设备或者公用设备，所有 L1/L2/L3/L4 设备都可以同时隶属于系统中的任意多个工艺设备。

比如，在食品行业的系统中，需要有在线清洗（CIP）的功能，有一些设备是 CIP 工艺的专用设备，还有更多设备是正常参与生产的，而在 CIP 工艺执行时，也需要参加 CIP 工艺。

然后，就不用管这些设备是什么性质，都可在生产工艺中调用、驱动它们。而在 CIP 工艺中也可同样根据需要调用、驱动它们。只需要对 CIP 状态和生产状态做简单互锁即可。这样，就可以在编制 CIP 工艺时，专心致志地处理 CIP 工艺相关的逻辑，而不需要在设计 CIP 程序的过程中每时每刻都去考虑生产工艺，反过来在设计生产工艺逻辑时，也不需要一直考虑 CIP 工艺的逻辑，甚至担心两套工艺互相干扰。

这种关系映射到现实生活中，就好比在一个公司的团队管理中通常用的矩阵管理模式，任何一个成员都会因其属性身兼多职，或者同时隶属于多个项目组。只要协调好就不会产生冲突，反而会各司其职，多个职能的工作同时做好。

比如，每个公司都有安全生产领导小组，除了专职领导之外，成员必定是由各部门的职员同时兼任的，然而职员并不会因为安全生产会议或者安全生产学习影响到各自的本职工作。

再比如，每个项目都会有资料管理员，但不可能为每个项目都配备专职的资料管理员，有可能由个别初级工程师兼任，也有可能一个资料管理员同时负责多个项目的资料管理和交接。

对设备的分区块管理也是一样的逻辑。

4.12　标准化编程的规则

这里我们约定一些标准化编程的规则建议。

这些规则一些是出于面向对象方法带来的必然结论，而有一些则是我们在实际项目实施过程中积累的经验，这些经验大多是出于效率或者便捷性的考虑。

所有规则未必完全正确，读者如果没有亲身实践，暂时不能完全理解，可以不遵守执行，并不会影响标准化设计方法的实施，当然也不会影响系统的设计结果。

当读者自己有足够多的积累后，相信会发现这些建议规则的合理性，或者能从中总结出更有特点的规则，指导各自的团队进行更高效的设计工作。欢迎反馈给我们。

1）所有外部 I/O 在程序中只允许出现一次调用。

因为所有 I/O 都属于设备，而且只能属于一台设备类型的一个实例，而一个设备的实例化只需要一次，所以必然得出一个 I/O 在程序中只出现一次的结论。

2）对 I/O 的调用只在 L1/L2 设备类型的实例化调用中。

对设备单元实例化的过程，本质上是在告诉计算机系统，这个设备使用了哪些 I/O。对于一个 L1/L2 设备，也必然因为有外部 I/O，才需要实例化。基本上不会存在没有物理 I/O 调用的 L1/L2 设备。

3）L3/L4 设备的实例化调用，不许有外部 I/O 做实参。

通常把 L1/L2 设备的实例化调用作为系统的手动部分，而 L3/L4 设备的实例化调用可以称作自动部分。

因为自动逻辑中通常用到的物理 I/O 就很少了，为了方便批量化生成程序，就不建议在自动逻辑的实例化调用中还用外部 I/O，即便特殊情况下，需要用到外部 I/O，也完全可以将其使用的 I/O 定义为 L1 设备对象，在自动工艺中只与其设备对象交互。

4）所有设备的实例化调用过程中不许有逻辑，包括最简单的取反逻辑。

同样为了方便实现批量化编程的效率，约定了这样的规则。此观点已经在前面的关于高内聚、低耦合的内容中有阐述。

5）程序中不许使用全局变量 M 和 T 作为辅助运算变量。

全局数据块也同样不可以。

这些都是最基本的底线常识了。即便不做此项规定，在标准化架构下也会发现根本用不到全局变量。按照上一条的约定，所有实例化中用不到全局变量，而在逻辑的 FB 中，如果使用了 M 或者 T 将导致这个块功能错误，不能重复使用到多个实例中。

而在 AB Control Logix 等系统中，AOI（即相当于 FB）的文件夹压根没在 CPU 中，所以根本不能使用 CPU 的全局变量。

6）所有需要的逻辑运算的处理在库函数中实现。

由前面的结论必然得出本条规则。

然而，在实际项目中这一条总难以完美实现。在后期调试中遇到一些临时要求时，会发现前期的接口部署有缺陷。如果要严格遵循规则，原本简单做个逻辑就可以实现的事，改动的地方就很多，所以实际大部分工程师都会选择不按规则简易处理。

我们知道了这里存在不完美，从而可以在以后相似的项目中，提前规划，逐渐改进，最终达到完美。

循序渐进地改进也是符合标准化设计思想的。

4.13 相关参考文章

4.13.1 ［万泉河］烟台方法前进之路：在信捷 PLC 中实现 FB 功能

信捷 PLC 属于最简单的那种 PLC，没有 FC，也没有 FB，只有一个 C 函数功能，主要用于自定义算法实现，如图 4-7 所示。

很多非标设备的厂家大量使用信捷 PLC 控制，成本低，用量很大。所以，如果能开发出便捷高效的程序架构，帮助这些工厂实现一定程度的标准化架构，也可以带来一些市场收益。

如果实在不能实现面向对象模块的重复调用，那就用最朴素的方法平铺编写，然后通过 STL 的规律，再用高级语言软件生成一套上位机编程软件，对象的应用库都在上位机软件中，在上层实现面向对象的标准化应用，实现过程麻烦一点，但也仍然可以实现。

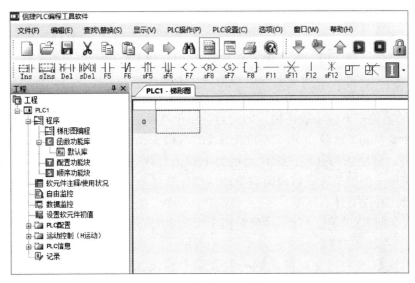

图 4-7　信捷 PLC 软件

　　按照上述的思路，把 80 双联开关的例程在信捷 PLC 中实现，然后在具体翻阅文档时，发现信捷 PLC 虽然不支持单独文件格式的子程序，所有程序都在一个主程序中实现，但仍然可以有子程序，如图 4-8 所示。虽说简陋，但也总比一遍一遍地重复写代码要好一些。

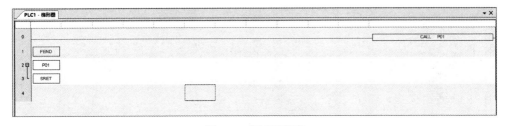

图 4-8　信捷子程序

　　所以研究了如何用这个 P 子程序实现功能块的方法。只有实现了功能块，后面才有可能实现面向对象的标准化应用。但这种子程序的缺点非常多，没有参数接口，没有 INPUT、OUTPUT、TEMP、STATIC 等，需要把这些功能全都逐一规划实现。

　　比 如 没 有 INOUT 接 口， 可 以 统 一 规 划 M100 ～ M199 为 输 入 接 口，M200 ～ M299 为输出接口。所有 FB 均使用同一接口，可以实现在调用时结构的统一规范，易于使用。每个 FB 逻辑内部，需要对使用的公共 M 区（以及 D 区）进行备份保存现场，以及运行数据恢复。那么需要得到每个实例的 UID 标识，以将静态数据保存到固定的存储区域。

然而也并不适合所有数据全部存储，需要部署安排一部分 TEMP 区域，否则所有数据都保存的话，在系统设备较多时，D 区很快会耗光。

而对于 TEMP 区，还需要考虑到子程序多重调用产生的堆栈和出栈的问题，同一个子程序内部，在调用了另外的子程序进入并回来后，TEMP 的数据以及 INOUT 的数值都不应该被冲掉，即需要有一个堆栈层数的计量。

这种编程其实已经完全回到汇编语言的编程了。而其实所有高级语言，以及 PLC 语言，最终也都是经过编译后成为汇编语言代码并生成机器码，才被 CPU 识别并执行。所以是否支持面向对象的功能，那是高级语言系统的区别，到了机器码层级，并没有什么区别。

有人会问，标准化编程不是反对用全局变量吗，这不还是规划使用全局变量了吗？

这里规划的全局变量都是同一套变量在重复使用，而且使用之前会保存现场值，使用之后会恢复现场值。比如 M5000 的数据用过了，然而如果有相邻的程序功能，有人恰巧也用到了 M5000，也不影响。最终程序用到的只是 D1000 ～ D7999 的数据区，而且数据区的使用都是自动分配的，不会发生干涉，即便调试程序，也不需要查阅数据区的使用情况。

图 4-9 和图 4-10 所示是实现定时器 FB 以及电机 FB 的情况。电机 FB 的实例化调用如图 4-11 所示。

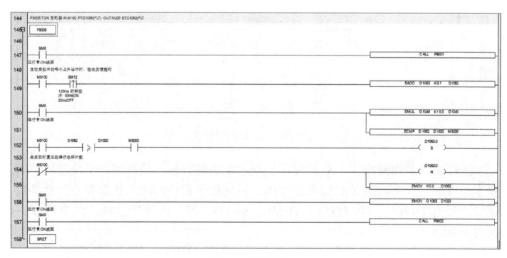

图 4-9　定时器 FB

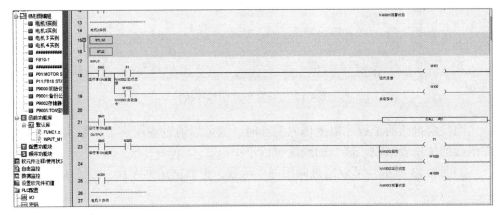

图 4-10　电机 FB

图 4-11　电机实例

4.13.2　[万泉河] 所有小型 PLC 也都能做标准化程序了

在我看来像信捷这样的 PLC 的子程序，除了一个 CALL 之外，什么功能都没有，经过改造，对于没有的功能，通过编程方法补足，也一样可以实现面向对象的标准化架构和应用。那么，其实需要跨越的门槛只有一个：子程序功能。而子程序功能的本质，其实就是一个跳转和返回。即便有的 PLC 系统没有所谓的子程序功能，那么它只要有 JUMP 或者 GOTO 等跳转指令，那就相当于具备子程序功能。

而跳转指令，原本就是汇编语言中的基本指令。所有 PLC 厂家，哪怕是个人开发爱好者，自己用单片机设计一个 PLC 系统出来，跳转功能也一定是有的。有一些不常见的 PLC 软件，如南大傲拓、矩形、科威、海为等，这些系统中实现子程序和子程序调用的方法总的来说大同小异，无非各自使用的指令名称不同，有的叫 CALL，有的叫 JSR。

而在此基础上，我更关注的一件事是，它的系统中是否能够具备 8 个或者更多的位聚到一个字节或者字的功能。比如海为 PLC 的子程序可以有最多 8 个 INPUT 和 3 个 OUTPUT，如图 4-12 所示，那么就可以打造一个 8bit 到 MB 的函数。

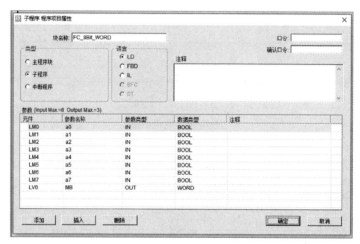

图 4-12　海为 PLC 子程序接口

当我们自己的子程序需要传入实参时，就可以通过调用这个函数实现，即对库函数的使用者来说，耦合的难度可以小一点。

如图 4-13 所示，可以通过调用一次函数，把数据送到 V10 中，然后在库函

图 4-13　模块化程序

数中拆分 V10 的数据后使用。这样，在库函数引脚不够，甚至没有引脚时，可以实现引脚输入。而即便库函数需要的引脚数量更多，还可以多次调用，把数据分别送到 V10、V11、V12 中。而输出引脚也采用同样的方法。

　　这样来看，这些小型 PLC 的烟台方法的实现，其实就是在原本的 S7-200 SMART PLC 的标准化程序基础上做一步扩展。比如前面举例的海为 PLC，其标准化程序架构会无限接近于 S7-200 SMART PLC，甚至有可能直接移植过来。

第 5 章

标准化系统设计流程

我们反复在强调标准化设计的目标是提高效率，降低劳动强度。因此不仅编程对整个自动化系统设计过程中涉及的所有工作任务，凡是有可能提高效率的方面都是我们所关心的。

本章在前一章提出的理论思想的基础上，进一步细化编程之前所有设计环节的具体工作。这里仍然不依赖于具体的 PLC 产品品牌和型号，是对所有 PLC 产品通用的基于标准化架构的设计方法。

5.1 设备类型的子类定义

我们在前一章提出了设备类型的概念，并将自动化设备的基础类型分为 6 个大类。同时指出，针对每一个具体的设备类型还会有具体的子类型，主要区分特征是所占用的物理 I/O 不同。所以，我们首先从设备类型的子类入手，看每种设备类型都有怎样的细分子类型，具体见表 5-1 ～表 5-6。

表 5-1 电机类一览表

	代号	说明		单台 DI	单台 DO	单台 AI	单台 AO	数量	DI 合计	DO 合计	AI 合计	AO 合计
A	NM	NORMAL MOTOR 普通电机	ON+OFF									
			热继电器	1								
			接触器		1							
			指示灯									
	NM02	NORMAL MOTOR 普通电机	ON+OFF	2								
			热继电器	1								
			接触器		1							
			指示灯		1							

（续）

	代号	说明		单台 DI	单台 DO	单台 AI	单台 AO	数量	DI 合计	DO 合计	AI 合计	AO 合计
A	NM03	NORMAL MOTOR 普通电机	ON+OFF	2								
			热继电器	1								
			接触器		1							
			指示灯									
	NM04	NORMAL MOTOR 普通电机	ON+OFF	2								
			热继电器	1								
			接触器		1							
			指示灯		1							
B	NM20	NORMAL MOTOR 普通电机动力柜	备妥	1								
			运行反馈	1								
			故障									
			驱动		1							
	NM21	NORMAL MOTOR 普通电机动力柜	备妥	1								
			运行反馈	1								
			故障	1								
			驱动		1							
	NM22	NORMAL MOTOR 普通电机动力柜	备妥	1								
			运行反馈	1								
			故障									
			驱动		2							
	NM23	部分变频器、收尘器电机动力柜	备妥	1								
			运行反馈	1								
			故障	1								
			驱动		2							
	NM24	皮带机、提升机	备妥	1								
			运行反馈	1								
			故障									
			驱动		1							
			料位、跑偏、拉绳	3								
	NM25	电液推杆	备妥	1								
			运行反馈	2								
			故障	1								
			驱动		2							
			位置反馈	2								

代号	说明		单台 DI	单台 DO	单台 AI	单台 AO	数量	DI 合计	DO 合计	AI 合计	AO 合计
Heater	电加热	温度开关	1								
		接触器		1							
XSM	星－三角起动电机	ON+OFF									
		热继电器	1								
		接触器		3							
		指示灯									
HM	变频器控制热混电机	ON+OFF									
		热继电器、故障、PTC	3								
		接触器		1							
		使能		1							
		恒速控制		2							
		指示灯									
HM2	热混电机（软起动器）	ON+OFF									
		热继电器、故障	2								
		接触器		2							
		使能		1							
		恒速控制									
		指示灯									
HM3	减压起动控制热混电机	ON+OFF									
		热继电器／故障	3								
		接触器		3							
		使能									
		恒速控制									
		指示灯									
DFM	FREQUENCY MOTOR 单速控制单个变频电机	ON+OFF									
		故障	1								
		接触器		1							
		使能		1							
		恒速控制									
		指示灯									
2DMFM	FREQUENCY MOTOR2 个电机单速共用变频控制电机	ON+OFF									
		故障	1								
		接触器		3							
		使能		1							
		恒速控制									
		指示灯									

注：上述 HM、HM2、HM3、DFM、2DMFM 均属于 C 类。

（续）

	代号	说明		单台 DI	单台 DO	单台 AI	单台 AO	数量	DI 合计	DO 合计	AI 合计	AO 合计
C	3DMFM	FREQUENCYMOT OR 3 个电机单速共用变频控制电机	ON+OFF									
			故障	1								
			接触器		4							
			使能		1							
			恒速控制									
			指示灯									
	SFM	FREQUENCY MOTOR 多段速度控制单个变频电机	ON+OFF									
			故障	1								
			接触器		1							
			使能		1							
			恒速控制		2							
			指示灯									
	FM2	1 变频带 2 电机	ON+OFF									
			故障	1								
			接触器		3							
			使能		1							
			恒速控制		2							
			指示灯									
	FM3	1 变频带 3 电机	ON+OFF									
			故障	1								
			接触器		4							
			使能		1							
			恒速控制		2							
			指示灯									
	FM4	1 变频带 4 电机	ON+OFF									
			故障	1								
			接触器		5							
			使能		1							
			恒速控制		2							
			指示灯									
	FM5	1 变频带 5 电机	ON+OFF									
			故障	1								
			接触器		6							
			使能		1							
			恒速控制		2							
			指示灯									

（续）

	代号	说明		单台 DI	单台 DO	单台 AI	单台 AO	数量	DI 合计	DO 合计	AI 合计	AO 合计
C	FM6	1变频带6电机	ON+OFF									
			故障	1								
			接触器		7							
			使能		1							
			恒速控制		2							
			指示灯									

注：1. 表格中每一个子类，都列出了需要的 DI/DO/AI/AO 的数量，便于在设计统计时对照确认。

2. 对于不同行业，用到的设备类型会比这里列出的更多，所以这里只是列出了其中的一部分，远远不能代表所有类型。读者使用时还需要根据实际情况进行增减。当然，没有人能同时兼具所有行业，所以每位读者根据自己当前从事的行业，整理常用的类型即可。即便不完全也可以逐渐增加完善。

3. 除了每台单台需要的 I/O 数量，后面还做了统计，当填入每个类型设备的数量之后，就会自动统计出所需的总数，然后在包括电机类型之外的所有设备都统计完成后，可以自动得出一个控制系统需要的点数，便于进行 PLC 的选型和卡件的数量选型。

4. 针对不同的行业常见的应用，表格中总结归类为 A、B、C 三类，然而并不能代表全部可能的类型。

5. 其中 A 类为控制柜内直接控制的电机接触器，所以如果有 ON/OFF 手动操作和指示灯，也占用了 PLC 的 I/O 通道。

6. B 类则是电机通常配有专用的动力柜，动力柜中有继电器逻辑线路可以实现对设备的就地起停，然后当切换到远程操作模式时，才可以被 PLC 控制，因而 PLC 多了一个备妥输入信号。

7. 系统中外购的专用设备，通常也以 B 类设备的形态出现在系统中，取决于设备的运行需要，有不带故障信号反馈的，也有带故障信号反馈的。

8. C 类电机设备是一些比较复杂的应用类型，是总结归纳少数几个行业后得出的。而实际应用中还会有更多类似的情形，读者可在参考本表基础上自行归纳总结储备。

9. 注意到给每个类型都有一个简单的编号，这些编号将来可生成位号表的前级部分，从此以后会进入到 PLC 符号表及程序以及上位机系统中。每个公司可根据自己的应用习惯自行约定，这里不做强制规范。

10. 虽然预留了 AI 和 AO 的列，但所列出的电机设备类型中并未使用模拟量通道。而在实际应用中，如变频器的应用，很需要模拟量的采集，所以必然会用到模拟量通道。

11. 如果只是个别电机采集了模拟量数据，也可以不单独作为设备类型，而是仍旧作为 AI 数据单独采集。

12. 通过通信控制的变频器越来越多，这会是一大类特殊的设备类型，本章未提及，在后面章节会涉及。

13. 再次强调，这里的分类只是为设计过程统计元器件和统计点数，不代表 PLC 程序中会有这么多库的类型。实际应用中，多个子类型的设备可以共用一个库函数类型和模板。

表 5-2 阀类一览表

	代号	说明		单台 DI	单台 DO	单台 AI	单台 AO	数量	DI 合计	DO 合计	AI 合计	AO 合计
A	SFV11	双电控阀	阀开关位到位检测	2								
			驱动		2							
			指示灯									

（续）

	代号	说明		单台DI	单台DO	单台AI	单台AO	数量	DI合计	DO合计	AI合计	AO合计
A	DFV11	开关阀	阀开关位到位检测	2								
			驱动		1							
			指示灯									
	DFV12	开关阀	阀开关位到位检测	2								
			驱动		1							
			指示灯		1							
	RV11	调节阀	位置反馈			1						
			给定				1					
			自动状态	1								
	RV13	三阀位调节阀	阀开关位到位检测	2								
			阀开关		2							
B	DFV11	开关阀	阀开关位到位检测	2								
			驱动		1							
			指示灯									
			自动状态	1								
	RV11	调节阀	阀门位置反馈			1						
			位置给定				1					
			自动状态									
	RV13	三阀位调节阀	阀开关位到位检测	2								
			阀开关		2							
			指示灯									
			自动状态	1								
C	ZCV	振仓阀	驱动		1							
	PSV1	1-PULSEVALVE	驱动		1							
	PSV2	2-PULSEVALVE	驱动		2							
	PSV3	3-PULSEVALVE	驱动		3							
	PSV4	4-PULSEVALVE	驱动		4							
	PSV5	5-PULSEVALVE	驱动		5							

（续）

	代号	说明		单台 DI	单台 DO	单台 AI	单台 AO	数量	DI 合计	DO 合计	AI 合计	AO 合计
C	PSV6	6-PULSEVALVE	驱动		6							
	PSV7	7-PULSEVALVE	驱动		7							
	PSV8	8-PULSEVALVE	驱动		8							

注：1. 与电机类型一样，阀门类型也因行业的不同有多种子类型，这里也只列出了其中一部分，远远不能代表所有类型。读者使用时还需根据实际情况进行增减。

2. 也同样有控制系统集中控制和就地控制箱两大类型。

3. 有模拟量的通道。

4. 用于除尘等行业的一组脉冲阀 PSV，不需要位置反馈，数量各不同，控制中每个阀轮动，实现除尘等特定功能，所以可以作为一组集成设备使用。

5. 脉冲阀 PSV 可以是一维的，即单个阀可以分类为脉冲阀。而脉冲阀的间歇时间如果可以设置为 0，那阀在开启时间就是常开。所以也可以把某些简单控制的阀定义为一维的脉冲阀。

表 5-3　AI 类型表

代号	说明	单台 DI	单台 DO	单台 AI	单台 AO	数量	DI 合计	DO 合计	AI 合计	AO 合计
AI	模拟量			1						
RTD	热电偶 / 热电阻			1						

注：通常，大部分的测量物理量值都会规范为 4 ～ 20mA 信号，或者电压信号，送给模拟量卡件。但在温度测点非常多的场合，会使用专用的热电偶或热电阻卡件，除了卡件类型不同之外，PLC 中的处理算法也不同，所以需要细分单列。

表 5-4　AO 类型表

代号	说明	单台 DI	单台 DO	单台 AI	单台 AO	数量	DI 合计	DO 合计	AI 合计	AO 合计
AO	模拟量输出				1					

注：AO 功能用于把浮点数的物理量设定值规范化后进行数模转换，转化为 4 ～ 20mA 信号或者电压信号。设备库定义中包含了上下限的转换范围。

表 5-5　DI 类型表

代号	说明	单台 DI	单台 DO	单台 AI	单台 AO	数量	DI 合计	DO 合计	AI 合计	AO 合计
LW	料位计	1								
SQ	光电检测	1								
SQ	电接点压力表	1								
SQ	行程开关	1								

注：1. 所有单个 DI 的处理，性质大多类似，最多加一个防抖动的延时处理。

2. 给予分配不同的代号，有时候只是为了分类而已。

表 5-6　DO 类型表

代号	说明	单台 DI	单台 DO	单台 AI	单台 AO	数量	DI 合计	DO 合计	AI 合计	AO 合计
HA	报警灯		1							

注：1. 简单 DO 类型中最常见的是报警指示灯，如前文所述。

　　2. 对于一些驱动简单设备的 DO，可以考虑采用阀类的一维 PSV，前文也有描述。

　　3. 简单处理，甚至把报警灯分类为 PSV 也是可以的。

由此，所有设备类型都整理完成之后，就可以针对一个工程项目快速进行点数统计了。

点数统计的基础来自每种设备的数量。点数统计完成之后，可以根据点数规模，同时根据系统的复杂程度和所需要的计算量，选择合适的满足功能需求的 PLC 型号选型、卡件数量，以及上位机计算机系统、低压电气元件、变频器、电源、柜体等所有选型，然后就可以进行初步的成本估算，其中供货周期长的外购件可以进行下单采购了。

5.2　PLC 标准化设计从位号表开始

5.1 节把自动化系统中的所有设备类型都分析清楚了，而且明确系统中所有用到的电气通道 I/O 点都要属于设备。那么每一台设备实例都需要有一个系统唯一的标识，这就是位号。

位号通常由两部分组成，即固定类型标识和序列数。类型标识即为 5.1 节中列出的设备类型的代号，而序列数则为 3 ～ 5 位不等的连续或不连续的数字，连续性不重要，最重要的是唯一性，同类型的设备的序列数不能重复。比如有 5 台同类型的电机 NM02，那么，其位号可以分别为 NM02-0001，NM02-0002，NM02-0003，NM02-0004，NM02-0005。

然而，对位号序号的排列规范，也可以人为定义，即不必严格从 1 开始顺序累加。比如，可以根据生产线的规模进行分区，如有 9 个区，其千位可以分别为 1 ～ 9。如果上述的 5 台设备分别处在系统的 1、3、5、7 区，那么它们的位号可能是 NM02-1001，NM02-3001，NM02-5001，NM02-7001，NM02-7002。

根据工艺位置精心排布的位号，可以呈现出一种非常有规律的序号分布，比如，相同部位的各种类型的设备有可能其序号部分是相同的，如 NM02-1001，DFV-1001，LW-1001，AI-1001，SQ-1001，LW-1001。

而这些相近的设备，通常逻辑上的相互关系也比较紧密。通常会属于同一套 L3/L4 工艺设备，因而在对它们进行编程时，因为序号比较有规律性，程序编写就会比较快捷，因此，出错概率会大大降低。

位号来自于工艺图。我们的标准化设计方法暂时不涉及机械设备和工艺的设计，所以工艺图是自动化系统和机械以及工艺专业的最前端的交接界面。

最理想的情况是，工艺专业提供的工艺图已经包含了完备的位号表，其中的每一个电气设备，都按照其类型和位置精确分配好了位号。然后，电气专业拿到工艺图后，把上面的所有位号表导出，分类统计汇总，得出每个类型设备的数量，填入 5.1 节的设备类型表中，就得到了 I/O 统计信息和低压元器件的统计汇总信息，然后就可以下单采购及进行下一步的电气图样设计和程序设计。

然而，通常情况下，大部分公司、大部分行业都达不到这种理想的程度。

专业是有壁垒的。很难有一个人，除了做自己的专业，同时还对其他专业非常了解。比如同样都是电机，要求工艺工程师在设计工艺时已经非常清楚地知道，一台电机是普通接触器直接起动，还是星 – 三角起动，或是软起动器起动，或是变频器驱动。如果这套系统是第一次设计，基本不可能。

所以，这些在电气专业是不同类型的设备，而在机械专业，不会帮我们细分出这种区别。而且，很多情况下对于一个全新的系统设计，连电气专业工程师都还要针对实际情况，设计过程中都有可能临时决定所采用的设备类型。所以，比较现实的做法是，电气专业拿到工艺图和设计任务后，完全按自己的定义规范，重新给所有相关的电气设备逐个定义位号。

当然，如果与机械、工艺专业沟通配合得好的公司，可以通过多次的配合，把设计结果通报给对方，这样持续改进，在以后的项目中，也是有可能逐渐实现前面说的最理想的状态。

在对工艺图进行加注设备位号时，最好将位号文字放在一个单独的层中，这样方便最后筛选导出所有文字列表。

对于 AutoCAD，实现导出文字列表功能比较困难。然而有一些国产的第三方 CAD 看图软件可以提供这样的功能。比如迅捷 CAD 编辑器（http://www.xunjiecad.com/），只需要花费几十元，就可以得到终身使用授权，还是比较方便的。

5.3　生成符号表

符号表，即 PLC 的每一个 I/O 通道所对应的功能意义，通常包括符号名、通道地址（与卡件编号以及通道号对应的物理地址）、注释等。

比较重要的是通道地址。对于西门子等传统 PLC 来说，会是 I0.0、Q0.0、IW256、QW512 等以绝对数字代表的绝对地址。而对 AB、倍福等 PLC，很多使用者会强调它们没有绝对地址。其实，它们当然也有绝对地址，至少要指定给系统，标识一个通道所对应的卡件的槽号、通道号等。只是往往这种地址描述太长，没有简化到类似 0.0 的绝对地址而已。

我们的处理方法是，无论将使用什么 PLC 品牌及型号，在设计阶段，我们统一规划所有的 DI 卡件，按照离 CPU 的距离由近及远的顺序，定义其名称为 DI01、DI02、DI03 等。如果 CPU 主机带 I/O，则使用编号 00。而卡件上的通道，则分别为 DI01_00、DI01_01、DI01_02、DI01_03、DI01_04、DI01_05、DI01_06、DI01_07、DI01_10、DI01_11、DI01_12、DI01_13、DI01_14、DI01_15、DI01_16、DI01_17。

这是常用的 16 通道卡件的情况，如果是 32 通道卡件，则同样使用 DI01_2X、DI01_3X 的区域。同理，对数字量输出、模拟量输入、模拟量输出等，则分别标识为 DQ、AI、AQ。

由此，PLC 的符号表中体现这个通道信息，电气图样中使用的通道也使用这个地址格式。必要时，为了打印清楚，可以把中间的分隔符由下划线整体替换为减号 – 或者冒号：。

一直以来，本行业的设计者在图样设计阶段就非常在意 PLC 中的地址定义规范，尤其在 S5 和 S7 的时代，往往第一个卡件地址是 0.X，而第二个卡件地址是 4.X，这样的跳跃规则都要体现在图样中，以使其与程序完全对应，但这是没有意义也不方便调试对点的。比如，要直接看卡件的 LED，看看 I13.5 是否接通，还需要经过计算，算出来是在第几个卡件，第几个通道。这种效率太低了。而且，如果工艺配置完全一样的两个项目，上一个项目使用的是西门子 PLC，下一个项目换成了三菱或者 AB，然后需要逐页图样去修改通道地址，那效率就更低了。

而我们约定直接卡件序号 + 通道号的方式，不管调试，还是修改图样，都非常方便。在上述的要更换 PLC 型号的示例中，也只需要改一下 CPU 页的主机名称和订货号就完成了，几乎不需要有工作量。

然后是符号名的定义规范，我们推荐以位号 + 通道功能的模式。比如一台电机 NM02–1001，我们翻阅这个设备子类型，它所需要使用的 PLC 通道见表 5-7。

表 5-7 电机类 NM02

功 能	DI	DO
起动按钮	1	
停止按钮	1	
热继电器	1	
接触器		1
指示灯		1

我们按照英文，可以分别取名为 ON、OFF、FAULT、Q、LAMP，则这些

通道的符号名见表 5-8。

表 5-8　NM02 符号表

NM02-1001:ON	DI
NM02-1001:OFF	DI
NM02-1001:FAULT	DI
NM02-1001:Q	DQ
NM02-1001:LAMP	DQ

通常，我们认为，对于这种数量有限的英文单词，即便英语不够好的工程师，也应该可以够用了。如果真的有工程师特别不习惯英文，坚持要使用中文，只要编程语言和绘图软件支持，也未尝不可，并不影响标准化设计的架构。

这里，位号与功能之间的分隔符使用了冒号（：），而如果编程软件语法不支持，则需要换其他的符号。

例如，我们现在有 5 台 NM02 和 5 台 DFV12（单电控双反馈的阀门）的小系统，演示做一个完整的符号表，下面把这个过程完整展示。

首先是位号表，见表 5-9。

表 5-9　位号表

序　　号	位　　号	注　　释
1	NM02-1001	通风机 5.5kW
2	NM02-3001	搅拌电机 5.5kW
3	NM02-5001	循环泵 7.5kW
4	NM02-7001	补水泵 2kW
5	NM02-7002	真空泵 13kW
6	DFV12-1001	气动阀
7	DFV12-3001	气动阀
8	DFV12-5001	气动阀
9	DFV12-7001	气动阀
10	DFV12-7002	气动阀

模仿实际工程，我们增加了注释列，注释内容可以来自工艺图的导出文字，也可以手工整理输入。同时，我们也可以看出，文字的力量其实是有限度的，如有一些阀门设备单纯用文字很难准确表达其系统功能，要实现其命名规律统一，而且最终名字要确保唯一性、无重复、无歧义，还是很难的。所以还是要尽量习惯使用位号来标识每个设备。

经过在 Excel 中的操作，我们得到了全部的符号表，见表 5-10。

表 5-10　全部符号表

序　号	符　号　名	通 道 地 址	注　释
1	NM02-1001:FAULT	DI01_00	通风机 5.5kW
2	NM02-1001:LAMP	DQ01_00	通风机 5.5kW
3	NM02-1001:OFF	DI01_01	通风机 5.5kW
4	NM02-1001:ON	DI01_02	通风机 5.5kW
5	NM02-1001:Q	DQ01_01	通风机 5.5kW
6	NM02-3001:FAULT	DI01_03	搅拌电机 5.5kW
7	NM02-3001:LAMP	DQ01_02	搅拌电机 5.5kW
8	NM02-3001:OFF	DI01_04	搅拌电机 5.5kW
9	NM02-3001:ON	DI01_05	搅拌电机 5.5kW
10	NM02-3001:Q	DQ01_03	搅拌电机 5.5kW
11	NM02-5001:FAULT	DI01_06	循环泵 7.5kW
12	NM02-5001:LAMP	DQ01_04	循环泵 7.5kW
13	NM02-5001:OFF	DI01_07	循环泵 7.5kW
14	NM02-5001:ON	DI01_10	循环泵 7.5kW
15	NM02-5001:Q	DQ01_05	循环泵 7.5kW
16	NM02-7001:FAULT	DI01_11	补水泵 2kW
17	NM02-7001:LAMP	DQ01_06	补水泵 2kW
18	NM02-7001:OFF	DI01_12	补水泵 2kW
19	NM02-7001:ON	DI01_13	补水泵 2kW
20	NM02-7001:Q	DQ01_07	补水泵 2kW
21	NM02-7002:FAULT	DI01_14	真空泵 13kW
22	NM02-7002:LAMP	DQ01_10	真空泵 13kW
23	NM02-7002:OFF	DI01_15	真空泵 13kW
24	NM02-7002:ON	DI01_16	真空泵 13kW
25	NM02-7002:Q	DQ01_11	真空泵 13kW
26	DFV12-1001:CLS	DI01_17	气动阀
27	DFV12-1001:LAMP	DQ01_12	气动阀
28	DFV12-1001:OPN	DI02_00	气动阀
29	DFV12-1001:Q	DQ01_13	气动阀
30	DFV12-3001:CLS	DI02_01	气动阀

（续）

序　号	符　号　名	通道地址	注　释
31	DFV12-3001:LAMP	DQ01_14	气动阀
32	DFV12-3001:OPN	DI02_02	气动阀
33	DFV12-3001:Q	DQ01_15	气动阀
34	DFV12-5001:CLS	DI02_03	气动阀
35	DFV12-5001:LAMP	DQ01_16	气动阀
36	DFV12-5001:OPN	DI02_04	气动阀
37	DFV12-5001:Q	DQ01_17	气动阀
38	DFV12-7001:CLS	DI02_05	气动阀
39	DFV12-7001:LAMP	DQ02_00	气动阀
40	DFV12-7001:OPN	DI02_06	气动阀
41	DFV12-7001:Q	DQ02_01	气动阀
42	DFV12-7002:CLS	DI02_07	气动阀
43	DFV12-7002:LAMP	DQ02_02	气动阀
44	DFV12-7002:OPN	DI02_10	气动阀
45	DFV12-7002:Q	DQ02_03	气动阀

Excel 中的操作包括多重复制、粘贴、公式、排序等各种复杂操作，验证了前一章讲到的，需要有丰富的 Excel 操作技能。读者不妨也模仿实现一下这个过程，了解其中的提高处理速度的诀窍。

序号列在处理过程中非常重要，可以在多次排序之后保证不错乱。同时，也看到，对于所有信号的注释，我们都只是复制了设备描述，对具体通道的描述并没有增加进来。如果愿意，当然可以随手添加，然而，我们认为并没有多大必要。毕竟，前面的符号名已经说明得够清楚了。

这个全符号表，是以原始设备位号顺序排列的，然而，并不能直接用于工程设计，还需要进行进一步的处理。而且，用于电气图样和程序的符号表还有不同，需要分别给出。电气图样用到的符号表，内容部分其实只能有通道地址和注释两列。所以，应当以通道地址排序，且符号与注释合并，见表 5-11。

表 5-11　符号表（图样）

序　号	通道地址	注　释
1	DI01_00	NM02-1001:FAULT// 通风机 5.5kW
2	DI01_01	NM02-1001:OFF// 通风机 5.5kW
3	DI01_02	NM02-1001:ON// 通风机 5.5kW

（续）

序 号	通道地址	注 释
4	DI01_03	NM02-3001:FAULT// 搅拌电机 5.5kW
5	DI01_04	NM02-3001:OFF// 搅拌电机 5.5kW
6	DI01_05	NM02-3001:ON// 搅拌电机 5.5kW
7	DI01_06	NM02-5001:FAULT// 循环泵 7.5kW
8	DI01_07	NM02-5001:OFF// 循环泵 7.5kW
9	DI01_10	NM02-5001:ON// 循环泵 7.5kW
10	DI01_11	NM02-7001:FAULT// 补水泵 2kW
11	DI01_12	NM02-7001:OFF// 补水泵 2kW
12	DI01_13	NM02-7001:ON// 补水泵 2kW
13	DI01_14	NM02-7002:FAULT// 真空泵 13kW
14	DI01_15	NM02-7002:OFF// 真空泵 13kW
15	DI01_16	NM02-7002:ON// 真空泵 13kW
16	DI01_17	DFV12-1001:CLS// 气动阀
17	DI02_00	DFV12-1001:OPN// 气动阀
18	DI02_01	DFV12-3001:CLS// 气动阀
19	DI02_02	DFV12-3001:OPN// 气动阀
20	DI02_03	DFV12-5001:CLS// 气动阀
21	DI02_04	DFV12-5001:OPN// 气动阀
22	DI02_05	DFV12-7001:CLS// 气动阀
23	DI02_06	DFV12-7001:OPN// 气动阀
24	DI02_07	DFV12-7002:CLS// 气动阀
25	DI02_10	DFV12-7002:OPN// 气动阀
26	DQ01_00	NM02-1001:LAMP// 通风机 5.5kW
27	DQ01_01	NM02-1001:Q// 通风机 5.5kW
28	DQ01_02	NM02-3001:LAMP// 搅拌电机 5.5kW
29	DQ01_03	NM02-3001:Q// 搅拌电机 5.5kW
30	DQ01_04	NM02-5001:LAMP// 循环泵 7.5kW
31	DQ01_05	NM02-5001:Q// 循环泵 7.5kW
32	DQ01_06	NM02-7001:LAMP// 补水泵 2kW
33	DQ01_07	NM02-7001:Q// 补水泵 2kW
34	DQ01_10	NM02-7002:LAMP// 真空泵 13kW
35	DQ01_11	NM02-7002:Q// 真空泵 13kW

（续）

序　号	通道地址	注　释
36	DQ01_12	DFV12-1001:LAMP// 气动阀
37	DQ01_13	DFV12-1001:Q// 气动阀
38	DQ01_14	DFV12-3001:LAMP// 气动阀
39	DQ01_15	DFV12-3001:Q// 气动阀
40	DQ01_16	DFV12-5001:LAMP// 气动阀
41	DQ01_17	DFV12-5001:Q// 气动阀
42	DQ02_00	DFV12-7001:LAMP// 气动阀
43	DQ02_01	DFV12-7001:Q// 气动阀
44	DQ02_02	DFV12-7002:LAMP// 气动阀
45	DQ02_03	DFV12-7002:Q// 气动阀

然而，在程序中所用到的符号表又会是另外一种格式。

我们定义的通道地址命名方式，PLC 里并不认可，只是我们用于与图样对照的标识，所以它们应该换位到注释中。而每一个变量的符号名，我们希望是以位号信息为索引的，便于在程序中使用。所以，交换之后的格式见表 5-12。

表 5-12　符号表（程序）

序　号	符　号　名	绝对地址	注　释
1	NM02-1001:FAULT		DI01_00// 通风机 5.5kW
2	NM02-1001:OFF		DI01_01// 通风机 5.5kW
3	NM02-1001:ON		DI01_02// 通风机 5.5kW
4	NM02-3001:FAULT		DI01_03// 搅拌电机 5.5kW
5	NM02-3001:OFF		DI01_04// 搅拌电机 5.5kW
6	NM02-3001:ON		DI01_05// 搅拌电机 5.5kW
7	NM02-5001:FAULT		DI01_06// 循环泵 7.5kW
8	NM02-5001:OFF		DI01_07// 循环泵 7.5kW
9	NM02-5001:ON		DI01_10// 循环泵 7.5kW
10	NM02-7001:FAULT		DI01_11// 补水泵 2kW
11	NM02-7001:OFF		DI01_12// 补水泵 2kW
12	NM02-7001:ON		DI01_13// 补水泵 2kW
13	NM02-7002:FAULT		DI01_14// 真空泵 13kW
14	NM02-7002:OFF		DI01_15// 真空泵 13kW
15	NM02-7002:ON		DI01_16// 真空泵 13kW

（续）

序　　号	符　号　名	绝 对 地 址	注　　释
16	DFV12-1001:CLS		DI01_17// 气动阀
17	DFV12-1001:OPN		DI02_00// 气动阀
18	DFV12-3001:CLS		DI02_01// 气动阀
19	DFV12-3001:OPN		DI02_02// 气动阀
20	DFV12-5001:CLS		DI02_03// 气动阀
21	DFV12-5001:OPN		DI02_04// 气动阀
22	DFV12-7001:CLS		DI02_05// 气动阀
23	DFV12-7001:OPN		DI02_06// 气动阀
24	DFV12-7002:CLS		DI02_07// 气动阀
25	DFV12-7002:OPN		DI02_10// 气动阀
26	NM02-1001:LAMP		DQ01_00// 通风机 5.5kW
27	NM02-1001:Q		DQ01_01// 通风机 5.5kW
28	NM02-3001:LAMP		DQ01_02// 搅拌电机 5.5kW
29	NM02-3001:Q		DQ01_03// 搅拌电机 5.5kW
30	NM02-5001:LAMP		DQ01_04// 循环泵 7.5kW
31	NM02-5001:Q		DQ01_05// 循环泵 7.5kW
32	NM02-7001:LAMP		DQ01_06// 补水泵 2kW
33	NM02-7001:Q		DQ01_07// 补水泵 2kW
34	NM02-7002:LAMP		DQ01_10// 真空泵 13kW
35	NM02-7002:Q		DQ01_11// 真空泵 13kW
36	DFV12-1001:LAMP		DQ01_12// 气动阀
37	DFV12-1001:Q		DQ01_13// 气动阀
38	DFV12-3001:LAMP		DQ01_14// 气动阀
39	DFV12-3001:Q		DQ01_15// 气动阀
40	DFV12-5001:LAMP		DQ01_16// 气动阀
41	DFV12-5001:Q		DQ01_17// 气动阀
42	DFV12-7001:LAMP		DQ02_00// 气动阀
43	DFV12-7001:Q		DQ02_01// 气动阀
44	DFV12-7002:LAMP		DQ02_02// 气动阀
45	DFV12-7002:Q		DQ02_03// 气动阀

　　程序用的符号表同样是按照物理通道的顺序排列的，然而其绝对地址，我们暂时留空，留待真正的 PLC 程序编程时，再根据硬件组态得到的实际信息填入（如果需要）。

5.4 自动生成符号表

5.3 节演示生成了三张符号表、分别为全符号表、符号表（图样）、符号表（程序）。这些操作只要有基本的 Excel 应用基础都可以完成。如果技能足够熟练，花费时间可以相对缩短。

然而，我们认为还有可以继续提升效率的空间。毕竟，这是一种繁琐的并不需要智慧的简单工作，从开始编辑时，就已经知道了设计结果。所以，一定可以通过程序方法来自动实现。

为此，我们总结实际设计工作中的经验，提炼出"自动生成符号表需求"，发外包找专人代为实现。这里把需求全文附上，有兴趣的读者可以尝试按照需求自行实现，或者参考后也找外包代为实现。从 2024 年 10 月起作者开始运营烟台方法知识星球，已经将本节和本书介绍的开发工具软件分批次发布到了星球中，有需要的读者可以通过加入烟台方法知识星球获得，星球号：82304018。

当然，如果认为这一块的效率损失不重要，仍然按 5.3 节的方法手工实现，也同样可以满足标准化设计方法。

自动生成符号表需求

1）在位号表中列出一个项目的所有设备列表和类型，见表 5-13。

表 5-13　需求表 1

2）在 DEF1500 文件的 TYPE 表中，列出每个设备类型所含有的引脚名称，

以及所对应的数据类型 DI/DQ/AI 等，见表 5-14。

表 5-14　需求表 2

3）在 DEF1500 文件的另外的表 DI/DQ 等列出预先定义的模块地址，见表 5-15 和表 5-16。

表 5-15　需求表 3

表 5-16　需求表 4

	A	B	C	D
1	PLC	ADDRESS		
2	DQ	DQ01_00		
3	DQ	DQ01_01		
4	DQ	DQ01_02		
5	DQ	DQ01_03		
6	DQ	DQ01_04		
7	DQ	DQ01_05		
8	DQ	DQ01_06		
9	DQ	DQ01_07		
10	DQ	DQ01_10		
11	DQ	DQ01_11		
12	DQ	DQ01_12		
13	DQ	DQ01_13		
14	DQ	DQ01_14		
15	DQ	DQ01_15		
16	DQ	DQ01_16		
17	DQ	DQ01_17		
18	DQ	DQ02_00		
19	DQ	DQ02_01		
20	DQ	DQ02_02		
21	DQ	DQ02_03		
22	DQ	DQ02_04		
23	DQ	DQ02_05		
24	DQ	DQ02_06		

目前 AI 地址少，没有自动建立。但将来除了 AI，还有可能有别的地址类型。

4）根据表 5-13 ～表 5-16，自动查询位号表里的每一个设备需要的引脚，生成符号表，并根据其数据类型，按顺序分配相应的地址 ADDRESS。顺序的主次优先级分别是 ID，TYPE，VAR……

5）通过脚本程序自动生成符号表中的三个表，分别为点表列表、符号表（图样）和符号表（程序），见表 5-17 ～表 5-19。表中有隐藏列。

表 5-17　点表列表

	A	B	C	D	E	F	G
1	NO	NAME	COMMENT	TYPE	VAR	PLC	列1
11	58	AI-4201	热机转速	AI	:IN	AI	AI02_01
12	59	AI-4202	热机电流	AI	:IN	AI	AI02_02
13	60	AI-4241	热混温度	AI	:IN	AI	AI02_03
14	61	AI-4251	冷混温度	AI	:IN	AI	AI02_04
15							AI02_05
16							AI02_06
17							AI02_07
18	26	SQ-0001	急停	SQ	:FB	DI	DI01_00
19	27	SQ-0002	复位	SQ	:FB	DI	DI01_01
20	28	SQ-1101	2x光电开关	SQ	:FB	DI	DI01_02
21	29	SQ-1201	2x光电开关	SQ	:FB	DI	DI01_03
22	30	SQ-1301	2x光电开关	SQ	:FB	DI	DI01_04
23	31	SQ-2101	光电开关	SQ	:FB	DI	DI01_05
24	32	SQ-2201	光电开关	SQ	:FB	DI	DI01_06
25	33	SQ-2301	光电开关	SQ	:FB	DI	DI01_07
26	34	SQ-2401	光电开关	SQ	:FB	DI	DI01_10
27	35	SQ-2501	光电开关	SQ	:FB	DI	DI01_11
28	36	SQ-2601	光电开关	SQ	:FB	DI	DI01_12
29	37	SQ-2701	光电开关	SQ	:FB	DI	DI01_13
30	38	SQ-2801	光电开关	SQ	:FB	DI	DI01_14
31	39	SQ-4141	热机锅盖保护开关	SQ	:FB	DI	DI01_15
32	40	SQ-4142	热混温度超温（温控表）	SQ	:FB	DI	DI01_16
33	41	SQ-4143	热混温度到（温控表）	SQ	:FB	DI	DI01_17

表 5-18　符号表（图样）

	A	E
1	ADDRESS	COMMENT
35	DI02_01	SQ-4153:FB//冷混温度到（温控表）
36	DI02_02	SQ-4241:FB//热机锅盖保护开关
37	DI02_03	SQ-4242:FB//热混温度超温（温控表）
38	DI02_04	SQ-4243:FB//热混温度到（温控表）
39	DI02_05	SQ-4251:FB//冷机锅盖保护开关
40	DI02_06	SQ-4253:FB//冷混温度到（温控表）
41	DI02_07	DFM-4161:FB//功率: 1.1kw
42	DI02_10	DFM-4261:FB//功率: 1.1kw
43	DI02_11	DFM-5001:FB//功率: 5.5kw
44	DI02_12	DFM-5141:FB//功率: 3kw
45	DI02_13	DFM-5241:FB//功率: 3kw
46	DI02_14	DFM-6001:FB//功率: 5.5kw
47	DI02_15	DFM-6101:FB//功率: 5.5kw
48	DI02_16	DFV-2101:CLS//气动阀门
49	DI02_17	DFV-2101:OPN//气动阀门
50	DI03_00	DFV-2201:CLS//气动阀门
51	DI03_01	DFV-2201:OPN//气动阀门
52	DI03_02	DFV-2301:CLS//气动阀门
53	DI03_03	DFV-2301:OPN//气动阀门
54	DI03_04	DFV-2401:CLS//气动阀门
55	DI03_05	DFV-2401:OPN//气动阀门
56	DI03_06	DFV-2501:CLS//气动阀门
57	DI03_07	DFV-2501:OPN//气动阀门

▮ ◀ ▶ ▶▮ 点表来自query 符号表（电气原理图） 符号表（程序）

表 5-19　符号表（程序）

	A	F	G
1		COMMENT	SYMBOL
35		DI02_01//冷混温度到（温控表）	SQ-4153:FB
36		DI02_02//热机锅盖保护开关	SQ-4241:FB
37		DI02_03//热混温度超温（温控表）	SQ-4242:FB
38		DI02_04//热混温度到（温控表）	SQ-4243:FB
39		DI02_05//冷机锅盖保护开关	SQ-4251:FB
40		DI02_06//冷混温度到（温控表）	SQ-4253:FB
41		DI02_07//功率: 1.1kw	DFM-4161:FB
42		DI02_10//功率: 1.1kw	DFM-4261:FB
43		DI02_11//功率: 5.5kw	DFM-5001:FB
44		DI02_12//功率: 3kw	DFM-5141:FB
45		DI02_13//功率: 3kw	DFM-5241:FB
46		DI02_14//功率: 5.5kw	DFM-6001:FB
47		DI02_15//功率: 5.5kw	DFM-6101:FB
48		DI02_16//气动阀门	DFV-2101:CLS
49		DI02_17//气动阀门	DFV-2101:OPN
50		DI03_00//气动阀门	DFV-2201:CLS
51		DI03_01//气动阀门	DFV-2201:OPN
52		DI03_02//气动阀门	DFV-2301:CLS
53		DI03_03//气动阀门	DFV-2301:OPN
54		DI03_04//气动阀门	DFV-2401:CLS
55		DI03_05//气动阀门	DFV-2401:OPN
56		DI03_06//气动阀门	DFV-2501:CLS
57		DI03_07//气动阀门	DFV-2501:OPN

▮ ◀ ▶ ▶▮ 点表来自query 符号表（电气原理图） 符号表（程序）

5.5 自动生成位号

我们现在对设备位号表的生成也做一个总结。

在实际的工程应用中，从工艺图中导出位号表是可行的，然而把工艺图中的所有电气设备，按照电气自动化专业的规范编制标注唯一位号，却不是个容易协调的事。

如果工艺工程师不懂，或者不配合，那就只好电气工程师来逐个编辑、排布，那也会非常枯燥，而且极易出错。所以，我们也希望能自动生成位号表，以节省人工。

思路如下：

1）工艺图中的电气设备不再要求有完整的位号标识，只需要有类型标识即可。

2）通过程序软件，自动读取其类型标识后，自动排序，修改文字，生成唯一的位号表示。

3）如果图样中的设备已经有完整位号，则只检查唯一性，只对有重复编号的节点自动修改。

4）可以放弃以区域排布位号的规律，只追求位号唯一性。

这项需求比前一个"自动生成符号表需求"的难度更高，因为需要同时对AutoCAD 文件和 Excel 表格文档进行自动处理。然而，找到合适的有能力兼具AutoCAD 和 Excel 做二次开发能力的软件工程师，经过一些努力，也仍然能够实现。

一旦开发完成，工艺工程师不再受困于我们要求的位号规律，他们在设计系统工艺时，需要增加 / 减少设备时，只需要和过去一样，参考旧的项目工艺，复制过来一个图标即可。我们电气专业拿到实际项目资料后，稍微做个检查，然后用软件工具自动处理一下，几分钟就能完成位号表的导出工作。然后从位号表到点表统计、设备选型、符号表生成，逐个完成这些正向的设计流程。

第 6 章

三菱 GX Works2 标准化编程

在前面两章分别介绍了标准化原理和标准化系统设计方法的基础上，本章介绍三菱 GX Works2 平台的标准化编程实现。

GX Works2 是三菱公司在 2006 年左右开始推出的 PLC 系统平台，涵盖的产品线有 FX3U、Q 系列、A 系列等。

我们在讲述标准化编程时，其实不仅仅是 PLC，还同时包含与 PLC 程序对应的上位机界面。传统习惯上，与三菱 PLC 搭配的除了 HMI 之外，大量上位机软件是由高级语言直接编写而成，其余少量是使用 WinCC 作为上位机软件。

鉴于高级语言开发的复杂性，且其上面的标准化设计方法研究还不成熟，所以本书中介绍的上位机界面还是以 WinCC 为主。原因是，有部分库函数可以直接移植自西门子 S7-1500PLC，其自身有配套的 WinCC 界面。当把 PLC 程序移植到 GX2 之后，在接口不变的情况下，原配套的 WinCC 界面可以直接使用。

在这种情况下，假如一个公司的自动化设备，下位机 PLC 有可能在西门子和三菱之间任意互换的情况下，上位机软件可以以同一个接口界面呈现给客户，操作上完全相同。

当然，如果在此基础上，用 C#、PyQt 等高级语言单独开发上位机软件，界面上也是完全相同的，在用户界面层面上实现了标准规范统一。

6.1 库函数和模板在标准化编程架构中的地位

第 4 章介绍了电气设备的类型，并且第 5 章对各自的子类型进行了细分。然而，需要注意的是，那些子类型的细分主要是面对的 I/O 通道数量不同，为了方便快速 I/O 统计和符号表生成。这种做法带来的优点，读者需要经过亲自动手实践后，才可以有所体会。

而当要面对 PLC 编程时，这些子类型又太过繁琐，不值得每一个子类型都占用单独的一个 FB。所以，又需要对逻辑高度相似的子类型尽量进行合并，尽量用一个 FB 实现对多个子类型的兼容，以其减少 FB 库函数的数量。

比如，电机子类型中，NM01 有电机保护故障信号输入，而 NM02 有接触器运行反馈信号而无故障反馈信号，在电机起动过程中，如果在设定时间内，收到了电机运行的信号，则认为电机正常。反之则认为电机故障。只要控制回路设计得好，足够全面，反而比只采集故障信号更能反映设备的运行健康状态。

所以，通常两者不会全采集，而是两者具备其一就足够了。然而，在库函数中，则完全用一个库函数来实现两者兼具的功能，使用中可以随意选择。库函数除了要实现所要控制的对象，实现需要的逻辑控制功能之外，还有一个更重要的功能，是实现和 HMI/SCADA 的通信对接，甚至这部分功能比逻辑功能本身更重要，也更复杂，难度更大。

前面讲解过这样的理念，上位机对设备来说，相当于 I/O，与物理通道的 I/O 类似，只不过是以通信变量的形式。所以对于底层的库函数，所实现的一大块功能是与上位机的接口。一个普通的 FB，如果不包含与上位机通信的接口，那就不能称之为库函数。

一套完整的库函数，应该是与上位机的画面模板配对使用。当然，有可能是一对多，即一套 FB 对应了上位机的多个画面模板。在一个 FB 实现不同的设备子类时，上位机显示的数据内容会有一些细节的区别。所以，我们讲的 PLC 标准化编程的概念，其实也包含了对上位机的标准化编程。

一个事实是，在整个自动化行业，PLC 的库函数所谓的控制逻辑都是非常简单的，尤其是只把 L1/L2 的设备函数作为库函数。

所以，在设计 L1/L2 的库函数及上位机模板时，更多精力应该放在数据接口，以及画面的协调美观，操作的便捷，习惯和风格的一致性等。画面部分的工作量其实比 PLC 部分的逻辑要复杂得多。

这方面西门子公司做得是比较好的。十多年前就推出了与 PCS7 风格极其接近的 BST 例程。近些年又推出了一套全新系列的 HMI 与上位机界面高度统一的 LBP 例程。

本书将以 BST 库中的 MOTOR 块为例，讲解其功能，并演示将其从西门子 SCL 语言移植到三菱 ST 语言的方法。

同时，要强调的是，标准化编程的本质是实现各系统单元的模块化，模块化是指所使用的所有模块单元都随时可以被撤下，以另外的模块替换。所以不存在一开始选定了一套库函数模板后，整个系统就被此模板锁定无法更改。

相反的是，我们只是建议在开始设计系统设备标准化架构的初期，为减少初期的工作量，而尽量采用现成的库函数。而一旦开发成功，就可以反过来，对底层库中的任何不满意的地方进行修改和替换。

6.2　BST 例程移植

从 WinCC V7.0 开始，西门子官方提供了一个非常好的例程，叫作 BST 例程。BST 是西门子全球网站推出的一组标准库例程的统称，开始是针对 S7–300/400 的，后来在 Portal 平台推出后又推出了适用于 S7–1200/1500 的版本，所以文档编号逐渐分化，见表 6-1。

表 6-1　BST 系列

ID	WinCC	PLC
31624179	WinCC V7	STEP 7(TIA Portal) (S7–1200/1500)
66839614	WinCC (TIA Portal)	STEP 7(TIA Portal) (S7–1200/1500)
68679830	WinCC V7	STEP 7 V5 (for S7–300/400)
36435784	WinCC flexible	STEP 7 V5 (for S7–300/400)

所有例程的接口协议都是统一的，所以可以互相互换。本章只探讨其中的 31624179 WinCC V7+TIA Portal S7–1200/1500，学习、理解，并移植到三菱系统中。

最新的 BST 例程中提供了 4 个主要的设备库函数，分别是

- MOTOR 电机。
- VALVE 阀。
- DIGITAL 数字量信号。
- ANALOG 模拟量信号。

对应到我们对设备类型分析的 6 个类型中主要的 4 个，而其余的 2 个（DO 数字量输出和 AO 模拟量输出），基本上不需要参数设置，在设计设备类型库时只需要 PLC 中的一个 FB，逻辑非常简单，甚至可以不需要 WinCC 上有配对的画面模板。所以，我们做标准化库函数的第一步是将这 4 个基本设备类型分别进行解读，并移植到三菱平台。

移植的意义，一方面为系统整体标准化架构做功能储备，另一方面掌握移植的技术，对工程师个人则是技能储备。

对于这 4 个设备类型，西门子官方库中都配备了完整的应用文档，完整讲解了它的使用。《PLC 标准化编程原理与方法》中对它们均做了详细的解读，并对应用到标准化架构中的缺点也都做了分析。

本章下面主要介绍其中的电机块 MOTOR 部分代码，并讲解移植过程，其余块则只做简单介绍。

6.2.1 MOTOR FB620 电机

如图 6-1 所示，设备类型库包含了 3 部分，即 PLC 程序 FB、面板图标 fpt 文件和弹出窗口一组 6 个 pdl 画面文件（其中 3 个为有用的工作画面，另外 3 个是说明文档，没有实际用处）。电机块包含的文件如下：

- PORTAL：

  FB620

- WinCC 面板：

  DEMO_MOTOR_ICON.fpt

- WinCC 画面：

  DEMO_MOTOR_MAIN.pdl

  DEMO_MOTOR_STANDARD.pdl

  DEMO_MOTOR_MSG.pdl

  DEMO_MOTOR_ICON_Define.pdl

  DEMO_MOTOR_DefineState.pdl

  DEMO_MOTOR_DefineData.pdl

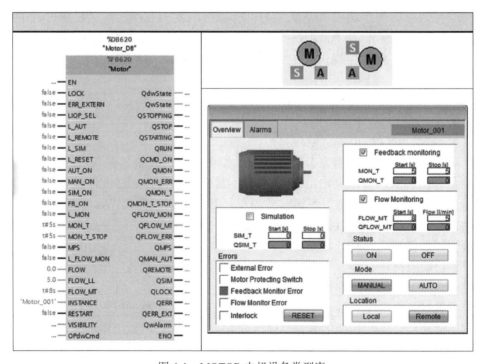

图 6-1　MOTOR 电机设备类型库

6.2.2　程序块的引脚列表及说明（见表 6-2）

表 6-2　引脚列表及说明

信号	数据类型	初始值	
Input			
LOCK	Bool	FALSE	互锁，即运行条件。为 TRUE 时运行条件不满足，禁止运行。如正在运行时，LOCK 来到，则停止
ERR_EXTERN	Bool	FALSE	外部故障，例如整个系统的急停信号需要本设备停止时，通过此引脚传入
LIOP_SEL	Bool	FALSE	全称为 LINK/OP_SELECT，即引脚或者 HMI 有操作权限，后面的所有 L_ 开头的引脚，全部需要本引脚为 TRUE 时才有效。TRUE 为 LINK,FALSE 为 OP
L_AUT	Bool	FALSE	通过引脚切换自动模式
L_REMOTE	Bool	FALSE	通过引脚切换 LOC/REM 模式
L_SIM	Bool	FALSE	通过引脚切换 SIM 模式
L_RESET	Bool	FALSE	通过引脚复位故障
AUT_ON	Bool	FALSE	自动模式下，可以用于起停设备
MAN_ON	Bool	FALSE	LOC 模式下，可以用于起停设备
SIM_ON	Bool	FALSE	SIM 模式下，可以用于起停设备
FB_ON	Bool	FALSE	开位置反馈
L_MON	Bool	FALSE	通过引脚切换监控位置反馈
MON_T	Time	t#5s	监控位置反馈模式下的开超时时间设定
MON_T_STOP	Time	t#5s	监控位置反馈模式下的关超时时间设定
MPS	Bool	FALSE	电机保护信号
L_FLOW_MON	Bool	FALSE	通过引脚切换监控电流
FLOW	Real	0	电流值
FLOW_LL	Real	5	电流下限值
FLOW_MT	Time	t#8s	电流超限时间
INSTANCE	String	'Motor_001'	设备的实例名，即注释内容
RESTART	Bool	FALSE	设备重启，无用
Output			
QdwState	DWord	16#0	输出状态字。每个位的定义，参看状态字定义
QwState	Int	0	以 int 格式输出的状态

（续）

信号	数据类型	初始值	
Output			
QSTOPPING	Bool	FALSE	正在关动作状态
QSTOP	Bool	FALSE	已停止
QSTARTING	Bool	FALSE	正在开动作状态
QRUN	Bool	FALSE	已起动完成
QCMD_ON	Bool	FALSE	驱动输出
QMON	Bool	FALSE	监控反馈模式
QMON_ERR	Bool	FALSE	监控反馈错误
QMON_T	Time	T#0ms	监控开反馈倒计时
QMON_T_STOP	Time	T#0ms	监控关反馈倒计时
QFLOW_MON	Bool	FALSE	监控电流
QFLOW_MT	Time	T#0ms	无电流时间
QFLOW_ERR	Bool	FALSE	电流故障
QMPS	Bool	FALSE	电机保护故障
QMAN_AUT	Bool	FALSE	自动模式
QREMOTE	Bool	FALSE	REM 操作模式，即可以在 HMI 手动起停设备
QSIM	Bool	FALSE	模拟模式，模拟运行时 QCMD_ON 不输出，其他相同
QLOCK	Bool	FALSE	运行中产生了联锁故障
QERR	Bool	FALSE	总故障，所有原因产生的故障均在这里集中输出
QERR_EXT	Bool	FALSE	外部故障
QwAlarm	Word	16#0	报警字
InOut			
VISIBILITY	Byte	16#0	用于面板显示和隐藏元素，然而并没有用到，可以作为未来的功能预留
OPdwCmd	DWord	16#0	HMI 下发来的控制字。每个位的定义，参看控制字定义

6.2.3　传输到 WinCC 的变量

传输到 WinCC 的变量见表 6-3。

表 6-3　传输到 WinCC 的变量

Name	Data type	Tag type	Address
INSTANCE	Text tag 16–bit character set	External	DB620，DD24
QdwState	Unsigned 32–bit value	External	DB620，DD282
QwAlarm	Unsigned 16–bit value	External	DB620，DBW306
OPdwCmd	Unsigned 32–bit value	External	DB620,DD310
MON_T	Unsigned 32–bit value	External	DB620.DD2
MON_T_STOP	Unsigned 32–bit value	External	DB620,DD6
FLOW	Floating–point number 32bit IEEE	External	DB620,DD12
FLOW_LL	Floating–point number 32bit IEEE	External	DB620,DD16
FLOW_MT	Unsigned 32–bit value	External	DB620,DD20
QMON_T	Unsigned 32–bit value	External	DB620.DD290
QMON_T_STOP	Unsigned 32–bit value	External	DB620,DD294
QFLOW_MT	Unsigned 32–bit value	External	DB620,DD300
SIM_T	Unsigned 32–bit value	External	DB620,DD316
QSIM_T	Unsigned 32–bit value	External	DB620,DD320
QSIM_T_STOP	Unsigned 32–bit value	External	DB620,DD228
SIM_T_STOP	Unsigned 32–bit value	External	DB620,DD324

　　这里简单复制了西门子官方库原文档的变量表，其中包含了绝对地址偏移量，用于与 WinCC 的结构变量地址偏移量对应。然而在应用中，选择了更为高效的符号寻址，并未使用这些地址。而在移植到三菱 PLC 之后，则是用另外的方法得到了所使用的软元件地址，这将在后续的章节中具体介绍，所以后续并不会关注到每个变量的绝对地址。

6.2.4　报警和消息

　　模块的输出引脚 QwAlarm 整合输出了整个设备的报警消息用于 WinCC 的报警消息中逐位读取。报警和消息位定义见表 6-4

表 6-4　报警和消息位定义

Bit	Signal	Message text
0	QMON_ERR	Feedback monitoring error
1	QFLOW_ERR	Dry–running monitoring triggered
2	QMPS	Motor protection switch triggered
3	—	—

（续）

Bit	Signal	Message text
4	QLOCK	Lock, motor switched off
5	—	—
6	QERR_EXT	External error
7	QERR	General error
8	QSTOP	Motor is OFF
9	QSTARTING	Motor is STARTING
10	QRUN	Motor is ON
11	QSTOPPING	Motor is STOPPING
12	LOCK	Interlock pending
13	QREMOTE	Controller => REMOTE
14	QMAN_AUT	Operating mode => AUTOMATIC
15	QSIM	Simulation is ACTIVE

表中 Bit 0 ～ 7 为故障和报警，Bit 8 ～ 15 为消息和运行状态。消息文本中的文本为西门子官方库原文档的英文，在中文版系统中需要自行逐个翻译为中文。

6.2.5　功能块的控制和状态信号

6.2.5.1　控制字 OPdwCmd

在 WinCC 中，通过一个 32 位的 DWord 类型控制字变量 OPdwCmd 向 PLC 发送指令，如图 6-2 所示，PLC 函数块的 InOut 引脚收到控制字指令，对控制字的每个位拆位读取，执行想要执行的动作，然后将这个命令位复位。所以，当 PLC 执行完命令后，整个控制字的值总是为 0。

控制字的每位定义如图 6-3 所示。

6.2.5.2　状态字 QdwState

PLC 函数块把设备的各种开关运行状态整理汇总到 32 位的 DWord 类型的输出引脚 QdwState，如图 6-4 所示。WinCC 中通过对状态字的每位拆解读取状态，并呈现到运行画面中。

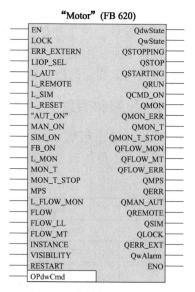

"Motor" (FB 620)

EN	QdwState
LOCK	QwState
ERR_EXTERN	QSTOPPING
LIOP_SEL	QSTOP
L_AUT	QSTARTING
L_REMOTE	QRUN
L_SIM	QCMD_ON
L_RESET	QMON
"AUT_ON"	QMON_ERR
MAN_ON	QMON_T
SIM_ON	QMON_T_STOP
FB_ON	QFLOW_MON
L_MON	QFLOW_MT
MON_T	QFLOW_ERR
MON_T_STOP	QMPS
MPS	QERR
L_FLOW_MON	QMAN_AUT
FLOW	QREMOTE
FLOW_LL	QSIM
FLOW_MT	QLOCK
INSTANCE	QERR_EXT
VISIBILITY	QwAlarm
RESTART	ENO
OPdwCmd	

图 6-2　控制字 OPdwCmd

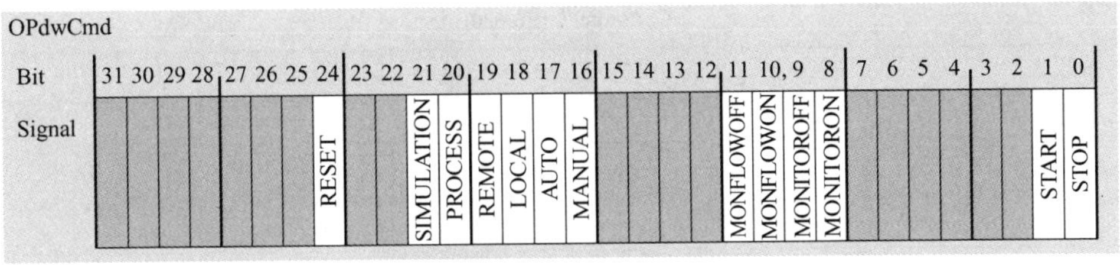

图 6-3　控制字的每位定义

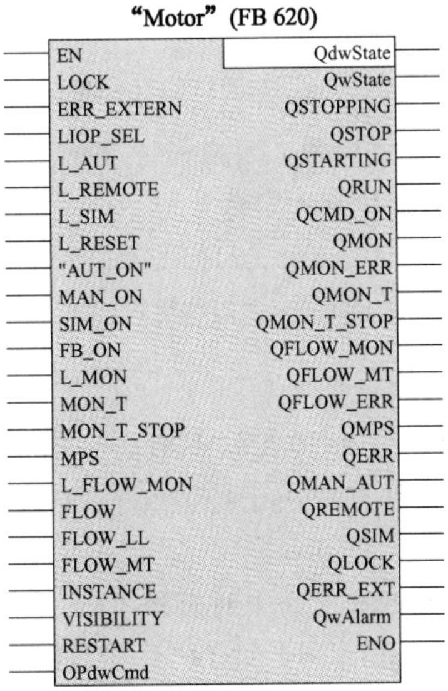

图 6-4　状态字 QdwState

状态字的每位定义如图 6-5 所示。

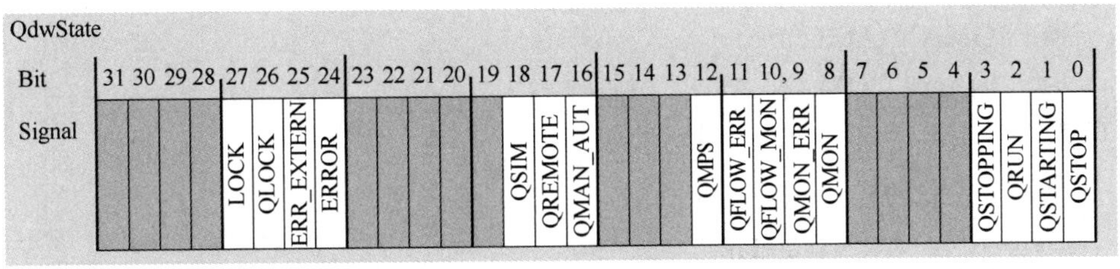

图 6-5　状态字的每位定义

6.2.5.3　手自动模式切换

手自动模式切换涉及的引脚如图 6-6 所示。

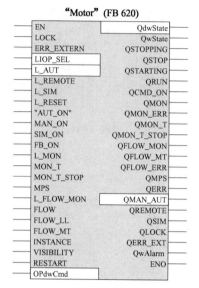

图 6-6　手自动模式切换

● "LIOP_SEL"

如果"LIOP_SEL"为 1，则模式状态取决于引脚输入的"L_AUT"；如果"LIOP_SEL"为 0，则模式状态取决于控制字（"OPdwCmd [Bit 16 and 17]"）。

● "L_AUT"

"L_AUT"只在"LIOP_SEL"为 1 时有效。"LIOP_SEL"= 1 AND "L_AUT"= 0 → manual 手动，"LIOP_SEL"= 1 AND "L_AUT"= 1 → automatic 自动。

● "OPdwCmd"

控制字的"OPdwCmd"的相关位置在"LIOP_SEL"为 0 时有效。"LIOP_SEL"= 0 AND "OPdwCmd [Bit 16]"= 1 → manual 手动，"LIOP_SEL"= 0 AND "OPdwCmd [Bit 17]"= 1 → automatic 自动。

● "QMAN_AUT"

模式输出到"QMAN_AUT"引脚显示。"QMAN_AUT"= 0 → manual 手动，"QMAN_AUT"= 1 → automatic 自动。

● "QdwState"

模式也同时输出到状态字，送给了 WinCC 显示。"QdwState"使用了 Bit 16 和 17 分别显示手动和自动的各自状态，如果两位同时为 0 或者同时为 1，则是有错误。"QdwState [Bit 16]"= 1 → Manual 手动，"QdwState [Bit 17]"= 1 → automatic 自动。

6.2.5.4　就地和远方（LOC/REM）模式切换

就地（LOC）模式的意思是在引脚上控制，而远方（REM）模式的意思是在

WinCC 画面上操作控制设备。就地和远方模式切换如图 6-7 所示。

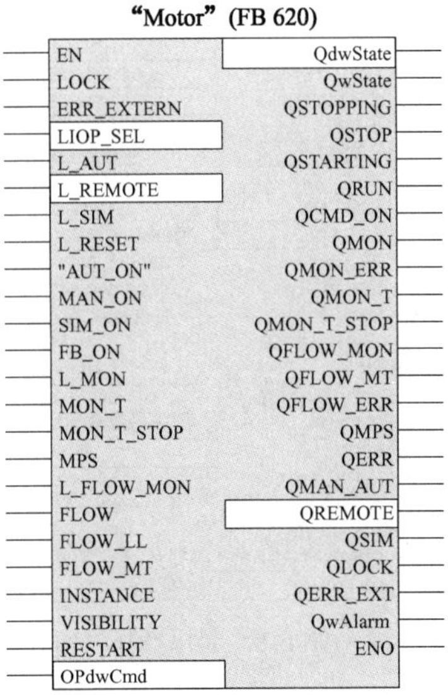

"Motor" (FB 620)

图 6-7 就地和远方模式切换

● "LIOP_SEL"

如果"LIOP_SEL"为 1，则模式状态取决于引脚输入的"L_REMOTE"；如果"LIOP_SEL"为 0，则模式状态取决于控制字（"OPdwCmd [Bit 18 and 19]"）。

● "L_REMOTE"

"L_AUT"只在"LIOP_SEL"为 1 时有效。"LIOP_SEL"= 1 AND "L_REMOTE"= 0 → LOC（就地），"LIOP_SEL"= 1 AND "L_REMOTE"= 1 → REM（远方）。

● "OPdwCmd"

控制字的"OPdwCmd"的相关位在"LIOP_SEL"为 0 时有效。"LIOP_SEL"= 0 AND "OPdwCmd [Bit 18]"= 1 → LOC（就地），"LIOP_SEL"= 0 AND "OPdwCmd [Bit 19]"= 1 → REM（远方）。

● "QREMOTE"

模式输出到"QREMOTE"引脚显示。"QREMOTE"= 0 → LOC（就地），QREMOTE"= 1 → REM（远方）。

6.2.5.5 设备的起停操作

起停操作受其他模式影响，如手自动、就地 / 远方，以及模拟 SIM。起停操作如图 6-8 所示。

"Motor" (FB 620)

EN	QdwState
LOCK	QwState
ERR_EXTERN	QSTOPPING
LIOP_SEL	QSTOP
L_AUT	QSTARTING
L_REMOTE	QRUN
L_SIM	QCMD_ON
L_RESET	QMON
AUT_ON	QMON_ERR
MAN_ON	QMON_T
SIM_ON	QMON_T_STOP
FB_ON	QFLOW_MON
L_MON	QFLOW_MT
MON_T	QFLOW_ERR
MON_T_STOP	QMPS
MPS	QERR
L_FLOW_MON	QMAN_AUT
FLOW	QREMOTE
FLOW_LL	QSIM
FLOW_MT	QLOCK
INSTANCE	QERR_EXT
VISIBILITY	QwAlarm
RESTART	ENO
OPdwCmd	

图 6-8 起停操作

- "AUT_ON"

在自动状态，AUT_ON 引脚用于起动或停止电机。"AUT_ON" = 1 AND "QMAN_AUT" = 1 → Start，"AUT_ON" = 0 AND "QMAN_AUT" = 1 → Stop。

- "MAN_ON"

在手动状态，MAN_ON 引脚用于起动或停止电机。"MAN_ON" = 1 AND "QMAN_AUT" = → Start，"MAN_ON" = 0 AND "QMAN_AUT" = → Stop。

- "SIM_ON"

在 SIM 状态，SIM_ON 引脚用于起动或停止电机。"SIM_ON" = 1 AND "QSIM" = 1 → Start，"SIM_ON" = 0 AND "QSIM" = → Stop。

- "OPdwCmd"

控制字的 Bit 0 和 1 用于在 WinCC 中起动或停止电机。"LIOP_SEL" = 0 AND "OPdwCmd [Bit 0]" = 1 → Stop，"LIOP_SEL" = 0 AND "OPdwCmd [Bit 1]" = 1 → Start。

- "QSTOP" "QSTARTING" "QRUN" "QSTOPPING" (Bool)

电机在任何状态，此 4 个 Bool 变量必有一个为 1。"QSTOP" = 1 → OFF (QwState = 0)，"QSTARTING" = 1 → Start (QwState = 1)，"QRUN" = 1 → ON (QwState = 2)，"QSTOPPING" = 1 → Stop (QwState = 3)。

- "QdwState"

把 4 种运行状态 "STOP/STARTING/RUN/STOPPING" 显示在状态字最低的

4 位 Bit 0 ～ 3 中。"QdwState Bit 0"= 1 → STOP，"QdwState Bit 1"= 1 → STARTING，"QdwState Bit 2"= 1 → RUN，"QdwState Bit 3"= 1 → STOPPING。

图 6-9 表示了各种可能的运行状态。

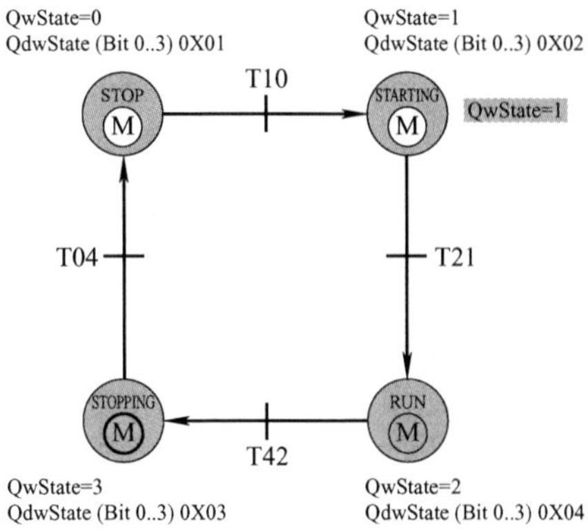

6.2.5.6　电机保护开关（MPS）

FB 可以外接一个电机保护开关信号到 MPS 引脚，当此信号为 1 时，程序块内触发一个错误，然后电机被切换到 STOP 状态。MPS 涉及的引脚如图 6-10 所示。

- MPS

MPS = 1 → QMPS = 1，QMPS = 1 → QERR = 1。

6.2.5.7　模拟 SIM 模式

SIM 模式是个很重要的功能，可以在不投入实际电气设备的情况下，模拟测试自动逻辑是否达到预想的工艺要求。SIM 模式下，QCMD_ON 被屏蔽，指令不能输出到设备。SIM 模式涉及的引脚如图 6-11 所示。

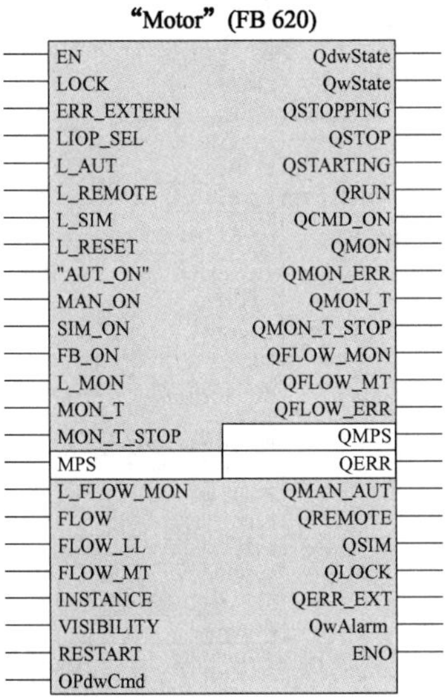

图 6-9　可能的运行状态

图 6-10　MPS

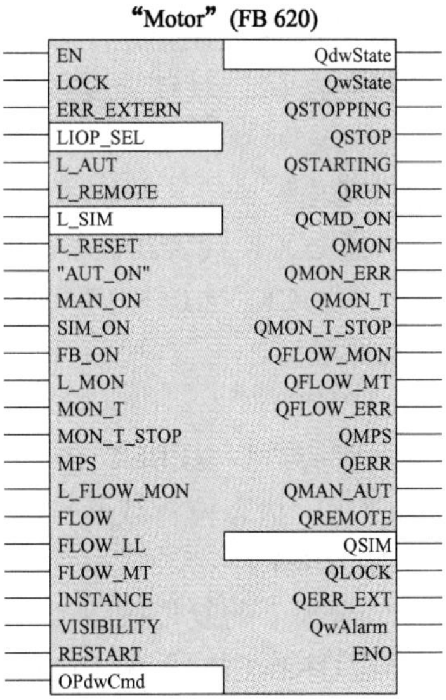

图 6-11　SIM 模式

- "LIOP_SEL"

如果"LIOP_SEL"为 1，则模式状态取决于引脚输入的"L_SIM"；如果"LIOP_SEL"为 0，则模式状态取决于控制字（"OPdwCmd [Bit 20 and 21]"）。

- "L_SIM"

"LIOP_SEL" = 1 AND "L_SIM" = 0 → SIM OFF, "LIOP_SEL" = 1 AND "L_SIM" = 1 → SIM ON。

- "OPdwCmd"

控制字的"OPdwCmd"的相关位只在"LIOP_SEL"为 0 时有效。"LIOP_SEL" = 0 AND "OPdwCmd [Bit 20]" = 1 → SIM OFF, "LIOP_SEL" = 0 AND "OPdwCmd [Bit 21]" = 1 → SIM ON。

- "QSIM"

模式输出到"QSIM"引脚显示。"QSIM" = 0 → SIM OFF, "QSIM" = 1 → SIM ON。

- "QdwState"

模式也同时输出到状态字的 Bit 18, 送给 WinCC 显示。"QdwState [Bit 18]" = 0 → SIM OFF, "QdwState [Bit 18]" = 1 → SIM ON。

6.2.5.8 联锁状态的触发显示和复位

作为一个执行器(电机、泵或控制器)的一种, 根据其工艺功能, 通常需要有联锁功能。当工艺过程中的特定条件满足时, 禁止设备起动。如设备已经在运行, 则自动停止并发出联锁错误。这个功能用于避免发生严重的设备故障。联锁涉及的引脚如图 6-12 所示。

"Motor" (FB 620)

EN	QdwState
LOCK	QwState
ERR_EXTERN	QSTOPPING
LIOP_SEL	QSTOP
L_AUT	QSTARTING
L_REMOTE	QRUN
L_SIM	QCMD_ON
L_RESET	QMON
"AUT_ON"	QMON_ERR
MAN_ON	QMON_T
SIM_ON	QMON_T_STOP
FB_ON	QFLOW_MON
L_MON	QFLOW_MT
MON_T	QFLOW_ERR
MON_T_STOP	QMPS
MPS	QERR
L_FLOW_MON	QMAN_AUT
FLOW	QREMOTE
FLOW_LL	QSIM
FLOW_MT	QLOCK
INSTANCE	QERR_EXT
VISIBILITY	QwAlarm
RESTART	ENO
OPdwCmd	

图 6-12 联锁状态

- "LOCK"

输入引脚 LOCK 代表联锁条件, 为 1 时禁止设备开启。"LOCK" = 0 →未联锁, "LOCK" = 1 →联锁条件激活。

- "L_RESET"

在输入引脚"L_RESET"的上升沿, 输出引脚"QLOCK"状态位将被复位。

- "OPdwCmd"

WinCC 面板上的复位按钮"RESET"按下时, 控制字"OPdwCmd"的 Bit 24 位被置位 1, 然后 PLC 程序中复位输出引脚"QLOCK"状态位。

- "QLOCK"

当阀正在开启或者已经开启, 即"QOPENING"或"QOPEN"为 1 时, LOCK 信号到来, 则输出信号"QLOCK"置位 1, 表示发生了联锁错误。

"QLOCK" = 1 →联锁错误，"QLOCK" = 0 →无联锁错误。

- "QdwState"

状态字的 Bit 26 和 27 分别显示了 LOCK 和 QLOCK 的状态。"QdwState [Bit 27]" = 1 → LOCK = 1(联锁条件激活)，"QdwState [Bit 26]" = 1 → QLOCK = 1 (联锁错误)。

6.2.6　块图标和面板

示例的动态数据在 WinCC 中使用 WinCC 面板类型显示。面板可用于 WinCC V7 或更高版本，并具有集中更改的优势。如果对块图标的设计细节不满意可以修改，更改块图标后，不再需要编辑所有过程画面，而是会自动更新到画面中使用了该面板的实例。

如果不需要用面板类型来显示动态数据，而是希望运行数据直接显示在画面中，也可以直接组态 WinCC 画面对象，用来显示来自 PLC 中的运行数据以及操作指令。

图标和窗口面板布局如图 6-13 所示。

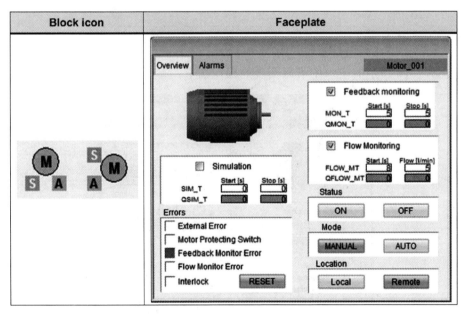

图 6-13　图标和窗口面板布局

6.2.6.1　图标的不同运行状态显示

电机的 "Stop/Starting/Run/Stopping" 每一种状态都会在图标符号中显示（见图 6-14）。设备的运行状态通过状态字 QdwState 传送到 WinCC 中，WinCC

中的画面文件"DEMO_MOTOR_ICON_Define.pdl"对横竖两种布局的电机图标的状态均做了描述。

6.2.6.2 状态符号

对设备的不同模式，也有字符符号动态显示，如图 6-15 所示。这些动态符号本质上是图片。详细描述也同样在 WinCC 画面文件"DEMO_MOTOR_ICON_Define.pdl"中。

- Ⓜ Stop   (QdwState, Bit 0 = 1)
- Ⓜ Starting   (QdwState, Bit 1 = 1)
- Ⓜ Run   (QdwState, Bit 2 = 1)
- Ⓜ Stopping   (QdwState, Bit 3 = 1)
- If none or several bits are set in "QdwState - Bit 0-3", the illegal status is set.
- Ⓜ Illegal

图 6-14　图标符号

- Display local/remote operation
  L "Local" mode
- Display manual/automatic mode
  H "Manual" mode
  A "Automatic" mode
- Display simulation On/Off
  S Simulation on
- Display failure/warning
  E General failure
  W General warning
- Display interlock
  IL Interlock pending
  IL Interlock active

图 6-15　状态符号

6.2.7　面板窗口——总览视图

在图 6-16 所示的窗口中可以实现的操作如下：

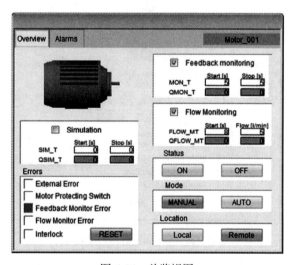

图 6-16　总览视图

- 切换就地和远方模式 LOC/REM。
- 在 REM 模式下可以切换手动和自动模式 MAN/AUTO。

- 手动起动或者停止电机，同样需要在 REM 模式下。
- 复位故障。
- 切换打开 SIM 模式，需要在 REM 和手动模式下。
- 开启监控电机的运行反馈，并设置限制时间。
- 开启监控电机的电流，并设置最低电流和空载运行时间。
- 在电机操作时显示监控倒计时。

6.2.8 面板窗口——报警和信息视图

图 6-17 中自动过滤显示了当前设备相关的所有报警和运行信息历史记录。

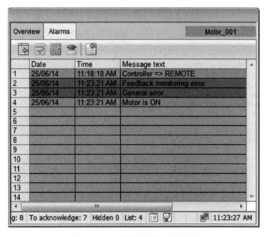

图 6-17 报警和信息视图

6.3 PLC 库函数与上位机模板的对应关系

6.2 节以 MOTOR 电机块为例，介绍了 BST 例程中 4 个设备类型的逻辑原理和功能，然而还远远不够。那只是对初学者方便了解这个例程的架构做的最基本介绍。

我们还需要对上位机实现的每一个细节都充分理解掌握。这样做的目的有两个：

1）如果客户对其当下提供的功能、界面、颜色方案等不够满意，希望改进时，需要有能力进行修改改进。

2）我们不可避免地要自己完整设计自己行业项目所特有的库函数，我们不可以另起炉灶自己从头重新搭建，甚至重新约定控制字、状态字规范，重新设计界面搭配，那样会导致系统的一致性变差。

这里介绍的只是针对 WinCC 作为上位机的情况，如果项目中需要使用其他上位机软件或者 HMI 实现，则需要根据新软件的功能特性进行相应处理，本章所介绍的方法未必适用。

6.3.1 图标的动态实现

我们回到 6.2 节，看到每一个设备的动态图标边上都还有一些字符图片的状态标志，如图 6-18 所示。

图 6-18 动态图标

随着设备的状态不同，不同的标志符号会显示。那么这些动态功能是如何实现的呢？我们随便打开电机设备 fpt 面板类型文件（所有面板所实现的方法都是一样的），如图 6-19 所示。

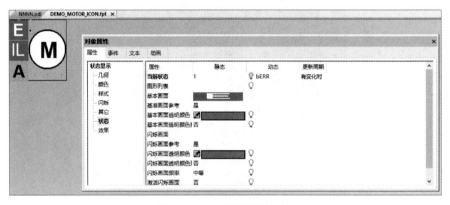

图 6-19 fpt 面板类型文件

选择其中每个符号图片，看到其动态状态连接到了 bERR 之类的变量。这些变量属于面板变量，如图 6-20 所示。

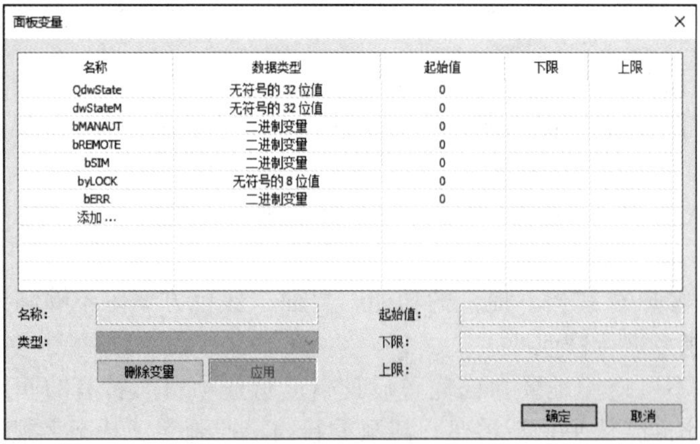

图 6-20 面板变量

而这些变量的值来自哪里呢？

从面板的图形元素列表中可以找到一个名称为 TRIGGER_QdwState 的输入 /
输出域，其字体为加黑，代表其有程序，在事件页输出值的更改中看到有 VB 动
作，如图 6-21 所示。

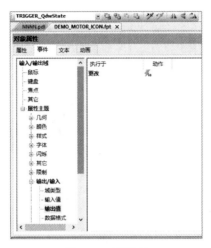

图 6-21　事件页

打开后，看到了程序中对输入 / 输出域当前 Item 的 value 值拆位，得到了变
量列表中的这些 SmartTags 的值，如图 6-22 所示。

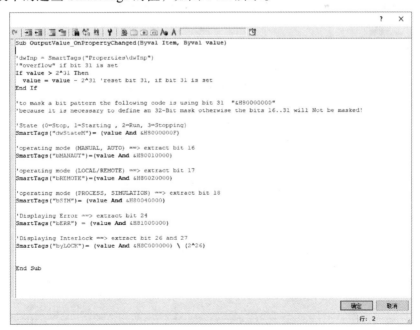

图 6-22　VB 脚本

如果对照状态字的位定义，以及程序的注释，就很容易对应上了，如图 6-23 所示。

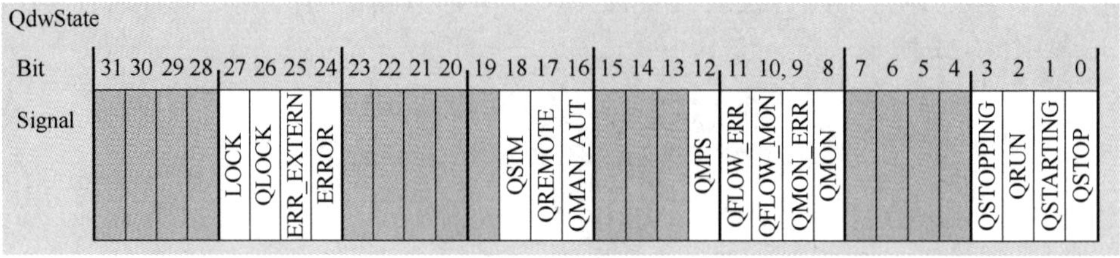

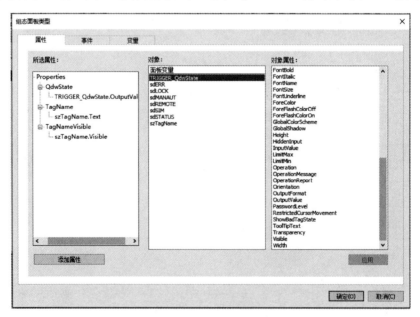

图 6-23　状态字的位定义

举个例子，状态字中 QMAN_AUT 在第 16 位，VB 脚本程序中将 value 值与十六进制的 000010000 做与逻辑，后面的 4 个 0 每个 0 代表了 4bit，所以是 0 ~ 15 的 16bit，1 所在的位置就正好是第 16 位了。如果这一位的状态为 1，那么运算的结果就是 1，如果这一位为 0，运算的结果即为 0。如此即得到了面板变量 "bMANAUT" 的值。

而这个输入 / 输出域 "TRIGGER_QdwState" 的值是怎么连接到设备的状态字的呢？

在组态面板类型的对话框中，我们看到了它的 OutputValve 属性被拖到属性窗口中，生成了一个称为 QdwState 的属性，如图 6-24 所示。在例子画面所产生的面板实例的属性中，我们同样看到了这个 Qdwstate 属性，如图 6-25 所示。其

图 6-24　组态面板类型

动态值绑定到了来自 PLC 的 FB 的背景数据块中的状态字接口。

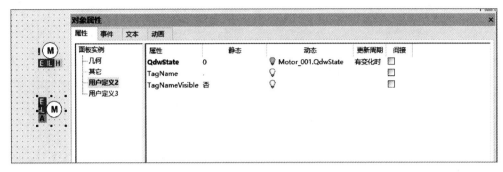

图 6-25　对象属性

由此，我们以倒查的方式明白了一个状态字被传送到 WinCC 后是如何传给面板图标，并在图标中实现动态显示的。而这个过程，其实也是正常设计的过程步骤。

我们掌握了这个实现方法，一些类似的需求就可以通过同样的途径实现。比如，模拟量数据，国内大多数行业不喜欢图标的模式，这种模式左侧还有一批符号占据太多空间，工程师希望是针对 AI 变量不同的状态，比如直接由数值的背景色来实现动态提示。

这个需求留给各位读者自行独立实现。

6.3.2　设备设定窗口的弹出显示

在当下这个版本的 BST 例程中，弹出窗口的实现方法是，在运行画面中放置了一个子窗口，窗口调用的画面为设备的窗口主画面，如电机设备，则为 DEMO_MOTOR_MAIN.pdl，如图 6-26 所示。

画面的变量前缀则为设备变量的前缀，即我们在第 5 章中所重点谈及的设备位号，在这里出现了。

变量前缀的功能实现了在窗口画面内的所有控件的绑定变量，只需要固定的后缀的变量名，系统自动拼接前缀和后缀，成为一个完整的变量名，并从 WinCC 变量中读取或设定其数值。

打开 MAIN 的画面，可以看到它其实也是窗口嵌套的，通过顶端的两个按钮，切换窗口的画面名称，实现窗口的切换，如图 6-27 所示。

具体的脚本如图 6-28 所示。

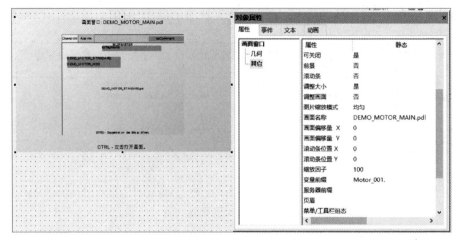

图 6-26　弹出式子窗口

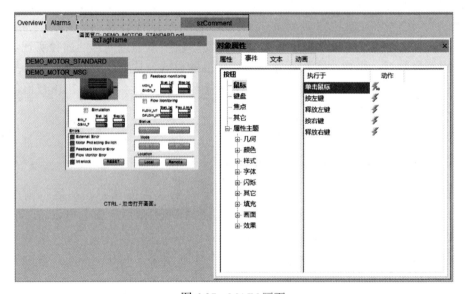

图 6-27　MAIN 画面

objPicWdw.ScreenName=objText.Text 指令是实现主要功能的指令，把画面对象 szView02 的内容送到了窗口的 ScreenName，即画面名称中。

szView01、szView02 是一组运行中隐藏的静态文本，只在设计状态可见，用于把各窗口的文件名称输入设置在此。因而需要修改时，不需要修改程序中的内容。

程序中，前面的部分则在设置当前按钮和其他按钮的颜色，突出显示当前窗口所对应的按钮，以实现类似标签页的效果。

```
Sub OnClick(ByVal Item)

Dim B1, B2, objText, objPicWdw,L1, L2

Set objText = ScreenItems("szView02")
Set objPicWdw = ScreenItems("WND_WORK")

Set B1 = ScreenItems("Button1")
Set B2 = ScreenItems("Button2")


Set L1 = ScreenItems("Linie1")
Set L2 = ScreenItems("Linie2")


B1.BackColor = RGB(214,214,214)
B2.BackColor = RGB(243,243,243)


L1.Color = RGB(214,214,214)
L2.Color = RGB(243,243,243)


objPicWdw.ScreenName = objText.Text

End Sub
```

图 6-28　单击鼠标的脚本

可以看出在模板画面的设计中，要想最终的效果好看，用户舒适度高，背后每一个细节都少不了精心打磨。这是我们一再强调要尽量借用现成的完成度好的库的原因。

6.3.3　设备窗口的报警视图

我们知道，WinCC 中存储来自设备信息的只有一个数据库。在正常的报警窗口打开时，整个系统发生的所有报警均按照时间顺序或者编号顺序显示在其中。

然而，对于模块化的架构，就需要在操作特定的设备时，只对这个设备相关的报警信息进行查询和操作处理。所以 BST 例程中对所有设备类型均设计了 ALARM 报警页面，均在其中实现了过滤显示。

打开 MSG.pdl 窗口画面，在未选中画面上的任何图形对象的情况下打开属性对话框，调出的是画面的属性，在画面的"打开画面"事件中，发现 C 程序脚本，如图 6-29 所示。

脚本的解读：程序通过上一级的窗口，即 MAIN.pdl 画面中一个称为 szTagName 的画面对象的 TEXT 属性读到了变量名，并作为报警控件的过滤条件。

打开 MAIN 画面，果然找到了有一个对象称为 szTagName，这是一个静态文本，本身并没有链接任何程序。然后在窗口画面的打开画面事件中，发现了 C

程序脚本，如图 6-30 所示。

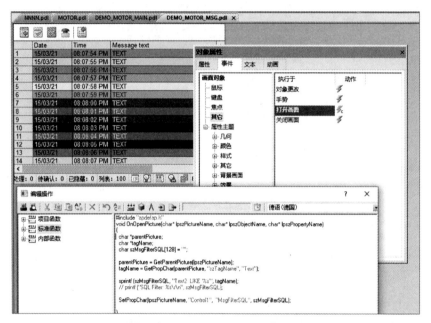

图 6-29　ALARM 画面 C 程序脚本

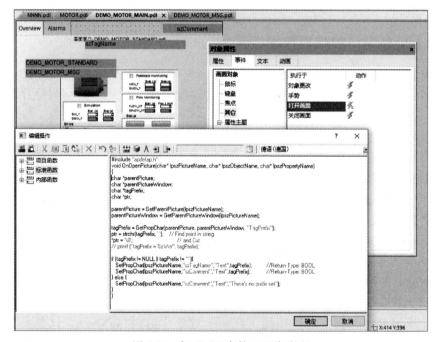

图 6-30　打开画面事件 C 程序脚本

其中对 szTagName 的赋值操作的具体内容是把整个子窗口在弹出时的变量前缀成功读取出来。变量前缀的内容还同时被送给了 szComment，经核查，是窗口右上角的一个文字框，说明运行中窗口弹出时，右上角能实时显示当前设备的位号，这也是由这里所实现的。

这里为什么要经过一个静态的文本变量，而不是使用一个内部变量来传递所得到的前缀内容呢?

答案是，因为所有窗口都有前缀，对于窗口内调用的画面所使用的 WinCC 变量，系统定位变量时都会给变量名自动补齐前缀，如果我们试图简单使用一个全局的内部变量来传递数据，那么因为系统补上了前缀，运行中就会发现这个变量不存在，导致功能无法实现。

这里给了我们一个绕过前缀的实现方法，而且因为不需要单独建立内部变量，封装和可移植性也比较好。

6.3.4　画面窗口的趋势图

对于一些设备，比如 ANALOG 块，包含了模拟量数据，因而操作时就需要查看其历史趋势记录。而其实，将来会有越来越多我们自己定义的设备类型需要监视模拟量数据运行值，因而也同样需要查看历史趋势。

本书中 PLC 程序移植部分，MOTOR 程序块中并没有趋势图功能，然而因为系统功能总会需要，这里做简单介绍。

与报警信息一样，WinCC 的变量记录也是一个单独的模块。然而，与 ALARM 不一样的是，WinCC 中趋势变量名称与来自 PLC 的通信变量不是同一个变量，后者称为过程变量，如图 6-31 所示。

归档 [SystemArchive]			查找
过程变量	变量类型	变量名称	归档名称
1	Analog_001.OP_HI_LIM	模拟量	Analog_001.OP_HI_LIM	SystemArchive
2	Analog_001.OP_LIM_LLA	模拟量	Analog_001.OP_LIM_LLA	SystemArchive
3	Analog_001.OP_LIM_LLW	模拟量	Analog_001.OP_LIM_LLW	SystemArchive
4	Analog_001.OP_LIM_ULA	模拟量	Analog_001.OP_LIM_ULA	SystemArchive
5	Analog_001.OP_LIM_ULW	模拟量	Analog_001.OP_LIM_ULW	SystemArchive
6	Analog_001.OP_LO_LIM	模拟量	Analog_001.OP_LO_LIM	SystemArchive
7	Analog_001.OP_SIM_Value	模拟量	Analog_001.OP_SIM_Value	SystemArchive

图 6-31　变量名称和过程变量

尽管大多数情况下，两者的名称会一样，只有在过程变量名称中出现了不兼容字符时，系统才会对生成的变量记录的变量名称自动修改。

然而，这带来了一个最大的困扰，这里原本需要系统自动补齐变量前缀的功能，因为变量不再是过程变量，所以在前面讲述的 ALARM 中绕过变量前缀功能失灵了，即不可以简单给趋势图控件的相关曲线设置其变量的后缀名。

因而必须通过编程的方式来实现这一点。实现的过程比较复杂，甚至当下介绍的版本的 BST 例程这里压根没做，就简单绑定了位号 Analog_001.OUT 的变量，所以，事实上例程只能调出显示 1 个实例的曲线，再多的就只能手动实现了，如图 6-32 所示。

图 6-32　在线趋势变量绑定

幸好，我们从 S7-300 时代就关注并使用 BST 例程，所以知道在最早的版本里，西门子是做过的。在窗口的打开事件中：

```
#include "apdefap.h"
void OnOpenPicture(char* lpszPictureName, char* lpszObjectName, char* lpszPropertyName)
{
char *parentPicture;
char *tagPrefix;
char TrendTagName[128] = "";
char TrendArchive[128] = "SystemArchive\\";
//char TrendArchive[128] = "";
float low, high;
low = GetTagFloat("OP_LO_LIM");　//Return-Type: float
high = GetTagFloat("OP_HI_LIM");　//Return-Type: float
```

```
parentPicture = GetParentPicture(lpszPictureName);
tagPrefix = GetPropChar(parentPicture, "szTagName", "Text");
SetPropDouble(lpszPictureName, "Control1", "TrendCount", 5);
SetPropDouble(lpszPictureName, "Control1", "ValueAxisBeginValue", low);
SetPropDouble(lpszPictureName, "Control1", "ValueAxisEndValue", high);
//trend1 – Actual value
SetPropDouble(lpszPictureName, "Control1", "TrendIndex", 0);
sprintf (TrendTagName, "%s%sQOUT", TrendArchive, tagPrefix);
//printf("%s\r\n", TrendTagName);
SetPropChar(lpszPictureName, "Control1", "TrendTagName", TrendTagName);
//SetPropDouble(lpszPictureName, "Control1", "TrendColor", CO_GREEN);
//trend2 – limit 01
SetPropDouble(lpszPictureName, "Control1", "TrendIndex", 1);
sprintf (TrendTagName, "%s%sOP_LIM_LLA", TrendArchive, tagPrefix);
//printf("%s\r\n", TrendTagName);
SetPropChar(lpszPictureName, "Control1", "TrendTagName", TrendTagName);
//SetPropDouble(lpszPictureName, "Control1", "TrendColor", CO_RED);
//trend3 – limit 02
SetPropDouble(lpszPictureName, "Control1", "TrendIndex", 2);
sprintf (TrendTagName, "%s%sOP_LIM_LLW", TrendArchive, tagPrefix);
//printf("%s\r\n", TrendTagName);
SetPropChar(lpszPictureName, "Control1", "TrendTagName", TrendTagName);
//SetPropDouble(lpszPictureName, "Control1", "TrendColor", CO_YELLOW);
//trend4 – limit 03
SetPropDouble(lpszPictureName, "Control1", "TrendIndex", 3);
sprintf (TrendTagName, "%s%sOP_LIM_ULW", TrendArchive, tagPrefix);
//printf("%s\r\n", TrendTagName);
SetPropChar(lpszPictureName, "Control1", "TrendTagName", TrendTagName);
//SetPropDouble(lpszPictureName, "Control1", "TrendColor", CO_YELLOW);
//trend5 – limit 04
SetPropDouble(lpszPictureName, "Control1", "TrendIndex", 4);
sprintf (TrendTagName, "%s%sOP_LIM_ULA", TrendArchive, tagPrefix);
//printf("%s\r\n", TrendTagName);
SetPropChar(lpszPictureName, "Control1", "TrendTagName", TrendTagName);
//SetPropDouble(lpszPictureName, "Control1", "TrendColor", CO_RED);
SetPropBOOL(lpszPictureName, "Control1", "Online", 0);
SetPropBOOL(lpszPictureName, "Control1", "Online", 1);
return;
}
```

脚本的功能实现了上面描述的需求。然而要成功与 PLC 系统对接，还需要调试与磨合。其中需要注意的是，归档数据库的名称是"SystemArchive"，如果归档的名称不一致，会导致不能查询到历史曲线。

观察历史趋势图的功能不仅在模拟量，而且会有一些设备，比如一些变频器驱动的电机，可能需要记录变频器的电流和频率，这时就需要一个专用的变频电机类的设备，而其上位机面板模板中需要包含曲线功能，对其模板的设计开发就可以参考上面的介绍。

6.4 MOTOR 库函数移植

6.4.1 MOTOR 块源代码

在 TIA Portal 软件中打开程序块，选择从块生成源文件，生成 SCL 文件，用记事本打开。完整的源文件与在 SCL 编辑器中相比，多出接口定义，因而比较完整，可以用于跨平台移植。

```
FUNCTION_BLOCK "Motor"
{ S7_Optimized_Access := 'FALSE' }
AUTHOR : RM
VERSION : 1.0
 VAR_INPUT
LOCK : Bool;
ERR_EXTERN : Bool;
LIOP_SEL : Bool;
L_AUT : Bool;
L_REMOTE : Bool;
L_SIM : Bool;
L_RESET : Bool;
AUT_ON : Bool;
MAN_ON : Bool;
SIM_ON : Bool;
FB_ON : Bool;
L_MON : Bool;
MON_T : Time := t#5s;
MON_T_STOP : Time := t#5s;
MPS : Bool;
L_FLOW_MON : Bool;
FLOW : Real;
FLOW_LL : Real := 5.0;
FLOW_MT : Time := t#8s;
INSTANCE : String := 'Motor_001';
RESTART : Bool;
```

```
END_VAR
VAR_OUTPUT
QdwState : DWord;
QwState : Int;
QSTOPPING : Bool;
QSTOP : Bool;
QSTARTING : Bool;
QRUN : Bool;
QCMD_ON : Bool;
QMON : Bool;
QMON_ERR : Bool;
QMON_T : Time;
QMON_T_STOP : Time;
QFLOW_MON : Bool;
QFLOW_MT : Time;
QFLOW_ERR : Bool;
QMPS : Bool;
QMAN_AUT : Bool;
QREMOTE : Bool;
QSIM : Bool;
QLOCK : Bool;
QERR : Bool;
QERR_EXT : Bool;
QwAlarm : Word;
 END_VAR
 VAR_IN_OUT
VISIBILITY : Byte;
OPdwCmd : DWord;
 END_VAR
 VAR
FB_SIM : Bool;
SIM_T : Time;
QSIM_T : Time;
SIM_T_STOP : Time;
QSIM_T_STOP : Time;
QCMD_SIM : Bool;
OP_RESET : Bool;
QFLOW_MON_ACK : Bool;
OP_VISIBILITY : Byte;
VISIBILITY_OLD : Byte;
SE_L_RESET_LINK : Bool;
SE_L_RESET_LINK_COND : Bool;
```

```
SE_L_RESET_OP : Bool;
TSTARTING {InstructionName := 'TON_TIME'; LibVersion := '1.0'} : TON_TIME;
TSTOPPING {InstructionName := 'TON_TIME'; LibVersion := '1.0'} : TON_TIME;
TFLOW {InstructionName := 'TON_TIME'; LibVersion := '1.0'} : TON_TIME;
TSTARTING_SIM {InstructionName := 'TON_TIME'; LibVersion := '1.0'} : TON_TIME;
TSTOPPING_SIM {InstructionName := 'TON_TIME'; LibVersion := '1.0'} : TON_TIME;
 END_VAR
 VAR_TEMP
CON_ERR : Bool;
MON_ERR_STARTING : Bool;
MON_ERR_STOPPING : Bool;
MON_SIM_STARTING : Bool;
MON_SIM_STOPPING : Bool;
FB_ERR : Bool;
MON_ERR_FLOW2 : Bool;
START_FLOW_TIME2 : Bool;
START_FLOW_TIME : Bool;
MON_ERR_FLOW : Bool;
 END_VAR
BEGIN
    (******************************
    Start up
    ******************************)
    IF #RESTART= true THEN
    // Restart case
    #QCMD_ON:= false;
    #QSTOP:=true;
    #QSTOPPING:=false;
    #QRUN:=false;
    #QSTARTING:=false;
    #VISIBILITY:=0;
    #OPdwCmd:=0;
    ELSE
    // Normal case


    (****************************************
    Network 1: Operating mode: manual/automatic
    Vaiable: OPdwCmdBit:16=Manual
    Vaiable: OPdwCmdBit:17=Automatic
    ****************************************)
        IF (#LIOP_SEL=true AND #L_AUT=true) OR (#OPdwCmd.%X17=true AND #LIOP_
SEL=false) THEN
```

```
#QMAN_AUT:=true;
#OPdwCmd.%X16:=false;
#OPdwCmd.%X17:=false;
ELSIF (#LIOP_SEL=true AND #L_AUT=false) OR (#OPdwCmd.%X16=true AND
#LIOP_SEL=false) THEN
#QMAN_AUT:= false;
#OPdwCmd.%X16:=false;
#OPdwCmd.%X17:=false;
END_IF;


(****************************************
Network 2: Control mode: local/remote
Vaiable: OPdwCmdBit:18=Local
Vaiable: OPdwCmdBit:19=Remote
****************************************)
IF (#LIOP_SEL=true AND #L_REMOTE=true) OR (#OPdwCmd.%X19=true AND
#LIOP_SEL=false) THEN
#QREMOTE:=true;
#OPdwCmd.%X18:=false;
#OPdwCmd.%X19:=false;
ELSIF (#LIOP_SEL=true AND #L_REMOTE=false) OR (#OPdwCmd.%X18=true
AND #LIOP_SEL=false) THEN
#QREMOTE:= false;
#OPdwCmd.%X18:=false;
#OPdwCmd.%X19:=false;
END_IF;


(****************************************
Network 3: Simulation On/Off
Vaiable: OPdwCmdBit:20=Process
Vaiable: OPdwCmdBit:21=Simulation
****************************************)
IF (#LIOP_SEL=true AND #L_SIM=true) OR (#OPdwCmd.%X21=true AND #LIOP_
SEL=false) THEN
#QSIM:=true;
#OPdwCmd.%X20:=false;
#OPdwCmd.%X21:=false;
ELSIF (#LIOP_SEL=true AND #L_SIM=false) OR (#OPdwCmd.%X20=true AND
#LIOP_SEL=false) THEN
#QSIM:= false;
#OPdwCmd.%X20:=false;
#OPdwCmd.%X21:=false;
```

```
END_IF;

(**********************************
Network 4: Reset Operation
Vaiable: OPdwCmdBit:24=Reset
***********************************)
// Rising edge by linking
IF #L_RESET=true AND #SE_L_RESET_LINK_COND=false THEN
#SE_L_RESET_LINK:=true;
#SE_L_RESET_LINK_COND:=true;
ELSIF #L_RESET=true AND #SE_L_RESET_LINK_COND=true THEN
#SE_L_RESET_LINK:=false;
ELSE
#SE_L_RESET_LINK_COND:=false;
END_IF;
// Rising edge by operator
IF #OPdwCmd.%X24=true THEN
#SE_L_RESET_OP:=true;
#OPdwCmd.%X24:=false;
ELSE
#SE_L_RESET_OP:=false;
END_IF;
// Reset error
#OP_RESET:=((#LIOP_SEL AND #SE_L_RESET_LINK) OR (#SE_L_RESET_OP
AND NOT #LIOP_SEL)) AND NOT #LOCK;


(*********************************************
Network 5: Monitoring feedback ON/OFF
Vaiable: OPdwCmdBit:8=Monitoring ON
Vaiable: OPdwCmdBit:9=Monitoring OFF
**********************************************)
IF (#LIOP_SEL=true AND #L_MON=false) OR (#OPdwCmd.%X9=true AND #LIOP_
SEL=false)THEN
#QMON:=false;
#OPdwCmd.%X8:=false;
#OPdwCmd.%X9:=false;
ELSIF (#LIOP_SEL=true AND #L_MON=true) OR (#OPdwCmd.%X8=true AND
#LIOP_SEL=false)THEN
#QMON:=true;
#OPdwCmd.%X8:=false;
#OPdwCmd.%X9:=false;
END_IF;
```

```
(*************************************************
Network 6: Monitoring flow ON/OFF
Vaiable: OPdwCmdBit:10=Monitoring flow ON
Vaiable: OPdwCmdBit:11=Monitoring flow OFF
***************************************************)
    IF (#LIOP_SEL=true AND #L_FLOW_MON=false) OR (#OPdwCmd.%X11=true
AND #LIOP_SEL=false)THEN
        #QFLOW_MON:=false;
        #OPdwCmd.%X10:=false;
        #OPdwCmd.%X11:=false;
        ELSIF (#LIOP_SEL=true AND #L_FLOW_MON=true) OR (#OPdwCmd.%X10=true
AND #LIOP_SEL=false)THEN
        #QFLOW_MON:=true;
        #OPdwCmd.%X10:=false;
        #OPdwCmd.%X11:=false;
        END_IF;


(*********************************************
Network 6: START/STOP Motor
Vaiable: OPdwCmdBit:0=STOP Motor
Vaiable: OPdwCmdBit:1=START Motor
***********************************************)
    IF #QERR=false THEN
    // No errors occurs
    IF #QSIM=false THEN
     // Simulation mode is not active
    // Automatic/Manual mode
    IF #QMAN_AUT=true THEN
    // Automatic mode is active
    // OPEN/CLOSE valve by linking (AUT_ON)
    #QCMD_ON:=#AUT_ON;
    #OPdwCmd.%X0:=false;
    #OPdwCmd.%X1:=false;
    ELSE
     // Automatic mode is not active
    // Local/Remote mode
    IF #QREMOTE=false THEN
    // Local mode is active
    // OPEN/CLOSE valve by linking (MAN_ON)
    #QCMD_ON:=#MAN_ON AND NOT #QMAN_AUT;
    #OPdwCmd.%X0:=false;
```

```
#OPdwCmd.%X1:=false;
ELSE
 // Remote mode is active
// Open valve by operator
IF #OPdwCmd.%X1=true THEN
#QCMD_ON:=true;
#OPdwCmd.%X0:=false;
#OPdwCmd.%X1:=false;
END_IF;
// Close valve by operator
IF #OPdwCmd.%X0=true THEN
#QCMD_ON:=false;
#OPdwCmd.%X0:=false;
#OPdwCmd.%X1:=false;
END_IF;
END_IF;
END_IF;
ELSE
// Local/Remote mode
IF #QREMOTE=false THEN
// Local mode is active
// OPEN/CLOSE valve by linking (SIM_ON)
#QCMD_SIM:=#SIM_ON;
#OPdwCmd.%X0:=false;
#OPdwCmd.%X1:=false;
ELSE
// Remote mode is active
// Open valve by operator
IF #OPdwCmd.%X1=true THEN
#QCMD_SIM:=true;
#OPdwCmd.%X0:=false;
#OPdwCmd.%X1:=false;
END_IF;
// Close valve by operator
IF #OPdwCmd.%X0=true THEN
#QCMD_SIM:=false;
#OPdwCmd.%X0:=false;
#OPdwCmd.%X1:=false;
END_IF;
 END_IF;
END_IF;
ELSE
```

```
// Errors occurs
#QCMD_ON:=false;
#QCMD_SIM:=false;
#OPdwCmd.%X0:=false;
#OPdwCmd.%X1:=false;
END_IF;


(***************************************
Network 7: Control signal to the valve
***************************************)
IF #QERR=false THEN
// Motor is stopped
IF (((#FB_ON=false OR #QMON=false) AND #QSIM=false AND #QCMD_ON=false)
OR
((#FB_SIM=false OR #QMON=false) AND #QSIM=true AND #QCMD_SIM=false))
AND #QSTOPPING=true THEN
    #QSTOP:=true;
    #QSTOPPING:=false;
    #QRUN:=false;
    #QSTARTING:=false;
    #QwState:=0;
    END_IF;
    // Motor is stopping
    IF ((#QSIM=false AND #QCMD_ON=false) OR (#QSIM=true AND #QCMD_
SIM=false)) AND (#QRUN=true OR #QSTARTING=true) THEN
    #QSTOP:=false;
    #QSTOPPING:=true;
    #QRUN:=false;
    #QSTARTING:=false;
    #QwState:=3;
    END_IF;
    // Motor is running
    IF (((#FB_ON=true OR #QMON=false) AND #QSIM=false AND #QCMD_ON=true)
OR
((#FB_SIM=true OR #QMON=false) AND #QSIM=true AND #QCMD_SIM=true))
AND #QSTARTING=true THEN
    #QSTOP:=false;
    #QSTOPPING:=false;
    #QRUN:=true;
    #QSTARTING:=false;
    #QwState:=2;
    END_IF;
```

```
// Motor is starting
IF ((#QSIM=false AND #QCMD_ON=true) OR (#QSIM=true AND #QCMD_
SIM=true)) AND #QSTOP=true THEN
    #QSTOP:=false;
    #QSTOPPING:=false;
    #QRUN:=false;
    #QSTARTING:=true;
    #QwState:=1;
    END_IF;
    END_IF;


(*****************************************************************
Network 8: Feedbacks for monitoring in process and simulation mode
*****************************************************************)
IF #QSIM=false AND #QMON=trueTHEN
// Feedback monitoring in process mode
#TSTARTING(IN:=#QSTARTING,
 PT:=#MON_T,
 Q=>#MON_ERR_STARTING,
 ET=>#QMON_T);

#TSTOPPING(IN:=#QSTOPPING,
PT:=#MON_T_STOP,
Q=>#MON_ERR_STOPPING,
ET=>#QMON_T_STOP);
// Feedback error
#FB_ERR:= (#QRUN AND NOT #FB_ON) OR (#QSTOP AND #FB_ON);
IF #FB_ERR=true OR #MON_ERR_STARTING=true OR #MON_ERR_
STOPPING=true THEN
    #QMON_ERR:=true;
    END_IF;


ELSIF #QSIM=true AND #QMON=true THEN
// Feedback monitoring in simulation mode
#TSTARTING_SIM(IN:=#QSTARTING,
PT:=#SIM_T,
Q=>#MON_SIM_STARTING,
ET=>#QSIM_T);

#TSTOPPING_SIM(IN:=#QSTOPPING,
PT:=#SIM_T_STOP,
```

```
        Q=>#MON_SIM_STOPPING,
        ET=>#QSIM_T_STOP);


        // Feedback for start/stop motor in simulation mode
        IF #MON_SIM_STOPPING=true OR #QERR=true THEN
        // Feedback for stop
        #FB_SIM:=false;
        ELSIF #MON_SIM_STARTING=true THEN
        // Feedback for start
        #FB_SIM:=true;
        END_IF;
        END_IF;


    (****************************************************************
    Network 9: Feedbacks for flow monitoring in process and simulation mode
    *****************************************************************)
        // Delay time for feedbak flow monitoring
        #START_FLOW_TIME:=#QFLOW_MON AND (#QSTARTING OR #QRUN) AND
NOT #QFLOW_MON_ACK;
        #TFLOW(IN:=#START_FLOW_TIME,
         PT:=#FLOW_MT,
         Q=>#MON_ERR_FLOW,
         ET=>#QFLOW_MT);


        //
        #START_FLOW_TIME2:=false;
        IF (#FLOW < #FLOW_LL) THEN
        #START_FLOW_TIME2:=true;
        END_IF;


         #TFLOW(IN:=#START_FLOW_TIME2,
         PT:=#FLOW_MT,
         Q=>#MON_ERR_FLOW2,
         ET=>#QFLOW_MT);
        IF #MON_ERR_FLOW2 THEN
        #QFLOW_ERR:=true;
        END_IF;


    (*****************************************
    Network 10: Check errors
    *****************************************)
        // External error
```

```
#QERR_EXT:=#ERR_EXTERN;
// Interlock error
IF #LOCK=true AND ( #QSTARTING=true OR #QRUN=true) THEN
#QLOCK:=true;
END_IF;
//
IF #MPS=true THEN
#QMPS:=true;
END_IF;


// Error in valve condition
#CON_ERR:=NOT((#QSTOP AND NOT #QSTARTING AND NOT #QRUN AND
NOT #QSTOPPING) OR
    (NOT #QSTOP AND #QSTARTING AND NOT #QRUN AND NOT #QSTOPPING)
OR
    (NOT #QSTOP AND NOT #QSTARTING AND #QRUN AND NOT #QSTOPPING)
OR
    (NOT #QSTOP AND NOT #QSTARTING AND NOT #QRUN AND #QSTOPPING));

(*********************************************
Network 11: General error
*********************************************)
    #QERR:= #QERR_EXT OR #QMON_ERR OR #QFLOW_ERR OR #QMPS OR
#QLOCK OR #CON_ERR;


(*********************************************
Network 12: If error then stop
*********************************************)
IF #QERR=true THEN
#QSTOP:=true;
#QSTARTING:=false;
#QRUN:=false;
#QSTOPPING:=false;
#QwState:=0;
END_IF;
// Reset errors
IF #OP_RESET=true THEN
#QMON_ERR:=false;
#QLOCK:=false;
#QFLOW_ERR:=false;
#QMPS:=false;
END_IF;
```

```
// End normal case
END_IF;


(*************************************************
Network 13: Influence visibility of faceplate window
*************************************************)
IF #OP_VISIBILITY<>#VISIBILITY_OLD THEN
#VISIBILITY_OLD:=#OP_VISIBILITY;
#VISIBILITY:=#OP_VISIBILITY;
ELSIF #VISIBILITY<>#VISIBILITY_OLD THEN
#VISIBILITY_OLD:=#VISIBILITY;
#OP_VISIBILITY:=#VISIBILITY;
END_IF;
(*****************************
Network 14: Set state for HMI
*****************************)
#QdwState.%X0:=#QSTOP AND NOT #QERR;
#QdwState.%X1:=#QSTARTING;
#QdwState.%X2:=#QRUN;
#QdwState.%X3:=#QSTOPPING;
#QdwState.%X4:=false;
#QdwState.%X5:=false;
#QdwState.%X6:=false;
#QdwState.%X7:=false;
#QdwState.%X8:=#QMON;
#QdwState.%X9:=#QMON_ERR;
#QdwState.%X10:=#QFLOW_MON;
#QdwState.%X11:=#QFLOW_ERR;
#QdwState.%X12:=#QMPS;
#QdwState.%X13:=false;
#QdwState.%X14:=false;
#QdwState.%X15:=false;
#QdwState.%X16:=#QMAN_AUT;
#QdwState.%X17:=#QREMOTE;
#QdwState.%X18:=#QSIM;
#QdwState.%X19:=false;
#QdwState.%X20:=false;
#QdwState.%X21:=false;
#QdwState.%X22:=false;
#QdwState.%X23:=false;
#QdwState.%X24:=#QERR;
#QdwState.%X25:=#QERR_EXT;
```

```
#QdwState.%X26:=#QLOCK;
#QdwState.%X27:=#LOCK;
#QdwState.%X28:=false;
#QdwState.%X29:=false;
#QdwState.%X30:=false;
#QdwState.%X31:=false;

(*****************************
Network 15: Bit alarm procedure
*******************************)
#QwAlarm.%X0:=#QMON_ERR;
#QwAlarm.%X1:=#QFLOW_ERR;
#QwAlarm.%X2:=#MPS;
#QwAlarm.%X3:=false;
#QwAlarm.%X4:=#QLOCK;
#QwAlarm.%X5:=false;
#QwAlarm.%X6:=#QERR_EXT;
#QwAlarm.%X7:=#QERR;
#QwAlarm.%X8:=#QSTOP;
#QwAlarm.%X9:=#QSTARTING;
#QwAlarm.%X10:=#QRUN;
#QwAlarm.%X11:=#QSTOPPING;
#QwAlarm.%X12:=#LOCK;
#QwAlarm.%X13:=#QREMOTE;
#QwAlarm.%X14:=#QMAN_AUT;
#QwAlarm.%X15:=#QSIM;
END_FUNCTION_BLOCK
```

6.4.2 局部标签表

建立 Excel 文件，从上述源程序的变量表部分复制变量到 Excel 表格中，并整理格式生成符合 GX Works2 软件的局部标签表格式的数据表，见表 6-5。

表 6-5 局部标签表

类	标签名	数据类型	常量	注释
VAR_INPUT	LOCK	Bool		
VAR_INPUT	ERR_EXTERN	Bool		
VAR_INPUT	LIOP_SEL	Bool		
VAR_INPUT	L_AUT	Bool		
VAR_INPUT	L_REMOTE	Bool		

（续）

类	标签名	数据类型	常量	注释
VAR_INPUT	L_SIM	Bool		
VAR_INPUT	L_RESET	Bool		
VAR_INPUT	AUT_ON	Bool		
VAR_INPUT	MAN_ON	Bool		
VAR_INPUT	SIM_ON	Bool		
VAR_INPUT	FB_ON	Bool		
VAR_INPUT	L_MON	Bool		
VAR_INPUT	MON_T	Time		
VAR_INPUT	MON_T_STOP	Time		
VAR_INPUT	MPS	Bool		
VAR_INPUT	L_FLOW_MON	Bool		
VAR_INPUT	FLOW	Real		
VAR_INPUT	FLOW_LL	Real		
VAR_INPUT	FLOW_MT	Time		
VAR_INPUT	INSTANCE	String		
VAR_INPUT	RESTART	Bool		
VAR_OUTPUT	QdwState	DWord		
VAR_OUTPUT	QwState	Int		
VAR_OUTPUT	QSTOPPING	Bool		
VAR_OUTPUT	QSTOP	Bool		
VAR_OUTPUT	QSTARTING	Bool		
VAR_OUTPUT	QRUN	Bool		
VAR_OUTPUT	QCMD_ON	Bool		
VAR_OUTPUT	QMON	Bool		
VAR_OUTPUT	QMON_ERR	Bool		
VAR_OUTPUT	QMON_T	Time		
VAR_OUTPUT	QMON_T_STOP	Time		
VAR_OUTPUT	QFLOW_MON	Bool		
VAR_OUTPUT	QFLOW_MT	Time		
VAR_OUTPUT	QFLOW_ERR	Bool		
VAR_OUTPUT	QMPS	Bool		
VAR_OUTPUT	QMAN_AUT	Bool		

（续）

类	标签名	数据类型	常量	注释
VAR_OUTPUT	QREMOTE	Bool		
VAR_OUTPUT	QSIM	Bool		
VAR_OUTPUT	QLOCK	Bool		
VAR_OUTPUT	QERR	Bool		
VAR_OUTPUT	QERR_EXT	Bool		
VAR_OUTPUT	QwAlarm	Word		
VAR_IN_OUT	VISIBILITY	Byte		
VAR_IN_OUT	OPdwCmd	DWord		
VAR	FB_SIM	Bool		
VAR	SIM_T	Time		
VAR	QSIM_T	Time		
VAR	SIM_T_STOP	Time		
VAR	QSIM_T_STOP	Time		
VAR	QCMD_SIM	Bool		
VAR	OP_RESET	Bool		
VAR	QFLOW_MON_ACK	Bool		
VAR	OP_VISIBILITY	Byte		
VAR	VISIBILITY_OLD	Byte		
VAR	SE_L_RESET_LINK	Bool		
VAR	SE_L_RESET_LINK_COND	Bool		
VAR	SE_L_RESET_OP	Bool		
VAR	TSTARTING	TON_TIME		
VAR	TSTOPPING	TON_TIME		
VAR	TFLOW	TON_TIME		
VAR	TSTARTING_SIM	TON_TIME		
VAR	TSTOPPING_SIM	TON_TIME		
VAR_TEMP	CON_ERR	Bool		
VAR_TEMP	MON_ERR_STARTING	Bool		
VAR_TEMP	MON_ERR_STOPPING	Bool		
VAR_TEMP	MON_SIM_STARTING	Bool		
VAR_TEMP	MON_SIM_STOPPING	Bool		
VAR_TEMP	FB_ERR	Bool		

（续）

类	标签名	数据类型	常量	注释
VAR_TEMP	MON_ERR_FLOW2	Bool		
VAR_TEMP	START_FLOW_TIME2	Bool		
VAR_TEMP	START_FLOW_TIME	Bool		
VAR_TEMP	MON_ERR_FLOW	Bool		

打开 GX Works2 软件，新建一个 FX3U 或者 Q CPU 的结构化项目，建立 FB，名称为 MOTOR。将局部标签表复制导入上述变量。编译检查存在的错误。注意，GX2 环境中 FB 必须实例化之后被调用，编译时才会检查有没有错误。通过编译提示的错误，返回修改原变量。逐步修改后逐步再试，直至发现所有错误并正确处理。

错误包括：

● VAR_TEMP 接口类型不支持。

处理：以 VAR 类型替代。

● 数据名、标签名中使用了无法使用的字符串。'MPS' 是保留字。

处理：替换为 MPSa。

● 数据类型 Bool 错误。

处理：替换为 bit。

● 数据类型 real 错误。

处理：替换为 FLOAT (Single Precision)。

● 数据类型 String 错误。

处理：替换为 STRING[32]。

● 数据类型 DWord 错误。

处理：替换为 Double Word[Unsigned]/Bit STRING[32−bit]。

● 数据类型 Int 错误。

处理：替换为 Word[Signed]。

● 数据类型 Word 错误。

处理：替换为 Word[Unsigned]/Bit STRING[16−bit]。

● 数据类型 Byte 错误。

处理：替换为 Word[Unsigned]/Bit STRING[16−bit]。

这里因为三菱系统不支持 Byte 数据格式，暂时以 Word 替换，然而程序中需要核查相应的语句语法。

● 数据类型 TON_TIME 错误。

处理：替换为 TON。

这里 TON 类型为 FB 数据类型，程序中多重背景使用了 IEC 定时器。

上述所有错误修改完成后，得到了一个符合三菱数据格式规范的局部标签表，见表 6-6。

表 6-6　局部标签表

类	标签名	数据类型
VAR_INPUT	LOCK	Bit
VAR_INPUT	ERR_EXTERN	Bit
VAR_INPUT	LIOP_SEL	Bit
VAR_INPUT	L_AUT	Bit
VAR_INPUT	L_REMOTE	Bit
VAR_INPUT	L_SIM	Bit
VAR_INPUT	L_RESET	Bit
VAR_INPUT	AUT_ON	Bit
VAR_INPUT	MAN_ON	Bit
VAR_INPUT	SIM_ON	Bit
VAR_INPUT	FB_ON	Bit
VAR_INPUT	L_MON	Bit
VAR_INPUT	MON_T	Time
VAR_INPUT	MON_T_STOP	Time
VAR_INPUT	MPSa	Bit
VAR_INPUT	L_FLOW_MON	Bit
VAR_INPUT	FLOW	FLOAT (Single Precision)
VAR_INPUT	FLOW_LL	FLOAT (Single Precision)
VAR_INPUT	FLOW_MT	Time
VAR_INPUT	INSTANCE	STRING[32]
VAR_INPUT	RESTART	Bit
VAR_OUTPUT	QdwState	Double Word[Signed]
VAR_OUTPUT	QwState	Word[Signed]
VAR_OUTPUT	QSTOPPING	Bit
VAR_OUTPUT	QSTOP	Bit
VAR_OUTPUT	QSTARTING	Bit
VAR_OUTPUT	QRUN	Bit
VAR_OUTPUT	QCMD_ON	Bit
VAR_OUTPUT	QMON	Bit

（续）

类	标签名	数据类型
VAR_OUTPUT	QMON_ERR	Bit
VAR_OUTPUT	QMON_T	Time
VAR_OUTPUT	QMON_T_STOP	Time
VAR_OUTPUT	QFLOW_MON	Bit
VAR_OUTPUT	QFLOW_MT	Time
VAR_OUTPUT	QFLOW_ERR	Bit
VAR_OUTPUT	QMPSa	Bit
VAR_OUTPUT	QMAN_AUT	Bit
VAR_OUTPUT	QREMOTE	Bit
VAR_OUTPUT	QSIM	Bit
VAR_OUTPUT	QLOCK	Bit
VAR_OUTPUT	QERR	Bit
VAR_OUTPUT	QERR_EXT	Bit
VAR_OUTPUT	QwAlarm	Word[Signed]
VAR_IN_OUT	VISIBILITY	Word[Unsigned]/Bit STRING[16-bit]
VAR_IN_OUT	OPdwCmd	Double Word[Signed]
VAR	FB_SIM	Bit
VAR	SIM_T	Time
VAR	QSIM_T	Time
VAR	SIM_T_STOP	Time
VAR	QSIM_T_STOP	Time
VAR	QCMD_SIM	Bit
VAR	OP_RESET	Bit
VAR	QFLOW_MON_ACK	Bit
VAR	OP_VISIBILITY	Word[Unsigned]/Bit STRING[16-bit]
VAR	VISIBILITY_OLD	Word[Unsigned]/Bit STRING[16-bit]
VAR	SE_L_RESET_LINK	Bit
VAR	SE_L_RESET_LINK_COND	Bit
VAR	SE_L_RESET_OP	Bit
VAR	TSTARTING	TON
VAR	TSTOPPING	TON
VAR	TFLOW	TON

（续）

类	标签名	数据类型
VAR	TSTARTING_SIM	TON
VAR	TSTOPPING_SIM	TON
VAR	CON_ERR	Bit
VAR	MON_ERR_STARTING	Bit
VAR	MON_ERR_STOPPING	Bit
VAR	MON_SIM_STARTING	Bit
VAR	MON_SIM_STOPPING	Bit
VAR	FB_ERR	Bit
VAR	MON_ERR_FLOW2	Bit
VAR	START_FLOW_TIME2	Bit
VAR	START_FLOW_TIME	Bit
VAR	MON_ERR_FLOW	Bit

6.4.3　程序本体

将程序代码复制粘贴到程序本体中，编译发现其中的错误，并按提示逐个替换修改。由于两个平台的语法差异，其中的错误比前面的局部标签表的错误更多。

举例说明如下：

● IF #RESTART= true THEN

西门子原系统中把所有形参名称前面自动添加了符号#，而三菱不支持。

西门子中 True 大小写随意，而三菱只允许全大写 TRUE。在输入时按 Enter 键后编辑器可以自动更正为全大写，然而对于直接批量复制的代码，编译则会出现错误。同样的还有 False 等关键字。

● // Restart case

这是一行注释。语句中 // 的含义是从此到行尾都是程序的注释部分，而三菱不支持。三菱支持的注释只有 (* 和 *) 框起来的内容。

所以上述注释需要修改为

(*　　　　　　　Restart case *)

而如果原程序中也有 (* *) 格式的注释，则可以继续使用。

● OPdwCmd.%X16:=FALSE;

这里的 .%X16 的含义为取 DWord 数据 OPdwCmd 第 16 位，是西门子的拆位访问语法，而在三菱中没有这样的语法。

解决方法是，在程序的局部变量中，再重新建立一套 Bool 格式的 32 位数组 OPdwCmda，在程序块的开始处给数组赋值，增加语句：

OP_dwCmda[0] := DINT_TO_BITARR(OP_dwCmd, 32);

在程序块结束时再将数组值写回 DWord 数据中，增加语句：

OP_dwCmd := BITARR_TO_DINT(OP_dwCmda[0], 32);

由此，程序中的逻辑语法可以改为

OpdwCmda[16]:=FALSE;

● => 语法错误

比如程序：

```
 TSTOPPING(IN:= QSTOPPING,
PT:= MON_T_STOP,
Q=> MON_ERR_STOPPING,
ET=> QMON_T_STOP);
```

这里调用 FB 的实参赋值方式，OUTPUT 引脚输出数值的 => 语法与三菱不兼容，三菱要求与 INPUT 一样的 :=，即需要改为

```
 TSTOPPING(IN:= QSTOPPING,
PT:= MON_T_STOP,
Q:= MON_ERR_STOPPING,
ET:= QMON_T_STOP);
```

将举例的不兼容语法部分逐个修改之后，可以得到编译通过的正确的程序源码。

然而，这不是终极答案。后面随着应用调试会逐渐发现其他方面的问题，有可能还需要回来对库函数进行修改调整。

6.4.4　正则替换规则表

6.4.3 节提到的错误，只是比较典型的语法不兼容。另外还有一些小的细节错误，需要在编译时发现并修改。

这些编译错误中，有的可以直接全文查找替换，比如将 # 替换为空格。然而也有可能有例外，比如正常语法中定时器的时间参数 T#5S，如果不小心被替换掉了，反而增加了错误。

而更多的错误，是无法用简单替换完成的。比如上面的 OPdwCmd.%X16:

替换为 OpdwCmda[16]:，其中的数值是变化的。再比如注释 // 改为（**）时，后者需要是本行的换行符。

所以，如果由人工来逐个修改，工作量是巨大的。人工修改中不可避免会因为误操作而带来新的错误。尤其是，这里还只是一个库函数的移植。除了西门子 BST 库函数之外，如果还有其他原西门子的 SCL 程序需要跨平台移植，都需要无限重复这些替换工作，则人工操作显然是无法完成的。

其实，我们可以选择一些正则替换工具，通过给替换工具设定正则表达式来实现上述需要的文本替换功能。

正则表达式是对字符串（包括普通字符，例如，字母 a ~ z）和特殊字符（称为"元字符"）操作的一种逻辑公式，就是用事先定义好的一些特定字符及这些特定字符的组合，组成一个"规则字符串"，这个"规则字符串"用来表达对字符串的一种过滤逻辑。正则表达式是一种文本模式，该模式描述在搜索文本时要匹配的一个或多个字符串。

正则工具软件可以下载免费工具，也可以购买付费软件，以及可以通过高级语言自己编写。比如实际操作中，作者是通过 Excel VBA 脚本实现的。在 Excel 文件中嵌入正则替换脚本，可以实现对 SCL 脚本的批量正则替换。

表 6-7 是从西门子 SCL 到三菱 ST 语言的正则规则表。

表 6-7　正则规则表

搜索规则	替换为	说明
//(.*?)(\r\n)	(*$1*) $2	把 // 开头的注释行改为（* *）注释
\{.*?\}		{} 内的内容清除
(AUTHOR.*?)(\r\n)	(*$1*) $2	作者信息注释
(FAMILY.*?)(\r\n)	(*$1*) $2	作者信息注释
(\WNAME.*?)(\r\n)	(*$1*) $2	作者信息注释
(VERSION.*?)(\r\n)	(*$1*) $2	作者信息注释
TON_TIME;	TON;	FB 名称不同
TOF_TIME;	TOF;	FB 名称不同
BEGIN	(* BEGIN *)	注释关键语法
True	TRUE	统一调整为大写
False	FALSE	统一调整为大写
MPS([\W])	MPSa$1	三菱中 MPS 是关键词
STEP([\W])	STEPNO$1	三菱中 STEP 是关键词
BYTE([\W])	WORD$1	三菱中没有 BYTE 数据类型
\(* ~ .*?\)	****	倍福的 OPC 语法标志清掉

（续）

搜索规则	替换为	说明
([^A-Z])#	$1	局部变量带 # 需要去掉，然而 T# 数值除外
\.%X([0-9]*)	a[$1]	拆位语法变更
(\n VAR)(\r\n)	$1$2 QwAlarma: ARRAY [0..15] OF BOOL;$2	静态变量区中自动添加数组变量定义
(\n VAR)(\r\n)	$1$2 QdwStatea: ARRAY [0..31] OF BOOL;$2	静态变量区中自动添加数组变量定义
(\n VAR)(\r\n)	$1$2 OP_dwCmda: ARRAY [0..31] OF BOOL;$2	静态变量区中自动添加数组变量定义
(\(* BEGIN *\))(\r\n)	$1$2 OPdwCmda[0] := DINT_TO_BITARR(OPdwCmd, 32);$2	将 WORD 数据复制到 BOOL 数组
(END_FUNCTION_BLOCK)(\r\n)	$2 OPdwCmd := BITARR_TO_DINT(OPdwCmda[0], 32);$2$1$2	将 WORD 数据复制到 BOOL 数组
(END_FUNCTION_BLOCK)(\r\n)	$2 QwAlarm := BITARR_TO_INT(QwAlarma[0], 16);$2$1$2	将 WORD 数据复制到 BOOL 数组
(END_FUNCTION_BLOCK)(\r\n)	$2 QdwState := BITARR_TO_DINT(QdwStatea[0], 32);$2$1$2	将 WORD 数据复制到 BOOL 数组
:([^=])(.*?):=	:$1$2;	把单个冒号后面的 := 替换为 ;
:([^=])(.*?);	$1$2	然后把 : 和 ; 都替换为 tab，以便于表格复制
=>	:=	FB 调用的 OUTPUT 语法不一样
55296\)	55296.0)	强制浮点数
27648\)	27648.0)	强制浮点数
100\)	100.0)	强制浮点数
[^_](FUNCTION_BLOCK.*?\r\n)	(*$1*)	转换为注释
(END_FUNCTION_BLOCK)	(*$1*)	便于全部复制到程序中，原有的关键词屏蔽
\(CLK:=	(_CLK:=	三菱的 R_TRIG 的引脚称为 _CLK
TIME_TO_REAL(\(.*?\))	DINT_TO_REAL (TIME_TO_DINT($1))	三菱没有 TIME_REAL 函数
END_IF[^;]	END_IF;	三菱必须要求有 ;，而 SCL 不严格

　　规则中对作者信息、版本号等特殊语法均做了注释化处理。规则中对增加的数组也自动在程序中进行了添加。利用了原程序中 BEGIN 为程序块开始和

END_FUNCTION_BLOCK 为程序块结束的标志。

这个规则表是在程序移植过程中逐渐积累增长的所有规则的总和。有一些未在 MOTOR 块中用到，但会用在其它块中。

事实上，这种使用正则工具进行程序移植的方法是在做三菱标准化之前，在从西门子 PLC 移植到 CODESYS 和倍福时就已经实现了。具体针对三菱只不过是更新了规则表，所以并没有因此而增加太多工作量。

在正则替换规则完备的情况下，所有西门子 PLC 中原 SCL 编制的程序可以在十几分钟内就全部完成平台迁移，证实了标准化方法下，PLC 程序移植的高效可行性。如前面章节所述，本节用到的正则替换工具也已发布到烟台方法知识星球中。

6.4.5　移植后的程序代码

```
(* BEGIN *)
OPdwCmda[0] := DINT_TO_BITARR(OPdwCmd, 32);
  (******************************
   Start up
   ******************************)
  IFRESTART= TRUETHEN
  (* Restart case*)
   QCMD_ON:= FALSE ;
   QSTOP:=TRUE ;
   QSTOPPING:=FALSE ;
   QRUN:=FALSE ;
   QSTARTING:=FALSE ;
   VISIBILITY:=0;
   OPdwCmd:=0;
  ELSE
  (* Normal case*)

  (****************************************
  Network 1: Operating mode: manual/automatic
  Vaiable: OPdwCmdBit:16=Manual
  Vaiable: OPdwCmdBit:17=Automatic
  ****************************************)
  IF ( LIOP_SEL=TRUEANDL_AUT=TRUE ) OR
( OPdwCmda[17]=TRUEANDLIOP_SEL=FALSE ) THEN
      QMAN_AUT:=TRUE ;
      OPdwCmda[16]:=FALSE ;
      OPdwCmda[17]:=FALSE ;
```

```
        ELSIF ( LIOP_SEL=TRUEANDL_AUT=FALSE ) OR
( OPdwCmda[16]=TRUEANDLIOP_SEL=FALSE ) THEN
            QMAN_AUT:= FALSE ;
            OPdwCmda[16]:=FALSE ;
            OPdwCmda[17]:=FALSE ;
        END_IF;


        (****************************************
        Network 2: Control mode: local/remote
        Vaiable: OPdwCmdBit:18=Local
        Vaiable: OPdwCmdBit:19=Remote
        ****************************************)
        IF ( LIOP_SEL=TRUEANDL_REMOTE=TRUE ) OR
( OPdwCmda[19]=TRUEANDLIOP_SEL=FALSE ) THEN
            QREMOTE:=TRUE ;
            OPdwCmda[18]:=FALSE ;
            OPdwCmda[19]:=FALSE ;
        ELSIF ( LIOP_SEL=TRUEANDL_REMOTE=FALSE ) OR
( OPdwCmda[18]=TRUEANDLIOP_SEL=FALSE ) THEN
            QREMOTE:= FALSE ;
            OPdwCmda[18]:=FALSE ;
            OPdwCmda[19]:=FALSE ;
        END_IF;


        (****************************************
        Network 3: Simulation On/Off
        Vaiable: OPdwCmdBit:20=Process
        Vaiable: OPdwCmdBit:21=Simulation
        ****************************************)
        IF ( LIOP_SEL=TRUEANDL_SIM=TRUE ) OR
( OPdwCmda[21]=TRUEANDLIOP_SEL=FALSE ) THEN
            QSIM:=TRUE ;
            OPdwCmda[20]:=FALSE ;
            OPdwCmda[21]:=FALSE ;
        ELSIF ( LIOP_SEL=TRUEANDL_SIM=FALSE ) OR
( OPdwCmda[20]=TRUEANDLIOP_SEL=FALSE ) THEN
            QSIM:= FALSE ;
            OPdwCmda[20]:=FALSE ;
            OPdwCmda[21]:=FALSE ;
        END_IF;


        (********************************
```

Network 4: Reset Operation
Vaiable: OPdwCmdBit:24=Reset
**********************************)
(* Rising edge by linking*)
IFL_RESET=TRUEANDSE_L_RESET_LINK_COND=FALSETHEN
 SE_L_RESET_LINK:=TRUE ;
 SE_L_RESET_LINK_COND:=TRUE ;
ELSIFL_RESET=TRUEANDSE_L_RESET_LINK_COND=TRUETHEN
 SE_L_RESET_LINK:=FALSE ;
ELSE
 SE_L_RESET_LINK_COND:=FALSE ;
END_IF;
(* Rising edge by operator*)
IFOPdwCmda[24]=TRUETHEN
 SE_L_RESET_OP:=TRUE ;
 OPdwCmda[24]:=FALSE ;
ELSE
 SE_L_RESET_OP:=FALSE ;
END_IF;
(* Reset error*)
 OP_RESET:=((LIOP_SEL ANDSE_L_RESET_LINK) OR (SE_L_RESET_OP AND
NOTLIOP_SEL)) AND NOTLOCK;

(***
Network 5: Monitoring feedback ON/OFF
Vaiable: OPdwCmdBit:8=Monitoring ON
Vaiable: OPdwCmdBit:9=Monitoring OFF
**)
 IF (LIOP_SEL=TRUEANDL_MON=FALSE) OR
(OPdwCmda[9]=TRUEANDLIOP_SEL=FALSE)THEN
 QMON:=FALSE ;
 OPdwCmda[8]:=FALSE ;
 OPdwCmda[9]:=FALSE ;
 ELSIF (LIOP_SEL=TRUEANDL_MON=TRUE) OR
(OPdwCmda[8]=TRUEANDLIOP_SEL=FALSE)THEN
 QMON:=TRUE ;
 OPdwCmda[8]:=FALSE ;
 OPdwCmda[9]:=FALSE ;
 END_IF;

(***
Network 6: Monitoring flow ON/OFF

Vaiable: OPdwCmdBit:10=Monitoring flow ON

Vaiable: OPdwCmdBit:11=Monitoring flow OFF

**)

IF (LIOP_SEL=TRUEANDL_FLOW_MON=FALSE) OR

(OPdwCmda[11]=TRUEANDLIOP_SEL=FALSE)THEN

　　QFLOW_MON:=FALSE ;

　　OPdwCmda[10]:=FALSE ;

　　OPdwCmda[11]:=FALSE ;

　　ELSIF (LIOP_SEL=TRUEANDL_FLOW_MON=TRUE) OR

(OPdwCmda[10]=TRUEANDLIOP_SEL=FALSE)THEN

　　QFLOW_MON:=TRUE ;

　　OPdwCmda[10]:=FALSE ;

　　OPdwCmda[11]:=FALSE ;

　　END_IF;

(***

Network 6: START/STOP Motor

Vaiable: OPdwCmdBit:0=STOP Motor

Vaiable: OPdwCmdBit:1=START Motor

***)

IFQERR=FALSETHEN

(* No errors occurs*)

IFQSIM=FALSETHEN

(* Simulation mode is not active*)

(* Automatic/Manual mode*)

IFQMAN_AUT=TRUETHEN

(* Automatic mode is active*)

(* OPEN/CLOSE valve by linking (AUT_ON)*)

　QCMD_ON:= AUT_ON;

　OPdwCmda[0]:=FALSE ;

　OPdwCmda[1]:=FALSE ;

ELSE

(* Automatic mode is not active*)

(* Local/Remote mode*)

IFQREMOTE=FALSETHEN

(* Local mode is active*)

(* OPEN/CLOSE valve by linking (MAN_ON)*)

　QCMD_ON:= MAN_ON AND NOTQMAN_AUT;

　OPdwCmda[0]:=FALSE ;

　OPdwCmda[1]:=FALSE ;

ELSE

(* Remote mode is active*)

```
(* Open valve by operator*)
IFOPdwCmda[1]=TRUETHEN
 QCMD_ON:=TRUE ;
 OPdwCmda[0]:=FALSE ;
 OPdwCmda[1]:=FALSE ;
END_IF;
(* Close valve by operator*)
IFOPdwCmda[0]=TRUETHEN
 QCMD_ON:=FALSE ;
 OPdwCmda[0]:=FALSE ;
 OPdwCmda[1]:=FALSE ;
END_IF;
END_IF;
END_IF;
ELSE
(* Local/Remote mode*)
IFQREMOTE=FALSETHEN
(* Local mode is active*)
(* OPEN/CLOSE valve by linking (SIM_ON)*)
 QCMD_SIM:= SIM_ON;
 OPdwCmda[0]:=FALSE ;
 OPdwCmda[1]:=FALSE ;
ELSE
(* Remote mode is active*)
(* Open valve by operator*)
IFOPdwCmda[1]=TRUETHEN
 QCMD_SIM:=TRUE ;
 OPdwCmda[0]:=FALSE ;
 OPdwCmda[1]:=FALSE ;
END_IF;
(* Close valve by operator*)
IFOPdwCmda[0]=TRUETHEN
 QCMD_SIM:=FALSE ;
 OPdwCmda[0]:=FALSE ;
 OPdwCmda[1]:=FALSE ;
END_IF;
 END_IF;
END_IF;
ELSE
(* Errors occurs*)
 QCMD_ON:=FALSE ;
 QCMD_SIM:=FALSE ;
```

```
    OPdwCmda[0]:=FALSE ;
    OPdwCmda[1]:=FALSE ;
END_IF;


(****************************************
Network 7: Control signal to the valve
****************************************)
IFQERR=FALSETHEN
(* Motor is stopped*)
IF ((( FB_ON=FALSEORQMON=FALSE )
ANDQSIM=FALSEANDQCMD_ON=FALSE ) OR
    (( FB_SIM=FALSEORQMON=FALSE )
ANDQSIM=TRUEANDQCMD_SIM=FALSE )) ANDQSTOPPING=TRUETHEN
        QSTOP:=TRUE ;
        QSTOPPING:=FALSE ;
        QRUN:=FALSE ;
        QSTARTING:=FALSE ;
        QwState:=0;
    END_IF;
    (* Motor is stopping*)
    IF (( QSIM=FALSEANDQCMD_ON=FALSE ) OR
( QSIM=TRUEANDQCMD_SIM=FALSE )) AND ( QRUN=TRUEORQSTARTING=TRUE )
THEN
        QSTOP:=FALSE ;
        QSTOPPING:=TRUE ;
        QRUN:=FALSE ;
        QSTARTING:=FALSE ;
        QwState:=3;
    END_IF;
    (* Motor is running *)
    IF ((( FB_ON=TRUEORQMON=FALSE )
ANDQSIM=FALSEANDQCMD_ON=TRUE ) OR
    (( FB_SIM=TRUEORQMON=FALSE ) ANDQSIM=TRUEANDQCMD_SIM=TRUE ))
ANDQSTARTING=TRUETHEN
        QSTOP:=FALSE ;
        QSTOPPING:=FALSE ;
        QRUN:=TRUE ;
        QSTARTING:=FALSE ;
        QwState:=2;
    END_IF;
    (* Motor is starting *)
    IF (( QSIM=FALSEANDQCMD_ON=TRUE ) OR
```

```
( QSIM=TRUEANDQCMD_SIM=TRUE )) ANDQSTOP=TRUETHEN
        QSTOP:=FALSE ;
        QSTOPPING:=FALSE ;
        QRUN:=FALSE ;
        QSTARTING:=TRUE ;
        QwState:=1;
    END_IF;
    END_IF;


    (****************************************************************
    Network 8: Feedbacks for monitoring in process and simulation mode
    ****************************************************************)
    IFQSIM=FALSEANDQMON=TRUE THEN
    (* Feedback monitoring in process mode*)
     TSTARTING(IN:= QSTARTING,
     PT:= MON_T,
     Q:= MON_ERR_STARTING,
     ET:= QMON_T);

      TSTOPPING(IN:= QSTOPPING,
     PT:= MON_T_STOP,
     Q:= MON_ERR_STOPPING,
     ET:= QMON_T_STOP);
     (* Feedback error*)
     FB_ERR:= ( QRUN AND NOTFB_ON) OR ( QSTOP ANDFB_ON);
        IFFB_ERR=TRUEORMON_ERR_STARTING=TRUEORMON_ERR_STOPPING=
TRUETHEN
        QMON_ERR:=TRUE ;
    END_IF;


    ELSIFQSIM=TRUEANDQMON=TRUETHEN
    (* Feedback monitoring in simulation mode*)
     TSTARTING_SIM(IN:= QSTARTING,
     PT:= SIM_T,
     Q:= MON_SIM_STARTING,
     ET:= QSIM_T);

      TSTOPPING_SIM(IN:= QSTOPPING,
     PT:= SIM_T_STOP,
     Q:= MON_SIM_STOPPING,
     ET:= QSIM_T_STOP);
```

```
(* Feedback for start/stop motor in simulation mode*)
IFMON_SIM_STOPPING=TRUEORQERR=TRUETHEN
(* Feedback for stop*)
 FB_SIM:=FALSE ;
ELSIFMON_SIM_STARTING=TRUETHEN
(* Feedback for start*)
 FB_SIM:=TRUE ;
END_IF;
END_IF;


(************************************************************
Network 9: Feedbacks for flow monitoring in process and simulation mode
************************************************************)
(* Delay time for feedbak flow monitoring*)
 START_FLOW_TIME:= QFLOW_MON AND ( QSTARTING ORQRUN) AND NOTQFLOW_
MON_ACK;
  TFLOW(IN:= START_FLOW_TIME,
  PT:= FLOW_MT,
  Q:= MON_ERR_FLOW,
  ET:= QFLOW_MT);


 (**)
  START_FLOW_TIME2:=FALSE ;
 IF ( FLOW <FLOW_LL) THEN
  START_FLOW_TIME2:=TRUE ;
 END_IF;


 TFLOW(IN:= START_FLOW_TIME2,
  PT:= FLOW_MT,
  Q:= MON_ERR_FLOW2,
  ET:= QFLOW_MT);
 IFMON_ERR_FLOW2 THEN
  QFLOW_ERR:=TRUE ;
 END_IF;


 (*******************************************
 Network 10: Check errors
 *******************************************)
 (* External error*)
  QERR_EXT:= ERR_EXTERN;
 (* Interlock error*)
```

```
IFLOCK=TRUEAND (QSTARTING=TRUEORQRUN=TRUE ) THEN
  QLOCK:=TRUE ;
END_IF;
(**)
IFMPSa=TRUETHEN
  QMPSa:=TRUE ;
END_IF;

(* Error in valve condition*)
   CON_ERR:=NOT(( QSTOP AND NOTQSTARTING AND NOTQRUN AND
NOTQSTOPPING) OR
   (NOTQSTOP ANDQSTARTING AND NOTQRUN AND NOTQSTOPPING) OR
   (NOTQSTOP AND NOTQSTARTING ANDQRUN AND NOTQSTOPPING) OR
   (NOTQSTOP AND NOTQSTARTING AND NOTQRUN ANDQSTOPPING));

(*******************************************
Network 11: General error
*******************************************)
   QERR:=QERR_EXT ORQMON_ERR ORQFLOW_ERR ORQMPSa ORQLOCK
ORCON_ERR;

(*******************************************
Network 12: If error then stop
*******************************************)
IFQERR=TRUETHEN
  QSTOP:=TRUE ;
  QSTARTING:=FALSE ;
  QRUN:=FALSE ;
  QSTOPPING:=FALSE ;
  QwState:=0;
END_IF;
(* Reset errors*)
IFOP_RESET=TRUETHEN
  QMON_ERR:=FALSE ;
  QLOCK:=FALSE ;
  QFLOW_ERR:=FALSE ;
  QMPSa:=FALSE ;
END_IF;
(* End normal case*)
END_IF;

(**********************************************
```

Network 13: Influence visibility of faceplate window
**)

IFOP_VISIBILITY<> VISIBILITY_OLD THEN
 VISIBILITY_OLD:= OP_VISIBILITY;
 VISIBILITY:= OP_VISIBILITY;
ELSIFVISIBILITY<> VISIBILITY_OLD THEN
 VISIBILITY_OLD:= VISIBILITY;
 OP_VISIBILITY:= VISIBILITY;
END_IF;
(******************************

Network 14: Set state for HMI
******************************)

 QdwStatea[0]:= QSTOP AND NOTQERR;
 QdwStatea[1]:= QSTARTING;
 QdwStatea[2]:= QRUN;
 QdwStatea[3]:= QSTOPPING;
 QdwStatea[4]:=FALSE ;
 QdwStatea[5]:=FALSE ;
 QdwStatea[6]:=FALSE ;
 QdwStatea[7]:=FALSE ;
 QdwStatea[8]:= QMON;
 QdwStatea[9]:= QMON_ERR;
 QdwStatea[10]:= QFLOW_MON;
 QdwStatea[11]:= QFLOW_ERR;
 QdwStatea[12]:= QMPSa;
 QdwStatea[13]:=FALSE ;
 QdwStatea[14]:=FALSE ;
 QdwStatea[15]:=FALSE ;
 QdwStatea[16]:= QMAN_AUT;
 QdwStatea[17]:= QREMOTE;
 QdwStatea[18]:= QSIM;
 QdwStatea[19]:=FALSE ;
 QdwStatea[20]:=FALSE ;
 QdwStatea[21]:=FALSE ;
 QdwStatea[22]:=FALSE ;
 QdwStatea[23]:=FALSE ;
 QdwStatea[24]:= QERR;
 QdwStatea[25]:= QERR_EXT;
 QdwStatea[26]:= QLOCK;
 QdwStatea[27]:= LOCK;
 QdwStatea[28]:=FALSE ;
 QdwStatea[29]:=FALSE ;

```
    QdwStatea[30]:=FALSE ;
    QdwStatea[31]:=FALSE ;

(******************************
Network 15: Bit alarm procedure
******************************)
    QwAlarma[0]:= QMON_ERR;
    QwAlarma[1]:= QFLOW_ERR;
    QwAlarma[2]:= MPSa;
    QwAlarma[3]:=FALSE ;
    QwAlarma[4]:= QLOCK;
    QwAlarma[5]:=FALSE ;
    QwAlarma[6]:= QERR_EXT;
    QwAlarma[7]:= QERR;
    QwAlarma[8]:= QSTOP;
    QwAlarma[9]:= QSTARTING;
    QwAlarma[10]:= QRUN;
    QwAlarma[11]:= QSTOPPING;
    QwAlarma[12]:= LOCK;
    QwAlarma[13]:= QREMOTE;
    QwAlarma[14]:= QMAN_AUT;
    QwAlarma[15]:= QSIM;
OPdwCmd := BITARR_TO_DINT(OPdwCmda[0], 32);
QwAlarm := BITARR_TO_INT(QwAlarma[0], 16);
QdwState := BITARR_TO_DINT(QdwStatea[0], 32);
(*END_FUNCTION_BLOCK*)
```

可以将移植后的代码与移植前的代码对照比较。

从外观上简单看，代码几乎相同，然而通过移植过程我们知道，如果只是简单复制代码，报错数量在 1000 个以上，编译时总是因错误过多而被终止编译，人工几乎没有能力实现移植。

不过即便如此，移植后的程序块功能仍然需要进行严格的验证。比如代码中原本有 BYTE 类型变量，移植后被迫改为 WORD，那么具体程序逻辑则需要核查。程序移植中的拆位处理，并没有顾及高低位顺序问题，在与上位机通信时需要提前核对，如果有颠倒，需要做相应处理。另外，比如 MPS 变量因为与三菱系统关键字冲突，也被迫改名，那么后续的程序调用，以及上位机的变量等也都会受到影响，需要注意检查。

本书中所附的代码并不保证运行正确性，请读者不要简单复制运行。

6.5　L1 函数接口封装

按照理想的情况，原本不需要 L1 函数接口封装。比如在西门子 S7-1500/1200 PLC Portal V15.0 以上，以及 CODESYS 平台、Rockwell RSLogix 平台等，FB 之间可以直接通过调用的方式打包传递参数，即低一层设备的 FB 可以直接作为高一层设备 FB 的引脚，作为参数整体传递。

然而三菱 GX2/GX3 平台均不支持这样的功能，所以如果不打包，就只能每个参数逐个传递，导致高层设备 FB 的参数数量过多。那么如果平台支持用户自定义数据类型 UDT，则可以通过接口参数打包到一个 UDT 之后进行传递，代码可以精简很多。

接口封装的方法：将原函数的 INPUT、OUTPUT 和 IN_OUT 引脚全部做成一个 UDT。除此之外，静态变量 VAR 中有个别参数将来要在上位机中显示或者设定值，也需要加到 UDT 中。

比如 MOTOR 模块，前面介绍上位机画面时，变量列表中包含了表 6-8 所示的 4 个静态变量参数。

表 6-8　增加的静态变量参数

标签名	数据类型	常量	注释
SIM_T	Time		
QSIM_T	Time		
SIM_T_STOP	Time		
QSIM_T_STOP	Time		

所以，建立一个结构体 UDT，名为 UDT01_MOTOR，见表 6-9。

表 6-9　UDT01_MOTOR

标签名	数据类型	常量	注释
LOCK	Bit		
ERR_EXTERN	Bit		
LIOP_SEL	Bit		
L_AUT	Bit		
L_REMOTE	Bit		
L_SIM	Bit		
L_RESET	Bit		
AUT_ON	Bit		
MAN_ON	Bit		

（续）

标签名	数据类型	常量	注释
SIM_ON	Bit		
FB_ON	Bit		
L_MON	Bit		
MON_T	Time		HMI
MON_T_STOP	Time		HMI
MPSa	Bit		
L_FLOW_MON	Bit		
FLOW	FLOAT (Single Precision)		HMI
FLOW_LL	FLOAT (Single Precision)		HMI
FLOW_MT	Time		
INSTANCE	STRING[32]		HMI
RESTART	Bit		
QdwState	Double Word[Signed]		HMI
QwState	Word[Signed]		
QSTOPPING	Bit		
QSTOP	Bit		
QSTARTING	Bit		
QRUN	Bit		
QCMD_ON	Bit		
QMON	Bit		
QMON_ERR	Bit		
QMON_T	Time		HMI
QMON_T_STOP	Time		HMI
QFLOW_MON	Bit		
QFLOW_MT	Time		HMI
QFLOW_ERR	Bit		
QMPSa	Bit		
QMAN_AUT	Bit		
QREMOTE	Bit		
QSIM	Bit		
QLOCK	Bit		
QERR	Bit		

（续）

标签名	数据类型	常量	注释
QERR_EXT	Bit		
QwAlarm	Word[Signed]		HMI
VISIBILITY	Word[Unsigned]/Bit STRING[16−bit]		HMI
OPdwCmd	Double Word[Signed]		HMI
SIM_T	Time		HMI
QSIM_T	Time		HMI
SIM_T_STOP	Time		HMI
QSIM_T_STOP	Time		HMI

将新增加的 4 条，以及原本引脚中需要上传到上位机访问的参数在注释列中备注 HMI，程序中后面的功能需要用到。然后，把原来的 MOTOR 块更名为 MOTOR0，而新建一个 MOTOR 的 FB，接口定义见表 6-10。即整个块的接口打包为一个 UDT，数据类型为 IN_OUT，以及一个基类的多重背景模块 OO。

表 6-10　FB MOTOR 局部标签

类	标签名	数据类型	常量	注释
VAR_IN_OUT	UU	UDT01_MOTOR		
VAR	OO	MOTOR0		

程序本体如下：

```
OO.SIM_T:=UU.SIM_T;
OO.QSIM_T :=UU.        QSIM_T;
OO.SIM_T_STOP :=UU.        SIM_T_STOP;
OO.QSIM_T_STOP:=UU.        QSIM_T_STOP;
OO(

    LOCK:=UU.        LOCK,
    ERR_EXTERN:=UU.        ERR_EXTERN,
    LIOP_SEL:=UU.        LIOP_SEL,
    L_AUT:=UU.        L_AUT,
    L_REMOTE:=UU.        L_REMOTE,
    L_SIM:=UU.        L_SIM,
    L_RESET:=UU.        L_RESET,
    AUT_ON:=UU.        AUT_ON,
    MAN_ON:=UU.        MAN_ON,
    SIM_ON :=UU.        SIM_ON,
```

```
FB_ON :=UU.          FB_ON,
L_MON :=UU.          L_MON,
MON_T :=UU.          MON_T,
MON_T_STOP :=UU.          MON_T_STOP,
MPSa :=UU.          MPSa,
L_FLOW_MON :=UU.          L_FLOW_MON,
FLOW :=UU.          FLOW,
FLOW_LL :=UU.          FLOW_LL,
FLOW_MT :=UU.          FLOW_MT,
INSTANCE :=UU.          INSTANCE,
RESTART :=UU.          RESTART,
QdwState :=UU.          QdwState,
QwState :=UU.          QwState,
QSTOPPING :=UU.          QSTOPPING,
QSTOP :=UU.          QSTOP,
QSTARTING :=UU.          QSTARTING,
QRUN :=UU.          QRUN,
QCMD_ON :=UU.          QCMD_ON,
QMON :=UU.          QMON,
QMON_ERR :=UU.          QMON_ERR,
QMON_T :=UU.          QMON_T,
QMON_T_STOP :=UU.          QMON_T_STOP,
QFLOW_MON :=UU.          QFLOW_MON,
QFLOW_MT :=UU.          QFLOW_MT,
QFLOW_ERR :=UU.          QFLOW_ERR,
QMPSa :=UU.          QMPSa,
QMAN_AUT :=UU.          QMAN_AUT,
QREMOTE :=UU.          QREMOTE,
QSIM :=UU.          QSIM,
QLOCK :=UU.          QLOCK,
QERR :=UU.          QERR,
QERR_EXT :=UU.          QERR_EXT,
QwAlarm :=UU.          QwAlarm,
VISIBILITY :=UU.          VISIBILITY,
OPdwCmd :=UU.          OPdwCmd
);
UU.   SIM_T :=OO.          SIM_T;
UU.   QSIM_T :=OO.          QSIM_T;
UU.   SIM_T_STOP :=OO.          SIM_T_STOP;
UU.   QSIM_T_STOP :=OO.          QSIM_T_STOP;
```

在库函数 OO 的调用中，将 UDT 的数值逐个分配给引脚，而增加的 4 个

VAR 静态变量则分别在 FB 调用之前复制给实例 OO，调用之后读出 OO 的数值到 UDT，这也是相当于赋值的功能。本质上后者的访问方式相当于对 IN_OUT 引脚的访问，其实更简单的方式是修改 MOTOR0 块中这 4 个引脚的类型为 IN_OUT，那就可以用与 OpdwCmd 同样的方式赋值实现。而反过来，即便一个 IN_OUT 也可以用上述的方法实现赋值。

所以，这里已经开始演示了 FB 继承和扩展功能的方法。后续的 L2 库函数实现方法演示中会更多地用到这方面的技巧。同时注意到，这里的标签表和程序脚本都是极具规律的排列，所以应该尽量用 Excel 辅助编辑实现，避免逐个词汇键盘输入的方式，以提高效率。

6.6　其他 L1 设备移植

按照本章上述描述的对 MOTOR 的移植过程，可以同样实现对 BST 库函数例程 VALVE、ANALOG、DIGITAL 块的移植。由于篇幅所限，这 3 个块的移植过程不再详述。这里只简单介绍这 3 个块的功能。

6.6.1　VALVE 块

VALVE 块如图 6-33 所示。

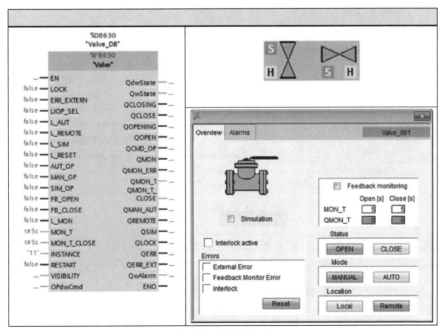

图 6-33　VALVE 块

VALVE 块与 MOTOR 块其实是非常接近。只不过具体的引脚上面有些许的区别。比如 MOTOR 块有故障信号，而 VALVE 块通常没有。而 VALVE 块有 2 个位置反馈信号，比 MOTOR 块多了一个。但逻辑和模式方面都是接近的，比如都有 LOC/REMMAN/AUTO 模式切换，也都有 SIM 模式和 LOCK 功能等。

读者需要参考本书中对 MOTOR 块的移植方法，自行将 VALVE 块移植到三菱系统中。

6.6.2 ANALOG 块

ANALOG 块如图 6-34 所示。

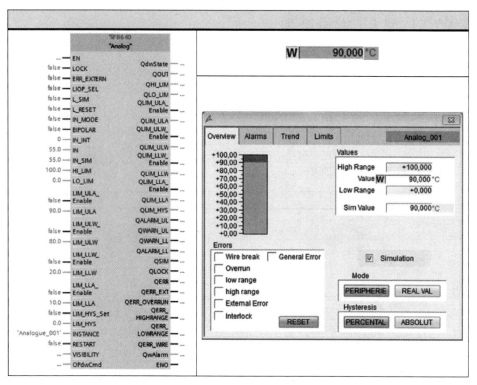

图 6-34　ANALOG 块

在控制系统中，有大量独立的模拟量测量点不隶属于任何一个 L1/L2 设备，仅仅只是为了对某个物理量进行测量和显示，甚至也不参与任何控制逻辑，所以需要把它作为一个单独的设备类型，用于完成对信号的处理。

信号的处理通常是一个线性变换，比如 4 ～ 20mA 电流信号和 0 ～ 10V 电压信号，读来的模数转换的上下限 0 ～ 32000 对应着物理量的下限和上限。或者对温度专用信号，模数转换整数值直接带 1 位或者 2 位小数。

所以，逻辑处理其实就是个简单数学公式。然而恰恰因为功能太过于简单，在建立库函数时通常就不甘心一个程序库功能就只做这一点功能。因而对有可能经常用到的上下限的判断做了处理，分别做了 ULA、ULW、LLW、LLA 四种限值判断。以中文词汇解释，通常叫作高高、高、低、低低等四个值。

当通道的物理值向上或者向下穿越各自的限制值时，会触发相应的开关量输出信号。上位画面可以显示限值达到的状态，而更重要的是，如果有自动逻辑需要根据模拟量的限制值条件满足后做出逻辑处理，就不再需要单独判断，而是直接读取这个开关状态即可。

对限制值的判断还做了迟滞处理，迟滞参数和迟滞模式都可以设置，这些功能都标准化地在库中实现了。

总之，如果需要用到，则直接调用。而对于未用到这些功能的模拟量对象实例，功能也存在，冗余在那里，浪费了一点点计算量和资源，可以忽略不计。

然而，ANALOG 块与其他几个 L1 模块相比，在上位机方面多出来一个功能，即模拟量的数据是需要做趋势图记录并显示的。所以 ANALOG 块的上位机画面模板多出来这部分功能。这部分功能非常重要。把趋势图功能在底层阶段直接封装处理完成，实现标准化，对具体的项目设计工作就减少了很大的工作量。所以虽然本章并未详细讲解此块的移植，但其实现方法，特别是上位机的实现，仍然需要读者仔细理解研究，自行实现。

另外，一些 L2 设备会带有模拟量数据，那么自然也有在上位机画面模板中实现趋势图功能的需求，在对这些设备类进行封装时，就需要用到 ANALOG 块作为基类，所以这是一个非常重要的基础。

6.6.3　DIGITAL 块

DIGITAL 块如图 6-35 所示。

与 DIGITAL 块相似，控制系统中也会有一些单独的不属于任何 L1/L2 设备的开关量测点类型，如单独的液位计、料位计、行程开关、急停开关等。而其逻辑功能比模拟量还更简单，原本只是把信号状态接收传递即可，然而也可借机增加标准化功能处理，包括取反和延时。

对于数字量信号来说，防抖动是个常见的需求。个别信号如果需要防抖动，则只需要在 DIGITAL 块中设置时间参数即可实现，而不需要修改程序自动逻辑，所以这种标准化处理也很重要。

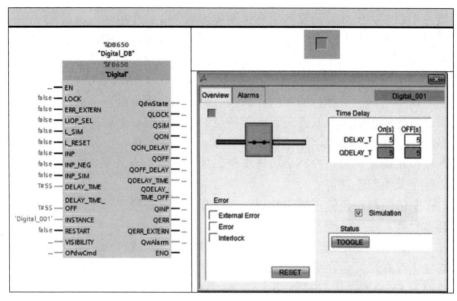

图 6-35 DIGITAL 块

6.7 上位机系统移植

BST 库配套的上位机系统原本就是 WinCC，本书也是以 WinCC 为例实现，所以其实画面部分是不需要移植的。所谓的移植，主要是通信变量，从原本的 S7-1500 通信通道，转移到三菱 PLC 通道。

在上位机和 PLC 的通信方面，在标准化的架构下，最理想的是符号寻址。这主要取决于 PLC 系统是否支持符号寻址。如果 PLC 支持符号寻址，那么在 PLC 程序内部就可以如同高级语言的编程一样，直接对符号进行编程，各种变址循环等操作都非常简单。如果 PLC 支持符号寻址，那么就可以与上位机直接通信，上位机直接指定变量的名称，与其交换数据。对于上位机的模块化编程（组态画面），都会非常便捷，效率比逐个画面控件直接链接 PLC 中的绝对地址要高得多。

三菱的 PLC 目前是不支持与上位机通信的符号寻址的。然而说不定未来三菱系统更新，可以支持符号寻址了。比如现在开始逐渐就有支持 OPC UA 的模块，只要 OPC UA 中实现符号映射，也仍然可以。所以我们要做好准备，只要一旦它开始支持，我们就可以随时更新到支持符号寻址的通信方式实现。

而上位机已经支持符号寻址的前提下，PLC 侧尚未支持寻址，则需要维护一张变量表，表中描述了上位机符号名与绝对地址的对应关系。通常这个表是从 PLC 程序中筛选有用的数据整理而成。除非极端情况，大部分的软件也都要支持这种表格的导入和导出。

WinCC 与三菱 PLC 的通信方式有多种，都是可以采用的。我们这里选择使用 MX OPC SERVER 6.04。对于 WinCC，在 WinCC 直接与 PLC 通信的情况下，这个变量表就是 WinCC 的变量表。而如果 WinCC 通过 OPC 与 PLC 通信的情况下，变量表则是建立在 OPC SERVER 软件中。

MX OPC SERVER 是三菱公司推出的用于与自家 PLC 通信的 OPC 软件，其最大的特色是可以直接与三菱 PLC 的模拟器通信。那么只要 MX OPC 与 PLC 模拟通信成功，就可以向 WinCC 提供数据通信，实现在同一台计算机上实现所有的软件模拟。也可以在不需要 PLC 硬件的情况下，完成所有的软件功能测试和开发。这是非常方便的。

这部分工作本质上属于工控通用技术，并非唯独烟台方法所有，所以正常情况需要读者提前掌握。考虑到这是跨品牌的应用场景，大多数读者可能不够熟悉。而打通通信对标准化应用又是如此重要，所以下面做简要介绍。

6.7.1　WinCC 与 GX2 通信

操作系统：Windows7；

软件为三菱 GX Works2 1.610L，三菱 MX OPC SERVER 6.04，西门子 WinCC 7.5。

步骤如下：

新建 PLC 工程，主程序 POU_01 中输入语句：

AAA:=AAA+1;

全局标签表中建立标签 AAA，格式为 WORD。F4 转换 + 编译通过。打开模拟器 GX Simulator2，将程序下载到模拟器中，成功运行后看到 AAA 的数据在增长。右击变量名，登录监控窗口，如图 6-36 所示。可以看到系统给变量自动分配的软元件地址，这里是 D11135。

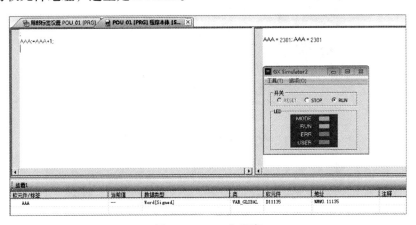

图 6-36　PLC 主程序

打开 MX OPC Configurator, 新建项目, 新建一个设备 Dev01, 单击 Configure 按钮, 接口类型选择 GX Simulator2, 如图 6-37 所示。

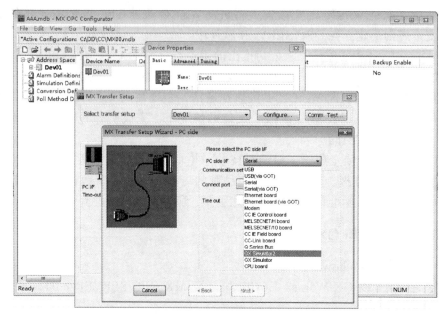

图 6-37　接口类型设置

在 Target Simulator 选择中, 单击 Browse 按钮, 可以浏览正在运行的 PLC 程序, 如图 6-38 所示。

图 6-38　选择模拟器

完成后退出窗口之前，可以单击 Comm.Test 按钮，进行通信测试，提示成功。设备文件夹下，右键选择新建变量 New Datatag。输入名称 AAA 和地址 D11135，即上面监控窗口中查到的软元件地址，如图 6-39 所示。

完成后单击 Monitor View 按钮，打开监控窗口。正常可以在列表中看到 Dev01.AAA，且通信成功，Value 列中有 PLC 中正在运行的数值。

到此为止，OPC 与 PLC 通信已经成功建立，然后实现上位机软件与 OPC 建立通信链接。

打开 WinCC，新建项目，新建 OPC 驱动，右键选择"系统参数"，如图 6-40 所示。

在弹出的 OPC 条目管理器窗口中选择 \\<local> 下的 Mitsubishi.MXOPC.6，如图 6-41 所示。

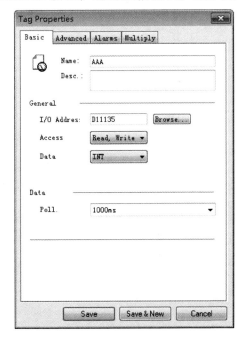

图 6-39　建立新 Tag

图 6-40　WinCC 新建 OPC 驱动

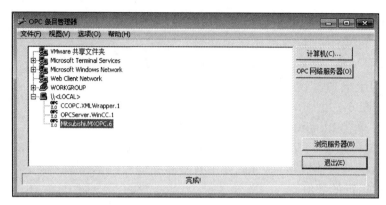

图 6-41　OPC 条目管理器

　　单击"浏览服务器"按钮，过滤条件中直接单击"下一步"按钮。浏览 OPC 驱动中的变量，如图 6-42 所示。

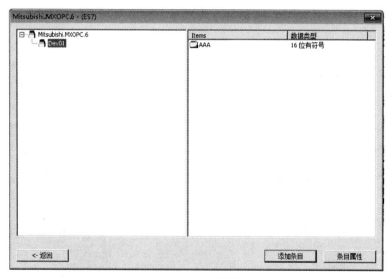

图 6-42　变量浏览

　　选择变量，多条变量时，则全选，然后单击"添加条目"按钮，后面的多个提示全部默认选择 YES，完成后退出浏览窗口。

　　然后在 WinCC 变量表中可以看到增加了驱动连接和变量，标题中取消隐藏列"值"，即显示数值列，激活 WinCC 运行模式，即看到变量的值，如图 6-43 所示。

　　与 PLC 中运行值同步变化，证明通信成功。WinCC 中建立画面，画面中加入变量，可以显示和修改数值，即实现了 WinCC 与 PLC 模拟器的通信功能。

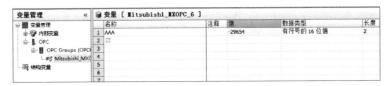

图 6-43　WinCC 变量运行值

总结如下：

三菱 GX2 的结构化编程中，可以不再人工为使用的变量分配软元件地址，系统编译时可以自动分配。然而在要做上位机通信功能时，仍然需要人工找到所分配的地址，并建立地址表。地址映射关系表存放在 MX OPC 配置文件中。

6.7.2　L1 库函数与 WinCC 画面对接

下面在上述演示过程的基础上演示 MOTOR 块的上位机与 PLC 程序通信，实现在上位机画面中操控电机设备运行。

在 PLC 程序中加入前面移植来的 MOTOR 块，并在全局标签中建立 NM001、NM002、NM003 等几个标签实例，如图 6-44 所示。

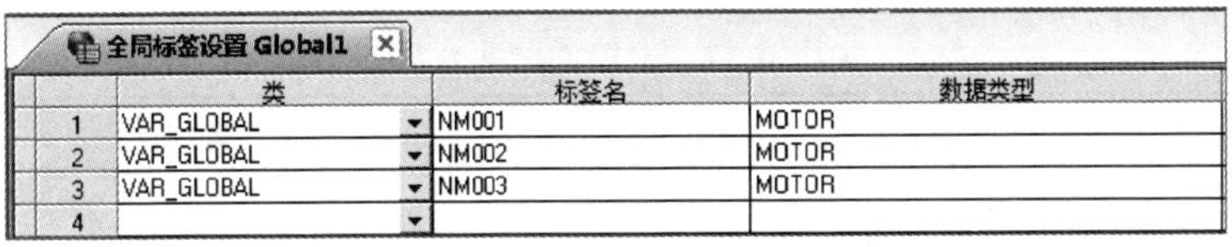

	类	标签名	数据类型
1	VAR_GLOBAL	NM001	MOTOR
2	VAR_GLOBAL	NM002	MOTOR
3	VAR_GLOBAL	NM003	MOTOR
4			

图 6-44　全局标签设置

主程序中调用以下 3 个实例，这里的目的只是为了实现通信功能，所以调用时不带参数，参数为空。

NM001();
NM002();
NM003();

打开交叉参照窗口如图 6-45 所示，条件设置中选择"显示所有项目"和"分层显示交叉参照信息"。选择所有软元件 / 标签，并搜索。搜索结果列只保留有用的"软元件 / 标签""数据类型""软元件""地址""数据类型""数据名""注释"等列，而其他列可以隐藏。右击标签选择"展开所有分层"，即得到了所有标签的软元件分配地址表。

可以按 CTRL+A 键，选择全部表格，并按 CTRL+C、CTRL+V 键粘贴到 Excel 中。粘贴之后前面加入一列"位号"，并将位号部分填入到首列中。然后通过过滤筛选，选择注释为 HMI、数据类型为 FB 等条件，得到了上位机通信需要的变量表，复制到另外的表格中，见表 6-11。

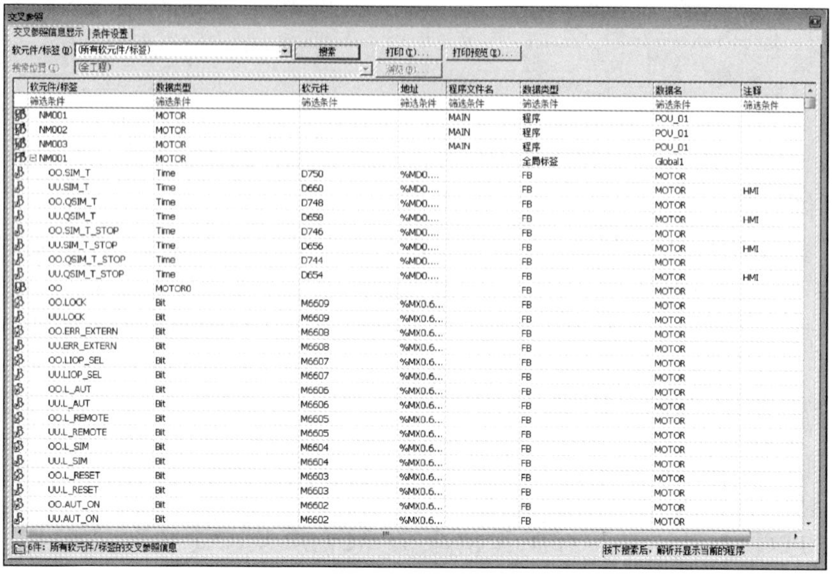

图 6-45　交叉参照窗口

表 6-11　上位通信变量表

位号	软元件 / 标签	数据类型	软元件	数据类型	数据名	注释
NM001	UU.SIM_T	Time	D660	FB	MOTOR	HMI
NM001	UU.QSIM_T	Time	D658	FB	MOTOR	HMI
NM001	UU.SIM_T_STOP	Time	D656	FB	MOTOR	HMI
NM001	UU.QSIM_T_STOP	Time	D654	FB	MOTOR	HMI
NM001	UU.MON_T	Time	D700	FB	MOTOR	HMI
NM001	UU.MON_T_STOP	Time	D698	FB	MOTOR	HMI
NM001	UU.FLOW	FLOAT (Single Precision)	D696	FB	MOTOR	HMI
NM001	UU.FLOW_LL	FLOAT (Single Precision)	D694	FB	MOTOR	HMI
NM001	UU.INSTANCE	STRING(32)	D675	FB	MOTOR	HMI
NM001	UU.QdwState	Double Word[Signed]	D673	FB	MOTOR	HMI
NM001	UU.QMON_T	Time	D670	FB	MOTOR	HMI
NM001	UU.QMON_T_STOP	Time	D668	FB	MOTOR	HMI
NM001	UU.QFLOW_MT	Time	D666	FB	MOTOR	HMI
NM001	UU.QwAlarm	Word[Signed]	D665	FB	MOTOR	HMI
NM001	UU.VISIBILITY	Word[Unsigned]/Bit STRING[16-bit]	D664	FB	MOTOR	HMI

（续）

位号	软元件 / 标签	数据类型	软元件	数据类型	数据名	注释
NM001	UU.OPdwCmd	Double Word[Signed]	D662	FB	MOTOR	HMI
NM001	UU.SIM_T	Time	D660	FB	MOTOR	HMI
NM001	UU.QSIM_T	Time	D658	FB	MOTOR	HMI
NM001	UU.SIM_T_STOP	Time	D656	FB	MOTOR	HMI
NM001	UU.QSIM_T_STOP	Time	D654	FB	MOTOR	HMI
NM002	UU.SIM_T	Time	D808	FB	MOTOR	HMI
NM002	UU.QSIM_T	Time	D806	FB	MOTOR	HMI
NM002	UU.SIM_T_STOP	Time	D804	FB	MOTOR	HMI
NM002	UU.QSIM_T_STOP	Time	D802	FB	MOTOR	HMI
NM002	UU.MON_T	Time	D848	FB	MOTOR	HMI
NM002	UU.MON_T_STOP	Time	D846	FB	MOTOR	HMI
NM002	UU.FLOW	FLOAT (Single Precision)	D844	FB	MOTOR	HMI
NM002	UU.FLOW_LL	FLOAT (Single Precision)	D842	FB	MOTOR	HMI
NM002	UU.INSTANCE	STRING(32)	D823	FB	MOTOR	HMI
NM002	UU.QdwState	Double Word[Signed]	D821	FB	MOTOR	HMI
NM002	UU.QMON_T	Time	D818	FB	MOTOR	HMI
NM002	UU.QMON_T_STOP	Time	D816	FB	MOTOR	HMI
NM002	UU.QFLOW_MT	Time	D814	FB	MOTOR	HMI
NM002	UU.QwAlarm	Word[Signed]	D813	FB	MOTOR	HMI
NM002	UU.VISIBILITY	Word[Unsigned]/Bit STRING[16-bit]	D812	FB	MOTOR	HMI
NM002	UU.OPdwCmd	Double Word[Signed]	D810	FB	MOTOR	HMI
NM002	UU.SIM_T	Time	D808	FB	MOTOR	HMI
NM002	UU.QSIM_T	Time	D806	FB	MOTOR	HMI
NM002	UU.SIM_T_STOP	Time	D804	FB	MOTOR	HMI
NM002	UU.QSIM_T_STOP	Time	D802	FB	MOTOR	HMI
NM003	UU.SIM_T	Time	D760	FB	MOTOR	HMI
NM003	UU.QSIM_T	Time	D758	FB	MOTOR	HMI
NM003	UU.SIM_T_STOP	Time	D756	FB	MOTOR	HMI
NM003	UU.QSIM_T_STOP	Time	D754	FB	MOTOR	HMI
NM003	UU.MON_T	Time	D800	FB	MOTOR	HMI
NM003	UU.MON_T_STOP	Time	D798	FB	MOTOR	HMI

（续）

位号	软元件 / 标签	数据类型	软元件	数据类型	数据名	注释
NM003	UU.FLOW	FLOAT (Single Precision)	D796	FB	MOTOR	HMI
NM003	UU.FLOW_LL	FLOAT (Single Precision)	D794	FB	MOTOR	HMI
NM003	UU.INSTANCE	STRING(32)	D775	FB	MOTOR	HMI
NM003	UU.QdwState	Double Word[Signed]	D773	FB	MOTOR	HMI
NM003	UU.QMON_T	Time	D770	FB	MOTOR	HMI
NM003	UU.QMON_T_STOP	Time	D768	FB	MOTOR	HMI
NM003	UU.QFLOW_MT	Time	D766	FB	MOTOR	HMI
NM003	UU.QwAlarm	Word[Signed]	D765	FB	MOTOR	HMI
NM003	UU.VISIBILITY	Word[Unsigned]/Bit STRING[16–bit]	D764	FB	MOTOR	HMI
NM003	UU.OPdwCmd	Double Word[Signed]	D762	FB	MOTOR	HMI
NM003	UU.SIM_T	Time	D760	FB	MOTOR	HMI
NM003	UU.QSIM_T	Time	D758	FB	MOTOR	HMI
NM003	UU.SIM_T_STOP	Time	D756	FB	MOTOR	HMI
NM003	UU.QSIM_T_STOP	Time	D754	FB	MOTOR	HMI

前面介绍生成 UDT 时为上位机变量增加的注释 HMI，在这里起到了过滤作用。MX OPC SERVER 中导出原配置信息到 CSV 文件，得到配置模板，以上述数据为素材，做一些数据编辑工作，整理生成 OPC 配置数据，并导入回到 MX OPC 中，如图 6-46 所示。

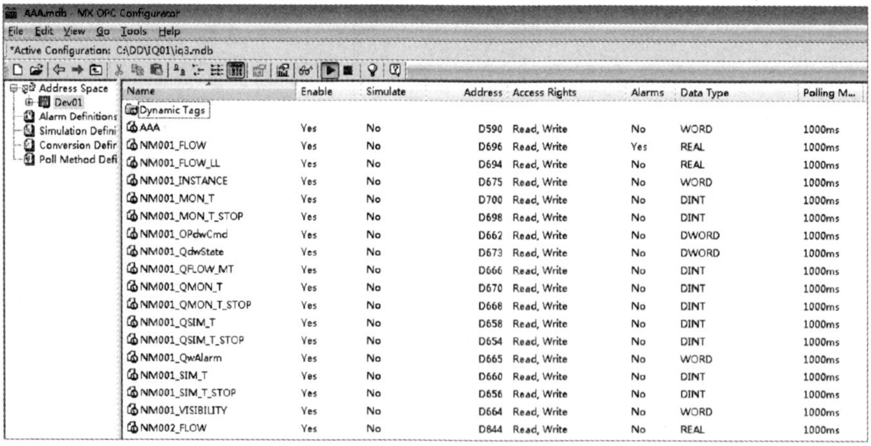

图 6-46　MX OPC 变量表

在 WinCC 中，用与 6.7.1 节相同的方法浏览到 OPC 中的变量，并添加到

WinCC 变量表中，数据通信成功。

总结：

在将变量数据从 PLC 导出到 OPC 时，三菱特有的数据格式定义又要做与程序移植时相反方向的操作，需要替换为 WORD、DWORD、INT、REAL 等格式，这有点尴尬。

数据列处理过程中，变量名通过拼接方式实现了 NM001_FLOW 的格式，恢复了位号 + 功能的格式，分隔符为下划线 "_"，在 WinCC 中可以辨识。

_instance 之类的变量原本为字符串格式，然而，PLC 中支持字符串，WinCC 也支持字符串变量，但恰恰中间的 MX OPC SERVER 不支持。所以只好被迫改为 WORD，但在 WinCC 中只能放弃了。

FB 的引脚上设置字符型变量 INSTANCE 的本意是可以输入设备位号和描述等内容，可以在设计 PLC 程序时通过表格数据形式对所有对象统一赋值，而节省了上位界面中逐个修改输入内容的工作量。这是提高编程效率的一部分。传统的 PLC 编程和上位机画面组态，通常是很少有人这么做的。传统上工程师都是习惯于在上位机画面编辑时逐个对象输入文字内容。而且这部分数据内容还会占据 PLC 的内存资源，当系统资源不够用时，要节省空间，也会首先从这里下手精简。所以读者可能会对这部分技能不在意。

然而读者应该了解，当系统规模足够大，且需要多次重复这方面的工作时，就关注到可以提高效率的所有途径，并有机会尽可能使用。比如，在真实的工程项目中，通信方式为直接使用 WinCC 内置的三菱驱动时，就可以直接支持字符串数据了。而对于 MX OPC，虽然直接定义变量不支持，但其实也仍然有实现方法。可以使用动态变量 Dynamic Tag，即不定义 OPC 变量，而直接在 WinCC 变量中输入定义语法，也仍然可以直接读取到来自 PLC 的字符串数据。比如地址格式定义为 Dev01\D900.S.16，则可以直接读取首地址 D900 的长度为 16 个 BYTE 的字符串。

另外还有一种简便方法，WinCC 中将相关变量统一变更为内部变量，并设置为字符串类型，然后填入初始值，初始值可以以表格形式批量从原始设计位号表中复制得到。尽管不在 PLC 中录入 Instance 设备符号名，也仍然可以实现字符串标准化输入。

另外，符号变量所对应的数据地址，是在 PLC 编译时自动分配得到的。然而，如果后面的 PLC 程序做了较大的修改，比如中间插入或删除设备对象，就会导致地址使用情况大幅度变化，将导致上位机数据通信失败。需要重复本节的操作步骤，因为比较低效，所以会是一件比较令人沮丧的工作。除了设计流程中尽量避免程序架构的改动之外，还可以优化设计过程，比如开发专用软件工具把上述的数据过滤和生成过程用程序工具实现。

另外，据说三菱公司出品的 IQ Works 套件中的 Navigator 工具，可以实现数据标签与软元件地址的快速同步，可以用于减少此类麻烦。读者可自行研究实现。

移植成功，画面部分使用原有的画面结构，就可以实现与 PLC 程序的正常通信，并实现对设备的控制和状态显示，即在上位机系统不变的情况下，上位机的升级是不需要增加工作量的。

6.8 补足不完整的 L1 设备类型

6.8.1 补足不完整的设备类型 DO

典型的 DO 类型的设备为报警灯，需要为其设计专用的库函数 FB。考虑报警灯通常还需要有闪烁属性，所以可以在设计时直接预留闪烁功能的引脚，需要时直接调用。

由于通常不需要在 HMI 运行中修改设定参数，所以不需要设计 WinCC 面板。

6.8.2 补足不完整的设备类型 AO

AO 设备通常为直接驱动的 AO 卡件，需要将浮点数的物理值按照物理范围上下限，按比例转换为 0 ~ 32000 的整数值，然后送到通道。

由于通常不需要上位机修改设定参数，所以也不需要设计 WinCC 面板。

6.8.3 行业特殊设备类型 PSV

一组多达 8 个的脉冲阀，接受起动指令后逐个间歇起动，并形成循环。数量可设置，运行时间和间隔时间均可在引脚设定参数。

这种时间参数通常是固定的，不需要在运行时由操作员调节。所以不需要上位机设定参数，不需要设计 WinCC 面板。

如果数量设置为 1，则可以替代 DO 的功能。所以如果这样设计，则可以省掉 DO 专用块。

6.8.4 行业特殊设备类型 MVALVE

一组多达 8 个电磁阀驱动同样数量或者更多数量的气缸，每个气缸都有位置检测。动作时要求所有气缸同步动作，并监控位置的反馈情况。如果有个别位置的气缸动作未达到同步，需要在上位机面板显示报警提示。

同理，根据行业的需求，还可以有一些上述没有涵盖的特殊的 L1 设备，可以从零开始设计逻辑程序，并根据实际情况决定是否需要上位机 WinCC 面板。如果需要，可以完全模仿 BST 例程的风格和方法，自行设计实现。

第 7 章

GX2 L2 设备库函数实现

我们对 L2 设备的定义是，在 L1 设备类型基础上生成的，具备与 L1 基础功能不同的特殊功能的设备。在使用上，L2 设备库函数与 L1 设备是完全相同的，在设备实例化时参数引脚可以绑定物理 I/O 通道信号。

本章以举例的形式针对通用行业中常见的一些 L2 设备库函数演示其实现方法。由于篇幅的限制，这里只能针对包含代表性的技术方法的类型做出演示。

读者可通过这个演示过程，了解到一些技巧和方法，最终应用到自己的项目和行业中。开发通用的或者专用的行业库函数，逐渐积累、丰富、成熟，最终实现项目设计调试过程的快速、便捷、高效，改变以往每个项目调试期间花费太多时间和精力在程序逻辑调试上，但项目设计质量却不高，经常出错的现状。

我们定义的 L2 库函数的本质在于，这些函数可以有一个基类的 L1 函数做参考，在其基础上封装升级而成。除了可以节省一部分重复编写调试源代码的工作量以外，如果以后的使用中，基类的 L1 函数功能做了升级，只需要同步做一个简单的编译工作，相关的 L2 库函数也随即升级完成。以此，减少了调试工作量。

比如本书讲解的基础为西门子 BST 库，移植编译到三菱系统使用。西门子同时还提供了 BPL/LBP 的库，以及其他厂家或者个人都有可能开发提供各自风格的库，那么如果因个人偏好，或者风格切换需要，改为其他风格的库时，只需要简单替换原有 L1 库函数及其上位机界面即可。升级切换时，原有的 L2/L3 函数除了个别的引脚名称定义之外，其余不受影响。所以，尽管理论上所有 L2 库函数都可以从零开始逐条语句编写成 L1 函数实现同样功能，但从开发工作量的角度考虑，我们建议只要有可能，还是尽量多使用 L2 模式开发底层库函数。

L2 的缺点在于程序中需要多使用一个库函数，即在调用 L2 库函数的程序中，原基类的 L1 库函数也必须如影随形，由此增大了对 FB 数量的消耗。然而这种消耗通常可以忽略不计。

其实回过头看，我们在三菱系统中为了给接口数据打包为 UDT 数据接口类型，已经做了一次封装，所以严格意义上讲，在三菱标准化架构中，几乎所有可用的库函数都是从 L2 开始的。

7.1 设备的时间参数

BST 库函数的 4 个类型中都有把时间值放在形参上作为参数，同时也有输出的时间值用来监控运行值。

在 S7-1200/1500 PLC 中，定时器的时间格式是 TIME，BST 库函数就直接把这个 TIME 数据格式放到引脚上来了。TIME 的数据格式本质上是以 ms 为单位的 DWORD，所以其数据显示到 WinCC 后是以 ms 为单位的数。

而这个数值的单位太小，导致数值太大。比如 5s，显示为 5000ms，用户是不可以接受的。

WinCC 以及大部分的上位机组态软件都可以提供变量的线性变换功能，可以将原数值除 1000，得到以 s 为单位计量的数值。然而这个功能需要手动实现，工作量太大，所以标准化编程方法中应该尽量避免使用这样方式实现。

另外，简单除以 1000 得到的整数精度又变差了。一些工艺场合，如果时间参数需要设置为小于 1s 的值，比如 0.5s，这里又无能为力了，导致设备模板对话框内的时间参数（见图 7-1）不能对所有设备都通用。

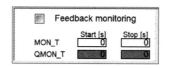

图 7-1 时间参数

所以我们需要转换为一个更通用的数据格式。其实最好用的是以 s 为单位的浮点数。再大的在定时器计时能力范围内的时间值都可以表达。而即便小到 1ms 的值，也不过是 0.001 而已。

时间参数的格式统一改为浮点数的好处还在于，将来在工艺参数中物理值和时间值都同样作为参数并列时，由于格式是相同的，表格处理等都比较方便。

更精细的设计，在图 7-1 中，当时间参数小于 1s 时，如果需要自动以更小的物理单位 ms 来显示，完全可以单独在 WinCC 窗口画面中以编程实现自动判断来完成。在不影响模板统一性的情况下，实现了针对个别实例的个性化。

参数值改为浮点数数据类型的方法有两种：一种是在不修改原 L1 函数接口和逻辑的情况下，再封装一层 L2 实现功能，对每个时间参数都做双向格式转换；另一种则是直接修改 L1 设备库函数的程序。

对于三菱系统，由于 L1 库函数已经有过一次封装，而我们也并不需要保留两套相似的 UDT 数据类型，所以直接在原第二层块上编辑改变即可。具体到电机设备，则是 MOTOR 块。

首先修改其 UDT 中的 TIME 数据类型为 REAL。表 7-1 中只列出了部分数据类型的修改的部分数据。

表 7-1 部分数据类型的修改

标签名	数据类型	常量	注释
MON_T	FLOAT (Single Precision)		HMI
MON_T_STOP	FLOAT (Single Precision)		HMI
QMON_T	FLOAT (Single Precision)		HMI
QMON_T_STOP	FLOAT (Single Precision)		HMI
QFLOW_MT	FLOAT (Single Precision)		HMI
SIM_T	FLOAT (Single Precision)		HMI
QSIM_T	FLOAT (Single Precision)		HMI
SIM_T_STOP	FLOAT (Single Precision)		HMI
QSIM_T_STOP	FLOAT (Single Precision)		HMI

程序中，对相关数据的赋值语句中加入转换函数，比如，输入数据乘 1000 后转换为 TIME 格式：

OO.SIM_T:=DINT_TO_TIME(REAL_TO_DINT(1000.0 * UU.SIM_T));

而输出数值则相反的方向转换。如此，最终程序修改为

```
OO.SIM_T:=DINT_TO_TIME( REAL_TO_DINT(1000.0 * UU.SIM_T));
OO. QSIM_T :=DINT_TO_TIME( REAL_TO_DINT(1000.0 * UU.QSIM_T));
OO. SIM_T_STOP :=DINT_TO_TIME( REAL_TO_DINT(1000.0 * UU.SIM_T_STOP));
OO. QSIM_T_STOP :=DINT_TO_TIME( REAL_TO_DINT(1000.0 * UU.QSIM_T_
STOP));
OO.MON_T :=DINT_TO_TIME( REAL_TO_DINT(1000.0 * UU.MON_T));
OO.MON_T_STOP :=DINT_TO_TIME( REAL_TO_DINT(1000.0 * UU.MON_T_
STOP))  ;
OO.FLOW_MT :=DINT_TO_TIME( REAL_TO_DINT(1000.0 * UU.FLOW_MT));
OO(
    LOCK :=UU.           LOCK,
    ERR_EXTERN :=UU.          ERR_EXTERN,
    LIOP_SEL :=UU.         LIOP_SEL,
    L_AUT :=UU.          L_AUT,
```

```
L_REMOTE :=UU.              L_REMOTE,
L_SIM :=UU.              L_SIM,
L_RESET :=UU.              L_RESET,
AUT_ON :=UU.              AUT_ON,
MAN_ON :=UU.              MAN_ON,
SIM_ON :=UU.              SIM_ON,
FB_ON :=UU.              FB_ON,
L_MON:=UU.              L_MON,
MPSa :=UU.              MPSa ,
L_FLOW_MON :=UU.              L_FLOW_MON,
FLOW :=UU.              FLOW,
FLOW_LL :=UU.              FLOW_LL,
INSTANCE :=UU.              INSTANCE,
RESTART :=UU.              RESTART,
QdwState :=UU.              QdwState,
QwState :=UU.              QwState,
QSTOPPING :=UU.              QSTOPPING,
QSTOP :=UU.              QSTOP,
QSTARTING :=UU.              QSTARTING,
QRUN :=UU.              QRUN,
QCMD_ON :=UU.              QCMD_ON,
QMON :=UU.              QMON,
QMON_ERR :=UU.              QMON_ERR,
QFLOW_MON :=UU.              QFLOW_MON,
QFLOW_ERR :=UU.              QFLOW_ERR,
QMPSa :=UU.              QMPSa,
QMAN_AUT :=UU.              QMAN_AUT,
QREMOTE :=UU.              QREMOTE,
QSIM :=UU.              QSIM,
QLOCK :=UU.              QLOCK,
QERR :=UU.              QERR,
QERR_EXT :=UU.              QERR_EXT,
QwAlarm :=UU.              QwAlarm,
VISIBILITY :=UU.              VISIBILITY,
OPdwCmd :=UU.              OPdwCmd
);
UU. SIM_T :=0.001* DINT_TO_REAL( TIME_TO_DINT(OO.SIM_T));
UU. QSIM_T :=0.001* DINT_TO_REAL( TIME_TO_DINT(OO.QSIM_T));
UU. SIM_T_STOP :=0.001* DINT_TO_REAL( TIME_TO_DINT(OO.SIM_T_STOP));
UU. QSIM_T_STOP :=0.001* DINT_TO_REAL( TIME_TO_DINT(OO.QSIM_T_STOP));
UU. QMON_T :=0.001* DINT_TO_REAL( TIME_TO_DINT( OO.   QMON_T   ));
UU. QMON_T_STOP :=0.001* DINT_TO_REAL( TIME_TO_DINT( OO.QMON_T_STOP));
```

注意：与前一个版本的 MOTOR 块程序相比，如 MON_T 等 INPUT 引脚数据，原本也可以在函数调用中加入转换公式，然而为了程序整齐，移出到程序块调用的前面，而其实功能是完全一样的。如果愿意，FB 的所有引脚数据全都可以放到外面，而调用时并不指定任何参数。这点关于 FB 调用的技巧在 PLC 系统应用中非常有用，可以灵活使用。

提醒：如果使用的 PLC 性能比较低，上述的改动增加了对资源的消耗，就会有可能提醒软元件资源不足。

这里非常简单，只需要把尽量多的软元件区域设置分配给自动分配可用即可，如图 7-2 所示。因为我们的标准化架构程序中，基本不会再直接全局访问软元件。

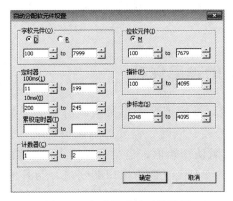

图 7-2　自动分配软元件设置

上述举例的 3 台电机设备实例，在修改后，编译通过的软元件使用情况如图 7-3 所示。

19 Information	-	-	字软元件 VAR用 使用582点 范围 D7418 - D7999)	F1301
20 Information	-	-	位软元件 VAR用 使用1264点 范围 M6416 - M7679)	F1305
21 Information	-	-	指针 VAR用 使用139点 范围 P100 - P238)	F1309
22 Information	-	-	定时器 VAR用 使用20点 范围 T180 - T199)	F1311
23 Information	-	-	高速定时器 VAR用 使用0点	F1316
24 Information	-	-	计数器 VAR用 使用0点	F1324
25 Information	-	-	步 VAR用 使用0点	F1328

图 7-3　编译结果

软元件耗尽的问题在整个 GX2 系统中一直存在，非常令人头疼，尤其是在项目规模比较大、设备比较多的情况下。但也不必过于焦虑，实际中遇到时，再根据实际情况修改程序实现方式都可以成功避开。

我们做的三菱标准化示范项目，特意选择了设备和点数比较多、规模比较大的项目作为移植目标。开发过程中各种软元件类型的耗尽问题都遇到了，但最终通过各种参数设置和库函数改造升级，分别得以解决。

然而，对于规模较小的单机设备，这些设置和升级又没有太大的必要。这也是本书编写比较困难之处。如果不分情况，程序都按照最节省软元件资源的方式来写，又会显得程序太过于复杂，对小型设备来说，做了太多令人看不懂的无用功。所以我们还是随着章节的展开，逐渐增加相应的内容，也使读者可以逐渐了解到其中的奥秘。

当然，其中最大的问题是 BST 提供的库函数太过于繁琐和庞大，初始设计的预留功能太多。以 MOTOR 块为例，块中仅定时器就用掉了 5 个，那么当设备实例化后，一台电机设备就要消耗 5 个定时器，而比较小的 PLC，比如FX3U，可用的定时器可能不到 200 个，那不到 40 台设备就耗尽了。

这样的库函数设计，对大型 DCS 的过程控制系统，是有意义的。但对于小型非标设备，就有些不可接受了。所以，建议根据实际的工程需要选择甚至重新设计 L1 底层库函数。

7.2 设备参数的掉电保持

包括上述时间参数以及模拟量的报警限制值等的参数，在 PLC 运行期间可以通过 HMI 人机界面修改，同时也需要掉电保持功能。否则，如果 PLC 掉电一次，重新启动后恢复了默认初始值，也会给操作人员带来相当大的麻烦。

6.7.1 节提到的用于与上位机通信接口的变量，与其他变量并没有什么区别，都是系统编译过程中自动分配的软元件区域地址，数据也都是普通数据，因而没有掉电保持能力。

三菱 PLC 习惯是定义一批连续的数据区地址，可以具备掉电锁存功能。然而通常这个区域与软元件自动分配区间是不重叠的。因为这个锁存区在整个数据区中只占极小一部分，所以只要不能全部重叠，那么重叠就没有意义。所以，必须有技术方案实现对参数类变量的掉电锁存需求。

一个比较简单，也是传统的 PLC 编程方式采取的方法是，在这些库函数实例化时，在引脚上分配精心分配了地址区间的变量，以确保这些数据会在掉电时保持。

然而代价是需要极大的人工工作量来部署规划变量区间，这部分的工作量以及导致的低效率不可小觑。

当变量绑定了实参之后，原来的直接上位机访问生成的变量地址就失效了。需要随之更换到人工所分配的地址。原地址的数据可以读取到数值，然而如果要设置参数，会写不进，因为程序调用中数据被绑定了。

如果 PLC 程序中有自动逻辑要访问这些数据变量，并且有写数据操作需求，也同样需要修改。这一点把正常的程序框架全都打乱了。

　　针对上述的需求，需要研究开发用于将运行数据同步保存到锁存数据区的程序功能块 SETSAVE2。其特征是，在需要保存数据的程序 FB 内部实现，所占用的锁存地址自动分配。不关心每一个数据具体占用的地址，而只是将固定的数据的值保存到固定的地址空间，并在掉电重启时恢复。

　　另外，对于设备的运行参数来说，工艺模块其实同时还需要有一个初始值，即作为参数的数值不可以全部为 0，而是需要在第一次下载程序时程序中就包含一个默认的初始值。也就是说，需要写一个相对合理的初始值在程序中，在运行中又允许用户通过人机接口，或者自动逻辑，对这个设定值进行修改。

　　SETSAVE 功能块的局部标签见表 7-2。

表 7-2　局部标签

类	标签名	数据类型	常量	注释
VAR_IN_OUT	BASE	Word[Signed]		锁存区的首地址
VAR_INPUT	DATA0	FLOAT (Single Precision)		源数据
VAR_IN_OUT	DATA1	FLOAT (Single Precision)		目标数据
VAR	POS0	Word[Signed]		首地址
VAR	UID	Word[Signed]		数据 ID

　　程序本体如下：

```
;
(**)
IF BASE>0 THEN
    POS0:=BASE;
        BASE:=0;
    UID:=POS0+2;
    (*M8002=1, 为下载程序后的第一次运行 *)
    IF M8002 THEN
        Z0:=POS0;
        D0Z0:=D0Z0+10;
        (* 在 POS0 的位置对设备重启次数累加 *)
        IF D0Z0>20000 THEN
            D0Z0:=10000;
        END_IF;
    END_IF;
    (* 退出子程序 *)
    RETURN;
ELSE
    UID:=UID+2;
END_IF;
```

```
IF M8002 THEN
    (* 上电启动 *)
    Z0:=POS0;
    IF D0Z0<=10 THEN
            (* 新传程序之后的重新启动 *)
            Z0:=UID;
            DEMOV(TRUE,DATA0,D0Z0 );
            DEMOV(TRUE,DATA0,DATA1 );
    ELSE
            (* 除新传程序之外的重新启动 *)
            Z0:=UID;
        DEMOV(TRUE,D0Z0, DATA1 );

    END_IF;
ELSE
            (* 程序运行中 *)
            Z0:=UID;
            DEMOV(TRUE,DATA1,D0Z0 );

END_IF;
```

使用中，首先在主程序中调用实例化模块，并将 CPU 参数中的 D 区锁存首地址告知程序。锁存地址设置如图 7-4 所示。

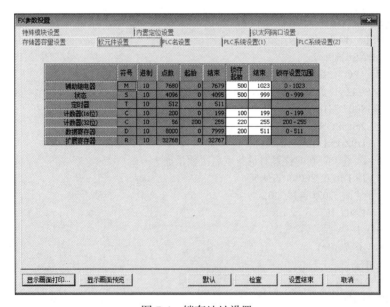

图 7-4　锁存地址设置

这里 D 区锁存起始地址是 200，则程序为

SETSAV1.BASE:=200;
SETSAV1( );

而在每个设备库函数 FB 中使用时不需要输入 BASE 的地址，只需要输入初始值和运行值的变量即可。

SETSAV1(DATA0:= ?REAL? ,DATA1:= ?REAL?);

比如 MOTOR 块，对所有运行反馈时间参数，可以普遍设置一个默认值 2.0s，并且又要允许在运行中可修改。

对前面的程序首行再做修改，加入如下语句：

SSETSAV1(DATA0:= 2.0,DATA1:= UU.SIM_T);
SETSAV1(DATA0:= 2.0,DATA1:= UU.QSIM_T);
SETSAV1(DATA0:= 2.0,DATA1:= UU.SIM_T_STOP);
SETSAV1(DATA0:= 2.0,DATA1:= UU.QSIM_T_STOP);
SETSAV1(DATA0:= 2.0,DATA1:= UU.MON_T);
SETSAV1(DATA0:= 2.0,DATA1:= UU.MON_T_STOP);
SETSAV1(DATA0:= 2.0,DATA1:= UU.FLOW_MT);

这样就实现了数据既有初始值，又可以在 HMI 中修改设定值，还具备掉电记忆功能。

如 7.1 节所述，时间参数被统一规范成了浮点数，之后各种场合使用就方便了许多，甚至当时间值也以实数表达之后，几乎所有参数都可以是实数了。实数之外的参数已经几乎不需要了。

所以，本节只实现了对浮点数类型的保存，而如果有其他类型的数据，也可以拓展实现。具体方法本书不再展开。或者，甚至对函数功能不再拓展，所有数据在保存前都转换为浮点数，恢复时再原样恢复也都可以。毕竟，只要能实现数据的唯一对应关系，数值能完整对应即可。

然而，前面举例的 MOTOR 块的时间参数，因为实例间差异性并不大，设定固定数值之后，导致所有的实例的初始值都相同。但更多的工艺参数在不同实例间会相差极大，所以需要一个单独的引脚，用于在实例化时输入。

比如 ANALOG 块，上限值的标定值在不同的信号之间差别很大，如果需要在程序下载后再人工手动逐个修改，工作量就会很大。而对于比较成熟的工艺系统，大多数的模拟量信号在设计时其参数值基本就确定了，甚至在整理工艺点表时就可以确定，因而可以通过表格处理自动生成带参数的程序。

在 BST 库函数的 ANALOG 块中，输入引脚有如下几个浮点数格式的参数：

● HI_LIM

- LO_LIM
- LIM_ULA
- LIM_ULW
- LIM_LLW
- LIM_LLA
- LIM_HYS

分别为标定的上下限，限制值的高高、高、低、低低、滞环值的阈值。符合上述的描述，也需要掉电保持功能。

另外需要注意，BST 的这个模拟量处理模块，上位机 HMI 设定参数的变量接口其实另有一套，分别为

- OP_LIM_ULA   Real
- OP_LIM_ULW   Real
- OP_LIM_LLW   Real
- OP_LIM_LLA   Real
- OP_SIM_Value   Real
- OP_LIM_HYS_Perc   Real
- OP_LIM_HYS_Abs   Real
- OP_HI_LIM   Real
- OP_LO_LIM   Real

原始版本的 ANALOG 块的逻辑自有它的一套数据备份和初始值模式，是依靠一个 RESTART 引脚为 TRUE 时，将外部引脚的参数值复制到内部上位机 HMI 参数值。然而其掉电保持部分，依靠的是 Portal 自身的功能，只需要将 OP*** 相关变量勾选清除掉电保持即可，所以并不适合在三菱 GX2 系统中使用。

所以，程序的处理应为

```
SETSAV1(DATA0:=  HI_LIM    ,DATA1:=UU.OP_HI_LIM );
SETSAV1(DATA0:=  LO_LIM    ,DATA1:=UU.OP_LO_LIM );
SETSAV1(DATA0:=  LIM_ULA      ,DATA1:=UU.OP_LIM_ULA   );
SETSAV1(DATA0:=  LIM_ULW       ,DATA1:=UU.OP_LIM_ULW   );
SETSAV1(DATA0:=  LIM_LLW       ,DATA1:=UU.OP_LIM_LLW   );
SETSAV1(DATA0:=  LIM_LLA      ,DATA1:=UU.OP_LIM_LLA   );
SETSAV1(DATA0:=  LIM_HYS      ,DATA1:=UU.OP_LIM_HYS   );
```

经此更改后，原始程序中的前一部分引脚其实是闲置了，所以可以简化删除这部分引脚及其相关逻辑。

当然这需要在完全读懂所有程序代码之后，而在此之前，仍然保留继续使用也完全可以。

还有一点，西门子的模拟量通道的 AD 转换量程，4 ~ 20mA 对应的是 0 ~ 27648，对于三菱各平台模块，其中的程序部分需要随之调整。

7.3　L2 示例：双驱动的电机

我们分析设备类型时，许多基础库类型没有包含在现有 L1 库函数中，比如星 – 三角起动的电机、变频器驱动的电机、电机需要做时间累积等，除了可以自己完全从头搭建 FB 逻辑块和 WinCC 组态面板即 L1 库函数之外，也可以在现有 L1 库函数基础上，参照本节的方法实现。

功能需求：有一些电机是需要起动和停止两个驱动指令的，最常见的是一些集成设备供应商提供的控制系统，当切换到远程，由中央控制系统控制时，起动和停止指令是分开的且都是常 0 信号，即只在起动和停止需求时分别发 1 的脉冲信号。

L1 的 BST MOTOR 块有 QStarting 和 QStopping 两个输出，通常以为可以用来直接驱动起动和停止信号。但经仔细调试后，发现有几个缺陷：

1）与 SIM 不兼容，在 SIM 模式下，QCMD_ON 是被屏蔽的，但 QStarting 和 QStopping 并没有被屏蔽，即仍然可以输出到电气回路。除非确定系统中不适用 SIM 模式，否则这一点不影响。

2）在电机有监控反馈时，功能正常。驱动发出后，监控到闭合信号已经完成，则收回驱动指令。然而如果电机关闭监控反馈，则标准的库函数起动和停止的时间为 0，即发出指令瞬间，就报 QRUN 完成，反而导致双驱动的电机不能起动。

3）当系统有急停控制，急停信号通过 ERR_EXTERN 引脚输入后，QStopping 信号也被禁用输出，会导致发生故障时不能安全停止电机。

所以需要一个专用库函数模块。

首先，建立一个"MOTOR_2DRIVE"的 FB，局部标签建立 UU 和 OO，数据类型分别为 UDT01_MOTOR 和 MOTOR，如图 7-5 所示。

	类		标签名	数据类型	
1	VAR_IN_OUT	▼	UU	UDT01_MOTOR	...
2	VAR	▼	OO	MOTOR	...

图 7-5　局部标签

FB 的语言可以任意选择。这里演示选择 LAD，首先对原基础类实例调用，如图 7-6 所示。

图 7-6　LAD 程序本体

如果程序到此为止，新建的程序 FB 和原类 FB 功能完全一样，等于是完全继承了原类的功能。

然后为实现需要增加的功能，在其后加入逻辑，如图 7-7 所示。

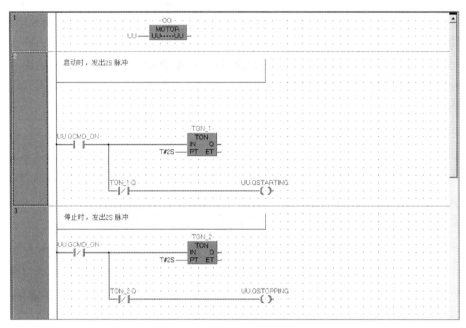

图 7-7　增加逻辑

其中增加的 2 个定时器为局部标签的 VAR 类型，替代原有的对 "QStarting" 和 "QStopping" 的控制。

选择使用 LAD 的原因只是为了演示，证明程序块中所有编程语言都是可以通用的。

7.4　L2 示例：电机设备就地备妥功能

功能需求：在一些工程项目中，电气设备通常有独立的现场动力控制柜，现场就地有完整的手动起停以及故障保护的功能，通常是硬线继电器逻辑。

然而为了系统自动控制，会给出一个远程控制的接口，允许 PLC 系统通过此命令接口起停设备。

那么设备就会给出一个备妥 / 就地的状态信号，当开关切换在就地时，设备通过就地盘面的起停按钮起动。而当开关切换在备妥时，就可以接收来自 PLC 的指令，起动运行。来自 PLC 的指令可能是人工从 HMI 起动，也可以是因为自动逻辑的条件满足后自动触发。而设备也会给出正常运行状态或故障状态的信号，以供 PLC 系统知晓。

对 MOTOR 块，简单的处理是，可以将备妥信号取反后送到 MOTOR 块的 LOCK 引脚。即在未备妥情况下，设备被锁定，禁止 PLC 起动操作，而只有备妥之后，才不再锁定，可以运行。

然而如果只对 MOTOR 块简单使用，则会存在 2 个问题：①设备在就地时，如果人工操作起动运行，对 PLC 块来说，设备在锁定状态，然而却读到了运行反馈状态，对程序是一种错误状态，会报错；②设备的正常逻辑，出于工艺安全保护等原因，也同样需要使用 LOCK 引脚，而这里已经被备妥占用，就需要再重新增加逻辑，逻辑就复杂化了。所以，需要单独做一个 L2 库函数，引脚上增加专用的备妥（READY）引脚实现需要的功能。

首先在原有 UDT01_MOTO3R 基础上复制建立新的结构体：UDT21_MOTOR，增加 READY 引脚，见表 7-3。

表 7-3　UDT21_MOTOR

标签名	数据类型	常量	注释
READY	Bit		
LOCK	Bit		
ERR_EXTERN	Bit		
LIOP_SEL	Bit		
L_AUT	Bit		
L_REMOTE	Bit		
L_SIM	Bit		
L_RESET	Bit		
AUT_ON	Bit		
MAN_ON	Bit		
SIM_ON	Bit		
FB_ON	Bit		
L_MON	Bit		
MON_T	FLOAT (Single Precision)		HMI
MON_T_STOP	FLOAT (Single Precision)		HMI
MPSa	Bit		
L_FLOW_MON	Bit		
FLOW	FLOAT (Single Precision)		HMI
FLOW_LL	FLOAT (Single Precision)		HMI

（续）

标签名	数据类型	常量	注释
FLOW_MT	FLOAT (Single Precision)		
INSTANCE	STRING[32]		HMI
RESTART	Bit		
QdwState	Double Word[Signed]		HMI
QwState	Word[Signed]		
QSTOPPING	Bit		
QSTOP	Bit		
QSTARTING	Bit		
QRUN	Bit		
QCMD_ON	Bit		
QMON	Bit		
QMON_ERR	Bit		
QMON_T	FLOAT (Single Precision)		HMI
QMON_T_STOP	FLOAT (Single Precision)		HMI
QFLOW_MON	Bit		
QFLOW_MT	FLOAT (Single Precision)		HMI
QFLOW_ERR	Bit		
QMPSa	Bit		
QMAN_AUT	Bit		
QREMOTE	Bit		
QSIM	Bit		
QLOCK	Bit		
QERR	Bit		
QERR_EXT	Bit		
QwAlarm	Word[Signed]		HMI
VISIBILITY	Word[Unsigned]/Bit STRING[16-bit]		HMI
OPdwCmd	Double Word[Signed]		HMI
SIM_T	FLOAT (Single Precision)		HMI
QSIM_T	FLOAT (Single Precision)		HMI
SIM_T_STOP	FLOAT (Single Precision)		HMI
QSIM_T_STOP	FLOAT (Single Precision)		HMI

程序本体部分如下：

```
OO.UU.    LOCK := UU. LOCK AND NOT UU.READY;
OO.UU.    ERR_EXTERN := UU. ERR_EXTERN;
OO.UU.    LIOP_SEL := UU. LIOP_SEL;
OO.UU.    L_AUT := UU. L_AUT;
OO.UU.    L_REMOTE := UU. L_REMOTE;
OO.UU.    L_SIM := UU. L_SIM;
OO.UU.    L_RESET := UU. L_RESET;
OO.UU.    AUT_ON := UU. AUT_ON;
OO.UU.    MAN_ON := UU. MAN_ON;
OO.UU.    SIM_ON := UU. SIM_ON;
OO.UU.    FB_ON := UU. FB_ON   AND UU.READY   ;
OO.UU.    L_MON := UU. L_MON;
OO.UU.    MON_T := UU. MON_T;
OO.UU.    MON_T_STOP := UU. MON_T_STOP;
OO.UU.    MPSa := UU. MPSa;
OO.UU.    L_FLOW_MON := UU. L_FLOW_MON;
OO.UU.    FLOW := UU. FLOW;
OO.UU.    FLOW_LL := UU. FLOW_LL;
OO.UU.    FLOW_MT := UU. FLOW_MT;
OO.UU.    INSTANCE := UU. INSTANCE;
OO.UU.    RESTART := UU. RESTART;
OO.UU.    QdwState := UU. QdwState;
OO.UU.    QwState  := UU. QwState;
OO.UU.    QSTOPPING := UU. QSTOPPING;
OO.UU.    QSTOP := UU. QSTOP;
OO.UU.    QSTARTING := UU. QSTARTING;
OO.UU.    QRUN := UU. QRUN;
OO.UU.    QCMD_ON := UU. QCMD_ON;
OO.UU.    QMON := UU. QMON;
OO.UU.    QMON_ERR := UU. QMON_ERR;
OO.UU.    QMON_T := UU. QMON_T;
OO.UU.    QMON_T_STOP := UU. QMON_T_STOP;
OO.UU.    QFLOW_MON := UU. QFLOW_MON;
OO.UU.    QFLOW_MT := UU. QFLOW_MT;
OO.UU.    QFLOW_ERR := UU. QFLOW_ERR;
OO.UU.    QMPSa := UU. QMPSa;
OO.UU.    QMAN_AUT := UU. QMAN_AUT;
OO.UU.    QREMOTE := UU. QREMOTE;
OO.UU.    QSIM := UU. QSIM;
OO.UU.    QLOCK := UU. QLOCK;
```

OO.UU.   QERR := UU. QERR;

OO.UU.   QERR_EXT := UU. QERR_EXT;

OO.UU.   QwAlarm := UU. QwAlarm;

OO.UU.   VISIBILITY := UU. VISIBILITY;

OO.UU.   OPdwCmd := UU. OPdwCmd;

OO.UU.   SIM_T := UU. SIM_T;

OO.UU.   QSIM_T := UU. QSIM_T;

OO.UU.   SIM_T_STOP := UU. SIM_T_STOP;

OO.UU.   QSIM_T_STOP := UU. QSIM_T_STOP;

OO();

(*

UU.   LOCK := OO.UU.   LOCK;

UU.   ERR_EXTERN := OO.UU.   ERR_EXTERN;

UU.   LIOP_SEL := OO.UU.   LIOP_SEL;

UU.   L_AUT := OO.UU.   L_AUT;

UU.   L_REMOTE := OO.UU.   L_REMOTE;

UU.   L_SIM := OO.UU.   L_SIM;

UU.   L_RESET := OO.UU.   L_RESET;

UU.   AUT_ON := OO.UU.   AUT_ON;

UU.   MAN_ON := OO.UU.   MAN_ON;

UU.   SIM_ON := OO.UU.   SIM_ON;

UU.   FB_ON := OO.UU.   FB_ON;

UU.   L_MON := OO.UU.   L_MON;

UU.   MON_T := OO.UU.   MON_T;

UU.   MON_T_STOP := OO.UU.   MON_T_STOP;

UU.   MPSa := OO.UU.   MPSa;

UU.   L_FLOW_MON := OO.UU.   L_FLOW_MON;

UU.   FLOW := OO.UU.   FLOW;

UU.   FLOW_LL := OO.UU.   FLOW_LL;

UU.   FLOW_MT := OO.UU.   FLOW_MT;

UU.   INSTANCE := OO.UU.   INSTANCE;

*)

UU.   RESTART := OO.UU.   RESTART;

UU.   QdwState := OO.UU.   QdwState;

UU.   QwState := OO.UU.   QwState;

UU.   QSTOPPING := OO.UU.   QSTOPPING;

UU.   QSTOP := OO.UU.   QSTOP;

UU.   QSTARTING := OO.UU.   QSTARTING;

UU.   QRUN := OO.UU.   QRUN;

UU.   QCMD_ON := OO.UU.   QCMD_ON;

UU.   QMON := OO.UU.   QMON;

UU.   QMON_ERR := OO.UU.   QMON_ERR;

```
UU.    QMON_T := OO.UU.    QMON_T;
UU.    QMON_T_STOP := OO.UU.    QMON_T_STOP;
UU.    QFLOW_MON := OO.UU.    QFLOW_MON;
UU.    QFLOW_MT := OO.UU.   QFLOW_MT;
UU.    QFLOW_ERR := OO.UU.    QFLOW_ERR;
UU.    QMPSa := OO.UU.    QMPSa;
UU.    QMAN_AUT := OO.UU.   QMAN_AUT;
UU.    QREMOTE := OO.UU.    QREMOTE;
UU.    QSIM := OO.UU.    QSIM;
UU.    QLOCK := OO.UU.    QLOCK;
UU.    QERR := OO.UU.    QERR;
UU.    QERR_EXT := OO.UU.    QERR_EXT;
UU.    QwAlarm := OO.UU.    QwAlarm;
UU.    VISIBILITY := OO.UU.    VISIBILITY;
UU.    OPdwCmd := OO.UU.    OPdwCmd;
UU.    SIM_T := OO.UU.    SIM_T;
UU.    QSIM_T := OO.UU.    QSIM_T;
UU.    SIM_T_STOP := OO.UU.    SIM_T_STOP;
UU.    QSIM_T_STOP := OO.UU.    QSIM_T_STOP;
(* 在未备妥时, 将就地的运行状态直接送到设备运行显示, 并再造状态字 *)
IF NOT UU.READY THEN
QdwStatea[0] := DINT_TO_BITARR(QdwState, 32);
QdwStatea[4] := 1;
UU.QRUN := UU.FB_ON;
 QdwStatea[2] :=UU.QRUN;
UU.QSTOP := NOT UU.FB_ON;
QdwStatea[0] := UU.QSTOP;
 UU.QdwState := BITARR_TO_DINT(QdwStatea[0], 32);
END_IF;
```

解读:

1) 因为外接口的数据结构 UU 和内部对象 OO 中 UU 的类型不一样, 所以不可以直接赋值。而只能逐个数据赋值。

2) 除了 OO.UU. LOCK :=UU.LOCK AND NOT UU.READY ; 和 OO.UU. FB_ON :=UU.FB_ON AND UU.READY ; 两句程序是修改后的逻辑之外, 其他引脚都是简单的同名称变量赋值。所以程序其实是在 Excel 编辑整理而成。

3) 数据的赋值过程分两部分, 分别为在 FB 调用之前的输入值赋值和 FB 调用之后的输出值送出。在不熟悉区分每个数据的输入输出类型的情况下, 所有数据变量均双向赋值也是可以的, 并不影响具体计算结果。上述程序中屏蔽的部分代码代表了这个含义。

4）通过对未备妥模式下 FB_ON 运行反馈信号的屏蔽，程序逻辑中设备未运行。然而后面补充的逻辑，通过对状态字的重新生成，又将实际的运行状态显示在画面和输出接口上。

5）实际运行中，如果设备在就地未备妥状态，上位机画面会显示 LOCK 状态，而如果就地模式运行，图标也会显示运行状态的绿色。

如果希望上位机画面更精确显示备妥状态，则需要在现有的状态字中挑选空闲的位，增加定义。比如程序中将 READY 值送到了状态字的 BIT4 中，则只需要修改上位机部分的画面，就可以实现这部分功能。本书中不再具体展开，读者可自行研究实现。

7.5　L2 示例：电机设备就地备妥 + 双驱动

前面两节功能需求的叠加其实恰恰是就地的动力柜设备中最常见到的双驱动需求。原本也可以在一个 L2 中集中实现，两部分的代码拼装在一起即可。

而如果使用模块化的架构，实现起来也很简单，只需要将上一节 MOTOR_3 中的 OO 设备类型由 MOTOR 改为 MOTOR_2DR，编译通过后就实现了。

我们就是通过这样一层套一层的多层嵌套的方式，实现了底层代码的重复使用，以及对新功能的增加。当然代价是，即便系统中并没有内层的设备类型的实例，仅仅有最外层的 L2 设备类型实例，也需要把内层的所有函数块都全部带在程序里。当系统足够复杂，使用的库函数类型足够多以后，库函数部分带的块的数量就会很多了。这时需要有好的文件夹管理机制，管理好这些库函数。

最后，需要特别注意的是，这种形式的电机应用，系统中如果有急停保护，急停时电路上也有安全继电器保护 DQ 点输出失效，那么电气设计时需要特别考虑，把 "QStopping" 分配到不被安全继电器保护的回路上。

7.6　L2 示例：电动推杆

最后介绍一种比较复杂的电机类型：电动推杆的库函数实现。

电动推杆是一种使用电力作为动力，实现直线往复运动的设备，如图 7-8 所示。可以认为其是正反转运转的电机设备，但比电机多了位置限位和超时保护。也可以认为是一个带双向位置反馈和超时保护的气缸，但比气缸又多了电气方面的保护功能。所以，可以以 MOTOR 块为基类扩展而来，也可以以 VALVE 块为基类，扩展其余功能。

图 7-8　电动推杆

这里演示以 MOTOR 块为基类的实现。结构体 UDT62_NM25 定义见表 7-4。

表 7-4　UDT62_NM25

标签名	数据类型	常量	注释
LOCK_1	Bit		开禁止
LOCK_2	Bit		关禁止
ERR_EXTERN	Bit		
AUT_ON_1	Bit		正转
AUT_ON_2	Bit		反转
FB_ON_1	Bit		正运行反馈
FB_ON_2	Bit		反运行反馈
LIM_1	Bit		正转限位
LIM_2	Bit		反转限位
MPSa	Bit		电机保护
MONT	FLOAT (Single Precision)		运行反馈超时
MAXT	FLOAT (Single Precision)		最大行程时间
OP_RESET	Bit		OP 复位
INSTANCE	STRING[32]		
QdwState	Double Word[Signed]		状态字
QRUN1	Bit		
QCMD_ON1	Bit		DQ1
QLIM_1	Bit		
QRUN2	Bit		
QCMD_ON2	Bit		DQ2
QLIM_2	Bit		
QMAN_AUT	Bit		

（续）

标签名	数据类型	常量	注释
QREMOTE	Bit		
QLOCK	Bit		
QERR	Bit		
QERR2_ 互锁	Bit		互锁 (不包含备妥)
QERR2_ 开限位失效	Bit		开限位失效
QERR2_ 关限位失效	Bit		关限位失效

程序块 NM25 的局部标签见表 7-5。

表 7-5　NM25 局部标签

类	标签名	数据类型
VAR_IN_OUT	UU	UDT62_N2M
VAR	TON1	TONN
VAR	TON2	TONN
VAR	OO1	MOTOR
VAR	OO2	MOTOR
VAR	QdwStatea	Bit(0..31)

程序本体如下：

```
;
(*// 开限位超时 *)
TON1(IN := OO1.UU.QRUN,
 PT :=UU.MAXT
);
IF OO2.UU.QRUN THEN
 UU.QERR2_ 开限位失效 := 0;
 UU.QLIM_1 := 0;
END_IF;
IF TON1.Q THEN
 UU.QLIM_1 := 1;
 UU.AUT_ON_1 := 0;
IF UU.MAXT > 0.0 THEN
 UU.QERR2_ 开限位失效 := 1;
ELSE
 ;
END_IF;
```

```
END_IF;
IF UU.LIM_1 THEN
 UU.AUT_ON_1 := 0;
 UU.QLIM_1 := 1;
END_IF;
IF UU.OP_RESET THEN
 UU.QERR2_ 开限位失效 := 0;
END_IF;
 OO1.UU.AUT_ON :=UU.AUT_ON_1;
(*// 关限位超时 *)
TON2(IN :=OO2.UU.QRUN,
 PT := UU. MAXT
);
IF OO1.UU.QRUN THEN
 UU.QERR2_ 关限位失效 := 0;
 UU.QLIM_2 := 0;
END_IF;
IF TON2.Q THEN
 UU.QLIM_2 := 1;
 UU.AUT_ON_2 := 0;
IF UU.MAXT > 0.0 THEN
 UU.QERR2_ 关限位失效 := 1;
ELSE
;
END_IF;
END_IF;
IF UU.LIM_2 THEN
 UU.AUT_ON_2 := 0;
 UU.QLIM_2 := 1;
END_IF;
IF UU.OP_RESET THEN
 UU.QERR2_ 关限位失效 := 0;
END_IF;
 OO2.UU.AUT_ON := UU. AUT_ON_2;
(* 正转开 *)
 OO1.UU.QMAN_AUT := 1;
 OO1.UU.LOCK := UU. LOCK_1;
 OO1.UU.ERR_EXTERN :=UU.ERR_EXTERN ORUU.QERR2_ 开限位失效 ;
 OO1.UU.FB_ON :=UU.FB_ON_1;
 OO1.UU.MPSa := UU. MPSa;
 OO1.UU.MON_T := UU. MONT;
 OO1();
```

171

```
(* 反转关 *)
 OO2.UU.QMAN_AUT := 1;
 OO2.UU.LOCK := UU. LOCK_2;
 OO2.UU.ERR_EXTERN :=UU.ERR_EXTERN OR UU.QERR2_关限位失效 ;
 OO2.UU.FB_ON :=UU.FB_ON_2;
 OO2.UU.MPSa :=UU.MPSa;
 OO2.UU.MON_T :=UU.MONT;
 OO2();
 UU.QdwState :=OO2.UU.QdwState;
 UU.QRUN1 :=OO1.UU.QRUN;
 UU.QRUN2 :=OO2.UU.QRUN;
 UU.QCMD_ON1 :=OO1.UU.QCMD_ON;
 UU.QCMD_ON2 :=OO2.UU.QCMD_ON;
 UU.QLOCK :=OO2.UU.QLOCK;
  UU.QERR :=OO1.UU.QERR OROO2.UU.QERR ORUU.QERR2_开限位失效 ORUU.
QERR2_关限位失效 ;
    (* *)
        QdwStatea[0]:=UU.QLIM_2;
        QdwStatea[1]:= OO1.UU.QRUN ;
        QdwStatea[2]:=UU.QLIM_1;
        QdwStatea[3]:= OO2.UU.QRUN;
        QdwStatea[4]:=FALSE ;
        QdwStatea[5]:=FALSE ;
        QdwStatea[6]:=FALSE ;
        QdwStatea[7]:=FALSE ;
        QdwStatea[8]:= OO1.UU.QMON;
        QdwStatea[9]:= OO1.UU.QMON_ERR;
        QdwStatea[10]:= OO1.UU.QFLOW_MON;
        QdwStatea[11]:= OO1.UU.QFLOW_ERR;
        QdwStatea[12]:= OO1.UU.QMPSa;
        QdwStatea[13]:=FALSE ;
        QdwStatea[14]:=FALSE ;
        QdwStatea[15]:=FALSE ;
        QdwStatea[16]:= UU.QMAN_AUT;
        QdwStatea[17]:= UU.QREMOTE;
        QdwStatea[18]:= OO1.UU.QSIM;
        QdwStatea[19]:=FALSE ;
        QdwStatea[20]:=FALSE ;
        QdwStatea[21]:=FALSE ;
        QdwStatea[22]:=FALSE ;
        QdwStatea[23]:=FALSE ;
        QdwStatea[24]:= UU.QERR;
```

QdwStatea[25]:= OO1.UU.QERR_EXT;

QdwStatea[26]:= UU.QLOCK;

QdwStatea[27]:= UU.LOCK_1 ORUU.LOCK_2;

QdwStatea[28]:=FALSE ;

QdwStatea[29]:=FALSE ;

QdwStatea[30]:=FALSE ;

QdwStatea[31]:=FALSE ;

UU.QdwState := BITARR_TO_DINT(QdwStatea[0], 32);

解读：

以两套电机实例分别代表正转和反转实现了功能。

重新定义了控制字和状态字，用于和上位机通信，上位机中全新设计了配套的面板和画面窗口控制功能。

为了兼容前面所述的时间参数格式为浮点数，新封装了一个 TONN 函数，其接口 PT 和 ET 均为浮点数。程序处理为

TON_1(IN:=IN ,PT:=DINT_TO_TIME(REAL_TO_DINT(1000.0 *PT)),Q:=Q);

ET:=0.001* DINT_TO_REAL(TIME_TO_DINT(TON_1.ET));

注意到部分变量名称夹杂了中文。我们认为一些特殊功能，只要系统平台可以支持中文，就完全可以使用。而没必要强行翻译到生僻的英文词汇。而程序来源于英文源码，导致出现中英文混杂的变量命名，也是可以接受的。

此程序块移植自西门子相似工程，未经完整功能测试。书中引用只是为了示范编程方法和技巧。

第 8 章

GX2 L3 工艺库函数实现

PLC 标准化编程架构烟台方法中对 L3 工艺设备的定义是，以 L1 或 L2 设备集合而成的工艺设备。其库函数与 L2 相比，不同之处在于 L3 的设备函数的引脚不包含物理 I/O 信号。所以 PLC 的 I/O 符号表的所有变量都只在 L1 或 L2 设备的实例化程序中出现，而绝不会在 L3 设备中出现。在系统位号表图中列出的所有设备类型也不会有 L3 类型，L3 设备类型只出现在 PLC 软件内部。所以可以称 L3 设备的实例化模块为自动模块。

而前面定义过的 L4 类型的工艺设备和 L3 的区别仅仅是子设备中是否包含 L3 设备，这种区别就不大了。因为即便一个现成的 L3 设备的工艺也有可能因为某一个下级设备被改造替换为 L3 设备，而理论上成为 L4 设备，所以 L3 和 L4 之间并没有严格的可界定的边界，所以后面提起 L3 设备，默认就包含了 L4，甚至 L5、L6，以及更高的层数。

现在有一个值得商榷的问题，请大家共同思考。

我们认为，设备库函数和上位机，比如 WinCC 的通信变量，本质上也是 I/O，那么对于每一个 L3 设备，是否需要，或者有资质和上位机 WinCC 直接通信并交换数据呢？

现在的情况是，都可以，而且各有利弊。

首先分析 L3 设备需要传到 HMI 的数据类型，通常不过是 4 种，即起动停止指令、运行报警状态、设定参数值、运行状态值。由于工艺设备通常比较复杂，有可能这些参数数量会比较多，甚至可能涉及需要配方管理。

如果它们需要直接与 WinCC 通信，那么就需要给 L3 设备设计这样的引脚，并设定为 HMI 可见。

然后 WinCC 中可以建立专用的设备管理模板窗口，用于这些指令和参数的输入。同时，由于参数数量太多，反而不方便在弹出式窗口中管理，加上工艺设备的实例数量并不会太多，大部分只有 1 ~ 2 个实例，所以有可能就直接平铺在画面上实现了。

而如果平铺在画面实现，反而不如使用现成的基础设备类型，比如工艺设备的起停操作，就是用 L2 的 MOTOR 块，等于是把一台工艺设备视作一个电机设备。这本来也是应当的。而带来的好处是，可以使用 L2 块原本的窗口功能，工艺层面的报警信息等也自然生成了，不需要在每个 L3 工艺块中另外花精力去做了。

模拟量参数的设定值、运行值等也借用现成的库函数通道实现，操作修改记录、历史数据趋势图等功能也都自然包含了。这样更有利于模块化的开发，开发成果更有利于重复使用，工艺设备中可以更集中精力于工艺逻辑本身。

烟台方法做各品牌标准化项目的过程中，开始时实现的方法是 L3 设备直接与 WinCC 通信的方法，然而在后期维护升级中，就发现了一些缺陷。不如采用 L3 设备借助 L2 块的接口与 WinCC 通信的方法更有利于完善各种功能。

当然，由于一个项目中 L3 设备类型的数量通常很少，即便不能进行模块化的改进，工作量也不是很大。所以总的来说区别并不大，读者可以在实践中体会这两种方式的区别，我们并不限定只许用其中的某一个。本章所举的例子，两种模式都会用到。

8.1　公用设备：电机

我们在讲解工艺设备的划分方法时，提到过公用设备的概念。凡是同时服务于两套（及更多）工艺设备的设备，都可以称之为公用设备。

然而，不同公用设备的应用机制还不同。比如，一台给多个工艺模块给料的给料电机，对于多个工艺模块组成的工艺设备，虽然它们是公用的，然而它们的使用时间没有交集。同一时刻，只可能有 1 个工艺设备的实例发出请求运行的指令。而停止指令也一定来自这个工艺设备完成了工艺需求之后。这种情况下，根本不需要特殊处理。每个工艺设备各自的逻辑调度这个公用设备即可。只不过需要注意各自都要用 S/R 指令来起动和停止设备，而不要使用直接线圈输出。因为那样会造成与普通的 LAD 编程同样的双线圈效果，会导致排在前面的实例指令失效。

然而，有一些场合的公用设备存在公用设备同时刻共同使用的可能。比如，为两个或多个反应釜同时提供补水功能的水泵。任何一个反应釜液位条件达到需要补水时，打开自身专属的补水阀，同时向补水泵发出起动请求。而在补水期间，如果又有其他反应釜需要补水，那只需要打开补水阀即可。然而当所有反应釜都补水完成时，需要将泵停止。这在传统控制逻辑中是一个简单的"或"逻辑。

这就需要公用设备有能力管理这种简单的"或"逻辑。

我们曾经设想过把所有 L1 设备类型都添加上公用功能，这样在系统中可以随时使用。然而后来发现，这个功能其实不简单，甚至为实现这个功能，调试过程都耗费了很长时间。而其实系统中真正的公用设备又很少，就不值得了。

我们曾经也以为它应当属于一个 L2 设备，但后来分析发现，如果要做出 L2 设备，就要在整理设备类型、统计数量时特别标注。而从电气回路来说，一台公用的电机和一台无公用属性需求的电机并没有什么区别，并且也不见得公用电机就一定功率大、更复杂。所以如果把它划分为 L2 设备会影响前期的系统设备统计，受到工艺原理的影响，会经常出错。

所以，认定它其实更应该属于一台 L3 工艺设备，一台最简单的只包含了一台 L1 子设备的工艺设备。

一旦把需求确定之后，实现就容易了。当然具体实现的方法有很多。这里只是提出作者个人的一些思路：

首先，使用方（L4X 自动工艺逻辑）调用公用电机起停时，不能再只是简单的起动停止，而是包含使用方的唯一身份 ID，以及另外一些身份标注信息。所以，建立了一个"IDinfo"的 UDT，见表 8-1。

表 8-1　IDinfo

标签名	数据类型	注释
ID	Word[Signed]	使用方编号不可重复
加 1	Bit	
减 1	Bit	
减到 0	Bit	必须当下立即停止
Instance	STRING[32]	使用方的实例名
Comment	STRING[32]	备注信息

（1）ID

用作身份识别的 ID，需要确保是唯一不重复的。最简单方法是，使用方 L4X 的输入侧加个 ID，直接在实例化时输入不重复的数字也可以。

（2）加 1

因为设备公用化之后，就不再是简单的起停，使用方收到指令后需要计数并记录，最终判断需要使用的使用方数量大于某个数值，则设备运行。

同时，为避免单个使用方连续发出起动指令，而导致数量虚增，对每一个加 1 指令，需要核实有没有在记录中。

（3）减 1

同样，原本的停止指令也不再是确定停止，只是计数减 1。然而，同样也需要核查记录中是否存在使用方的 ID，只有存在，才清除其记录。

（4）减到 0

这里才是真正的停止指令，根据工艺的需求，某些特定情况下，需要设备立即停止，而不再满足其他使用方的需求，强制清空所有记录列表，停止设备（根据需要，其他使用方有可能需要产生错误报警提示）。

（5）Instance 和 Comment

记录了使用方的文字信息，调试时可以查看。如果运行时还需要监控，则可以再增加 HMI 功能，传送到 HMI。

由此，最终建立的公用电机的库函数的接口，见表 8-2。

表 8-2　公用电机局部标签

类	标签名	数据类型
VAR_INPUT	L34_IDinfo	IDINFO
VAR_IN_OUT	L34_MOTOR	UDT01_MOTOR
VAR_IN_OUT	OO_MOTOR	UDT01_MOTOR

这里是 L34_IDinfo 和 L34_MOTOR 两个引脚组合作为公用电机类型的接口。其中用 IDinfo 取代了原有的 AUTO_ON 引脚。所以，正常的做法也可以在 IDINFO 数据类型中直接加入原本的 MOTOR 数据结构中除了 AUTO_NO 之外的所有引脚。而更理想的做法是，如果软件系统支持 UDT 嵌套的话，则应当直接把 IDINFO 作为新接口的一个成员，以替代 AUTO_ON 即可。

如此改进之后，使用方原本的直接操作 AUTO_ON 引脚，变为每次在发出起动或停止需求之前，需要先整理合成 IDinfo 信息，送到公用设备的引脚之后，以实现对公用设备的起停调度。

具体的使用方法如下：

首先对一个 L1 电机设备按照平常的方式实例化：

NM1501(UU:= ?UDT01_MOTOR?);

其次做一个 L3 公用实例：

L34_NM1501(L34_IDinfo:= ?IDINFO? ,L34_MOTOR:= ?UDT01_MOTOR? ,OO_MOTOR:= ?UDT01_MOTOR?);

具体 L1 设备实例化过程中对 UU 接口的赋值方法在下一章中会具体讨论，这里暂时留空：

NM1501( );

L3 实例的自身接口部分也留空，而基类的 OO 接口指定其对应的 L1 设备的接口：

L34_NM1501(OO_MOTOR:=NM1501.UU);

那么，调用公用设备的使用方，假设有多个在达到起动条件或停止条件时的逻辑分别如下：

调用 1：

IF 调用 1_ 公用起动条件 THEN
  L34_NM1501.L34_IDinfo.ID:= 调用 1_ID;
  L34_NM1501.L34_IDinfo. 加 1:=TRUE;
  L34_NM1501.L34_MOTOR.QMAN_AUT:=TRUE;
END_IF;
IF 调用 1_ 公用停止条件 THEN
  L34_NM1501.L34_IDinfo.ID:= 调用 1_ID;
  L34_NM1501.L34_IDinfo. 减 1:=FALSE;
  L34_NM1501.L34_MOTOR.QMAN_AUT:=TRUE;
END_IF;

调用 n：

IF 调用 n_ 公用起动条件 THEN
L34_NM1501.L34_IDinfo.ID:= 调用 n_ID;
L34_NM1501.L34_IDinfo. 加 1:=TRUE;
L34_NM1501.L34_MOTOR.QMAN_AUT:=TRUE;
END_IF;
IF 调用 n_ 公用停止条件 THEN
L34_NM1501.L34_IDinfo.ID:= 调用 n_ID;
L34_NM1501.L34_IDinfo. 减 1:=FALSE;
L34_NM1501.L34_MOTOR.QMAN_AUT:=TRUE;
END_IF;

逻辑完全相同，全部不需要顾虑除了自己之外的其他使用方的运行状态以及对公用设备的调度情况，所以各自可以实现独立的模块化。事实上，上述的代码只需要做在 FB 中，把前面的实例名前缀去掉后，就已经是完整的调用代码了。

注意，我们在定义 IDinfo 信息时，使用了中文，即这个 UDT 的成员名称包含中文。到了工艺层面以后，各种指令状态描述开始复杂起来，如果使用英文，需要的词汇量激增，对于工控行业的许多工程师，会成为一种负担。

我们的观点是，只要软件环境允许，可以使用中文，不必特意为了使用英文，而创造一些蹩脚的无人能看得懂的英文词汇。

本节介绍的公用电机的实现方法，因为在公用设备内部，对使用方的情况了如指掌，哪一台请求了起动，哪一台请求了减少，都清清楚楚，所以可以实现非常完备的逻辑控制。比如，如果公用设备是变频可调节出力，而工艺逻辑要求根据使用方的需要，动态调整出力大小，都可以在上述的逻辑中加以完善并实现。

然而，大量的应用中，对使用方的数量并没有严谨要求，而只是简单的"或"逻辑，只要有一个需要起动即起动公用服务，而只要使用方都未请求起动，则停止，那么会有下一节介绍的简化应用方法。

8.2　公用设备：电机（简化应用）

为举例简单应用情况，当然可以以普通电机模块实现，然而这里以上述的MOTOR3 举例，方法都是一样的，也可以互换。

接口见表 8-3。

表 8-3　公用电机局部标签

类	标签名	数据类型
VAR_IN_OUT	UU	UDT21_MOTOR3
VAR_IN_OUT	OO	UDT21_MOTOR3

其中 OO 用于对接 L2 电机设备实例，而 UU 用于本公用设备对外部的接口。程序本体如下：

```
OO.AUT_ON:=UU.AUT_ON;
OO.LOCK:=UU.LOCK;
OO.QMAN_AUT:=UU.QMAN_AUT;
UU.AUT_ON:=FALSE;
UU.LOCK:=FALSE;
UU.QMAN_AUT:=FALSE;
```

（1）简单描述

接口来的指令除了直接送给 L2 设备实例之外，还在其后立即做了复位。不仅包括起动指令 AUT_ON，还包括互锁指令 LOCK 以及自动模式切换 QMAN_AUT。

（2）实例化过程

```
NM3001( );
L35_NM3001(OO:=NM3001.UU );
```

对公用实例 L35 的 UU 接口，同样留空，以待使用方发送指令：

```
IF 调用 1_ 公用起动条件 AND NOT 调用 1_ 公用停止条件 THEN
L35_NM3001.UU.AUT_ON:=TRUE;
```

END_IF;

而多个调用实例后，调用 n，也同样为

IF 调用 n_ 公用起动条件 AND NOT 调用 n_ 公用停止条件 THEN
  L35_NM3001.UU.AUT_ON:=TRUE;
END_IF;

注意，这里的调用格式必须为 IF THEN 逻辑，即便起动条件满足即发出指令要求公用设备运行，不满足时只要不发出指令，功能块自身将指令复位后，即相当于收回指令，所以不可以是直接赋值的方式：

L35_NM3001.UU.AUT_ON: = 调用 n_ 公用起动条件；// 禁止的用法！

必须是：

IF 调用 n_ 公用起动条件 THEN
L35_NM3001.UU.AUT_ON:=TRUE;
END_IF;

因为当所有调用者的起动条件都不满足后，L35 模块内自然会对 AUT_ON 指令复位。所以每个调用实例只需要发出起动指令即可。

上述两种逻辑在梯形图 LAD 语言中分别相当于线圈和置位 SET 指令。而如果使用上述禁止的用法的话，在多个调用实例的情况下，就会造成双线圈错误。

双线圈错误，对 PLC 编程是一个禁区，然而一些看起来貌似双线圈的程序，只要准确读懂逻辑，其实并不存在双线圈错误，反而会是比较简练优秀的程序。

作者本人针对双线圈方面的问题，发表过多篇文章，并将那些貌似双线圈的逻辑做法，实则程序没有错误可以正确运行的逻辑方法，命名为万线圈技术。为加深理解，部分文章摘录附在 8.13 节中。

公用设备简化实现方法非常依赖于对万线圈技术的驾驭能力，所以应当倍加小心，设计过程中需要跨越整个系统，通盘思考逻辑缜密性。否则当程序运行出现未预知的结果后，调试查找原因会异常困难。所以对万线圈技术的理解和驾驭能力，需要作为一种基本功来储备。

除了上述的容易发生双线圈错误之外，公用设备简化方法还有一个致命的问题，即所有调用和实例都必须在同一个循环任务周期内调用。如果跨越多个任务，尤其是中断任务，就可能会出现预期之外的运行结果。这也可以通过另外的方法避免和解决，读者可自行理解研究实现。

8.3 公用设备：急停按钮

为保护人身和设备安全，在控制系统中经常需要有急停功能，急停按钮按下，所有动力设备停止运行。很多时候这种急停功能通过电气回路已经将设备输出切断。然而在软件中，也仍然需要加以停止，而不能任由控制系统运转状态和设备实际状态产生背离。甚至有一些不规范的设计，电气回路并没有做急停保护，只是在软件逻辑中实现，也是不提倡的。

对于电机设备，通常通过所谓外部故障引脚 ERR_EXTERN 收到急停故障信号。所以通常的方式只需要把急停信号的 DI 信号直接或者取反后接到引脚上。

然而，这非常不简洁，也违反了我们标准化的准则，一个 DI 信号会被程序中所有设备实例都引用。而如果个别的设备实例化的程序中因为疏忽原因，忘记绑定或者绑定的 DI 信号点位错误，都会导致重大事故风险。

我们讲所有 I/O 都属于且只属于一台设备，那么本质上来说，急停按钮是一个单独的 DI 设备，而不是属于某台电机设备。

可以把一个代表急停的 DI 设备实例增加到每个电机设备的 INOUT 引脚，我们在工程应用中很长时间也是这么做的。然而逐渐发现其实这也很不方便，不够简练。比如，在并不需要急停，且没有急停按钮的系统中，标准电机块的急停引脚反而因为没有实参而报错。

现在我们给出的方法是，把急停信号的实例化做到一个函数 FC_ESTOP 中，通过 OUT 信号输出状态。电机块的逻辑中调用这个 FC，得到了急停的状态。而每个实例均调用读为其输出参考值，则全部得到了急停状态，如图 8-1 所示。

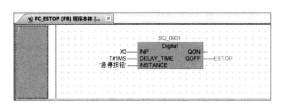

图 8-1　FC_ESTOP

在全局标签中，为这个 FB 生成一个实例 FC_ESTOP_1，然后在每个需要急停信号的 L1 设备块或再封装的各种设备块任意一层，最前面加入对急停 FC 的调用：

如果是 ST 语言，则插入：

FC_ESTOP_1(ESTOP:=UU.ERR_EXTERN);

即完成了对公用急停信号的处理。

这里的实现，与前面章节讲解的手动设备的实例化不同，即把特殊的公用急停按钮的实例另外移开了位置。而在实际应用中，随着调用急停按钮的设备的数量增多，其实在同一个循环任务周期内，SQ_0001 这个实例的 FB 被调用了多次。对系统的运行负载稍微有所增加。如果在意这个增加，可以在这里只是读取实例 SQ_0001 的 QOFF 值到 ESTOP，而不调用 FB。FB 仍然在原程序架构中调用实例。

这样同时却引出了另一个问题：如果一个系统中，有多个急停网络怎么办？

比如一套 CPU，其实是带了 2 台或多台完全独立的设备工位，电气回路是互相隔离的，仅仅是 CPU 的计算能力公用，扩展能力公用。很显然，为每套系统单独设计库函数底层块是不可以接受的。解决的方法是在上面的 FC_ESTOP 中完成。通过分成不同的安全厂区分区，调用不同的分区的急停信号来实现。使用相同的方法，可以实现其他具有类似的全局公用功能的设备，比如中央集中声光报警等。

我们在讲解高内聚、低耦合时，明确了要把程序中耦合与内聚尽量分开的原则。这里同样贯彻了这一点。而不同之处是，这里的耦合环节，在内层；而内聚环节，在其外层。所以最终，我们标准化的程序结构由内而外，实现的顺序是，内聚—耦合—内聚—耦合，呈现出一个多样复杂的形态，从而实现各种足够复杂的需求。团队负责不同工作内容的成员，根据自己的定位处理完成自己负责的工作。简单说就是，内聚部分的功能由开发人员完成，可以简单复制到不同项目中，而不需要修改和调试。而耦合部分的功能，由具体项目的设计人员根据项目不同来完成。比如上述的报警按钮的 DI 通道地址，反而是需要在程序调用比较内层的耦合模块中完成。

由此，也可以对项目的程序块进行简单分组，标明需要随项目修改（耦合）和不需要随项目修改（内聚），归属于不同的文件夹。同样的设计思想，可以参考作者文章《［万泉河］工业控制系统中的 Tik-Tok》。

8.4　公用设备：中央声光报警系统

中央声光报警系统在 20 年前的控制设备中非常常见，几乎每台自动化设备、每套系统都有。后来 HMI 和上位机比较普及了，也就不再是必备了，现在仅在一些特殊行业的非标设备中偶尔需要用到，通常以多色灯柱的形式，即控制系统输出 2 个或多个 DQ 点，驱动一个声音 + 指示灯或多个指示灯的灯柱。

功能逻辑：当系统中有新发生的报警时，除了指示灯亮起之外，还有声音报警的警笛响起。同时系统中有确认按钮，当人工按下 ACK 或者 RESET 按钮之后，声音停止输出，而指示灯继续点亮，直到这个故障完全消失，然后指示灯灭。因为声音报警通常比较吵闹，而操作人员有可能第一时间会去处理线上的故障，没时间来控制柜按 ACK 按钮，所以还可以设置延时时间，时间到后自动确认，声音停止，但指示灯可以保持闪烁，直到故障消除后，指示灯熄灭。所以，简单地说，对系统的所有报警信息的判断是有报警或有新报警，分别对应的是指示灯和警笛，即为中央声光报警系统。

通常的解决方法是，取系统中所有的故障点的故障信号，整理到一个大的数据区中，然后对这个数据区进行判断比较，得出有新报警和有报警的状态，输出到声光报警器。

然而，在标准化框架下，找不到一个合理的读取系统所有故障点，整理报警数据区的环节，所以，这是标准化设计方法的痛点。以至于我们在设计控制系统时，都尽量不用声光报警，或者把声光报警功能直接设计在 WinCC 上位机上。

这里面有一段长达十多年的故事，详见 8.13 节的《[万泉河]如何优雅地点亮系统中央声光报警》。读者可参考文章中的方法，然后用同样的思想移植到三菱平台。

本节只对功能做简单介绍。

那篇文章中提出的解决方法设计了一个专用的 FB：HA2，见表 8-4。

表 8-4　HA2 局部标签

类	标签名	数据类型	注释
VAR_INPUT	SIG	Bit	
VAR_INPUT	ACK1	Bit	报警确认 1
VAR_INPUT	APP	Word[Signed]	0- 实例化 ;1- 应用
VAR_INPUT	ACK2	Bit	报警确认 2
VAR_OUTPUT	Q1_SOUND	Bit	声音报警
VAR_OUTPUT	Q2_LIGHT	Bit	灯光报警

HA2 中有一个 APP 引脚，在程序调用建立实例化时，设定 APP=0，然后把声光的输出点绑定。而在实际使用时，APP=1，但不需要绑定 Q 点了。

特别重要的一点是，不管是实例化，还是使用中，实例是同一个。所以，在实际使用中，只要有报警信号发生，需要触发中央报警时，就把块的调用复制过来，触发一次。

系统中所有设备类型的设备库函数均加入 HA2 报警功能，则可以实现无遗漏地报警所有系统故障。

具体的实现可以参考 8.3 节的急停信号的处理方法。甚至，急停与声光报警的安全区域大多数情况下是完全重叠的，那么也可以用同一个块逻辑来实现，即把两者作为一个整体的设备对象来对待。

8.5　设备的联锁功能

我们在讲解 BST 基本设备库函数时，提到过控制系统中通常需要设备间有联锁功能。某些设备在特定状态条件下，另外一些设备需要禁止运行，以保护设备和人身安全。BST 库函数的每个设备类型都有 LOCK 这个输入引脚。

联锁功能的本质是一种自动逻辑，所以可以在工艺设备的自动逻辑模块中实现。然而，它又比自动逻辑的适用范围更广。不仅在系统自动状态下适用，而且在手动状态下，人工起动设备也要满足相应的联锁条件，以保护设备和安全。所以，联锁功能是在手动状态下也生效的一种自动逻辑。即便设备的自动功能还没调试完成，也需要联锁功能完备，保护人工手动操作系统时的安全。所以，可以为相应的设备组设计单独的联锁功能工艺块，提前调试，提前投入保护。然而也可以在自动功能完成之后，在自动逻辑中完善联锁功能。大部分互相有联锁需求的设备，工艺上通常也会属于同一个工艺设备单元。

现在假设有几个互相联锁的设备，比如从上而下的三条输煤皮带的电机 #1、#2、#3，为了防止堵料，下层皮带未开启时，联锁锁定其上层的皮带，禁止起动，即 #3 联锁 #2，#2 联锁 #1。建立 FB，接口为 3 个相应设备类型的电机，见表 8-5。

表 8-5　电机联锁局部标签

类	标签名	数据类型
VAR_IN_OUT	电机 #1	UDT21_MOTOR3
VAR_IN_OUT	电机 #2	UDT21_MOTOR3
VAR_IN_OUT	电机 #3	UDT21_MOTOR3

逻辑部分很简单，如图 8-2 所示。

图 8-2　联锁逻辑梯形图

然后在 OB1 框架内调用它，并实例化，实参绑定相应的设备实例就实现了设备互锁保护的自动逻辑。如果系统中同样的联锁功能有多个，则可以重复调用多个实例，分别绑定不同的实参设备组。

8.6 设备的连起功能

与 8.5 节的联锁功能类似，系统中通常还有一些设备互相之间有连起功能的需求。有一些比较重要的辅助设备，当主设备运行时，需要其自动运行，这不属于自动逻辑，即便在手动模式下，人工操作起动了主设备，也要求辅助设备联锁起动。同时，这也简化了自动工艺设备逻辑的复杂程度。把辅助设备的连起功能完善之后，在设计自动逻辑时，就完全可以不再关心它了。

一个简单的例子是大功率的变频电机，其冷却风扇是单独控制的。很多时候，电气回路为了设计标准化，就不会特意做硬线逻辑保护，那么控制上，冷却风扇作为一个普通电机类型的对象，就需要跟随变频器主设备连起运行，见表 8-6。

表 8-6　连起局部标签

类	标签名	数据类型
VAR_IN_OUT	电机	UDT22_SFM
VAR_IN_OUT	冷却风扇	UDT01_MOTOR

对冷却风扇来说，需要长期处在自动状态，而变频器的运行状态需要联动驱动风扇电机运行的自动运行指令。所以，冷却风扇作为一个完整的 L1 设备，虽然有完整的 HMI 通信接口，但其实并不需要在 HMI 出现。

程序中需要的功能包括：

1）切换风扇电机到自动状态。

2）主电机运行的同时发出指令驱动风扇自动运行。

3）在主电机运行后延时判断风扇如果未在运行状态，对主电机发出外部故障信号，禁止其运行。

风扇对主电机的故障信号必须有一定的延时，否则在开始时，故障状态一直发生，主电机就永远开不起来了。

8.7　多路可操作员控制的可视化联锁功能

有一些设备的联锁条件不止一个，而且有的系统还需要在设备运行期间由操作员来临时操作决定每一个互锁条件是否激活。这本质上是 1 个 L1 层的库函数，通常只在特定行业中用到，所以前面章节并没有提及，即便西门子 Portal 版本的 BST 库中也未包含。而只是在早期的 STEP 7 V5.5 版本的 BST V2.3 中提供了一个 BST_ILOCK (FB651) 的库函数，有较为全面的功能，如图 8-3 所示。

库函数提供了 8 个引脚，运行中在 WinCC 界面上可以直观看到每一路的通断情况，并可以设置与、或逻辑，并激活与禁止任何一路。每一路还有文字描述。如果有读者的项目需要用到，可自行找到并升级到三菱环境来使用。

对于旧版的 FB651，文本信息未在 PLC 程序中，而是通过在 CFC 组态时输入的，移植后可以直接在 PLC 中处理，甚至可以编程自动从相关的设备中提取其文字信息，用于自动在 WinCC 中显示，自动程度会比原来有所提升。而

WinCC 的面板窗口可以沿用。有了这个库函数之后，对于多路触发的联锁功能，就可以在联锁工艺功能块中加入此库函数的调用，并实现需要的功能。

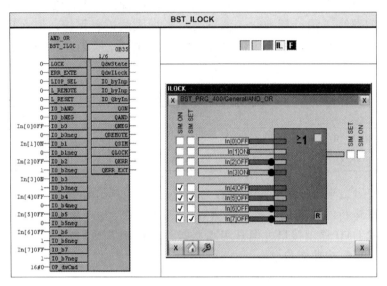

图 8-3　BST_ILOCK (FB651)

8.8　两台电机一用一备

在一些行业，主要是过程工业中，对于一些重要工艺环节的重要设备，会规划部署同样规格的一用一备两台设备。生产过程中，只有一台运行，而当运行的设备发生故障时，会自动切换起动备用的设备，以确保生产过程不被中断。可以将这样的两台（甚至更多）设备的编组，当作一套设备来处理。那么，在标准化架构中，这个组合应该算作一套 L3 设备。

这个类型的 L3 设备应该具有的逻辑功能是，正在运行的设备发生非正常停止时，另一台设备要自动连起。而正常操作或工艺控制的停止则不在连起条件内。

需要把两台设备映射为一台单独的设备，即如果工艺决定取消或增加一用一备功能时，主控制工艺逻辑不应该受到影响。

上述逻辑中尤其最后一条最重要。将一套一用一备甚至一用多备、多用多备的设备映射为一台独立运行的设备之后，工艺系统主逻辑会大大简化。主逻辑中不再需要分心为哪台主哪台备用而做各种逻辑条件和保护，即便两台的备用功能发生故障，在主工艺设备看来只不过相当于一台普通设备发生故障而已，按照工艺设定规则进行处理即可。

这样的架构思想才是真正的模块化。一台电机的使用和一用一备两台电机的使用完全模块化,可以互换。

另外更进一步还可以制定设备之间的轮动自动切换规则,以提高设备安全性和可用性。这只需要在 L3 库函数内部实现,实现后可以通用于所有同类型设备。

由此,建立 FB,接口定义见表 8-7。

表 8-7　一用一备电机局部标签

类	标签名	数据类型
VAR_IN_OUT	MOTOR	UDT21_MOTOR3
VAR_IN_OUT	MOTOR_A	UDT21_MOTOR3
VAR_IN_OUT	MOTOR_B	UDT21_MOTOR3

其中 MOTOR_A 和 MOTOR_B 对应一用一备的两台电机,而 MOTOR 则为模式化的电机模型,可以接受外部的控制指令,并将运行状态模拟为一台电机显示输出。具体的内部逻辑则比较简单,根据个人习惯,选择梯形图、结构化文本语言或者其他语言都可以实现。这里总结逻辑需求如下:

- 判断两台电机的状态为备妥可用状态,至少需要一台可用,对外才表达为备妥可用。
- 如果只有一台可用,起动指令到来时起动这台电机。
- 如果两台均可用,起动上次未工作的电机(或寿命损耗较少的那台)。
- 将正在运行的那台电机的运行反馈作为反馈信号。
- 将前面正在运行的那台电机的故障作为故障信号。
- 外部来的 LOCK 信号同时将两台设备均锁定禁止运行。

本书的特点是大部分情况下只讲解编程实现的原理和方法,对具体的编程语言则不做任何约定和要求,当然也并不会具体讲解编程语言中语法或者函数的使用。除了因为采用了现成的库函数,对其修改改进时需要沿用其原有编程语言之外,对于自己完全从头编写的程序块,则可以根据习惯和兴趣爱好来选择。

8.9　一用一备电机设备公用

作为服务于多个工艺段的公用设备,必然非常重要。所以对其可用性要求就必然很高。工艺设计中就有极大的概率设计为一用一备。比如地下停车场排出废气的排风机,通常是负载多个单元,其中任何一个单元检测到 CO_2 浓度超标,都会触发排风机开启。而如果因为排风机故障不能及时运行,则会发生严重的人身安全事故。所以，可以把排风机设计为一用一备，甚至多台互相备用。

本节把这个需求单独提出来，其实只是为了展示模块化设计的魅力。因为实际设计中，几乎不需要专门为此做设计。只需要把前述的电机设备公用和一用一备功能模块分别做好，在应用中，公用设备的实例接口绑定一用一备设备实例的电机模型 MOTOR 的接口 UDT 数据即可。

8.10　设备的自动功能实现 1

假设还是前述联锁功能举例的 3 个皮带电机，需要成套后操作顺序起停。那么除了互锁逻辑外，还需要增加起动逻辑。

按照互锁和自动功能的关系，通常情况下，两套工艺所针对的设备对象是基本相同的，即互锁关系通常只发生在有自动逻辑需求的设备之间。那么理论上讲，完全可以在前述互锁逻辑块基础上增加自动逻辑，实现自动功能。

然而，通常设备的互锁关系不仅发生在自动模式，而且在设备手动模式也有效。即便在手动模式，下游的设备未起动的情况下，也需要禁止上游设备起动，以避免人工误操作引发生产事故。

所以，从程序调试的角度，当手动程序下载完成后，在自动逻辑投运之前，其互锁保护就应该生效。而且不应该随自动逻辑的修改失效而发生意外事故。所以，建议这两部分的逻辑应该分在不同的 FB 库函数中各自实现。除非程序逻辑已经调试成熟，可以在之后进行合并。

将上述 L30_LOCK 模块复制另一个副本" L401_ 皮带电机群控"，并对新的 FB 增加起动指令的输入引脚，用于接收自动起动指令，见表 8-8。

表 8-8　自动 1 局部标签

类	标签名	数据类型
VAR_IN_OUT	起动	Bit
VAR_IN_OUT	电机 #1	UDT21_MOTOR3
VAR_IN_OUT	电机 #2	UDT21_MOTOR3
VAR_IN_OUT	电机 #3	UDT21_MOTOR3

起动的逻辑如下：
- 起动指令上升沿，切换辖区所有设备到自动模式。
- 起动指令上升沿，起动电机 #1，延时。
- 延时后起动 #2，再延时起动 #3。
- 保持运行。
- 起动指令下降沿，按 #3、#2、#1 的顺序逐个停止。

● 各台设备切回手动模式。

库函数在 OB1 中调用产生的实例数据传送到 WinCC 后，WinCC 制作画面窗口，操作起动变量 1 或 0，即可起动 / 停止整套设备的群控功能。

8.11　设备的自动功能实现 2

还可以把成套的设备视作一台完全封装的电机设备，以起停电机设备的模式来起停整个机组。

L401 的接口起动改为 MOTOR，数据类型为电机的 UDT，见表 8-9。

表 8-9　自动 2 局部标签

类	标签名	数据类型
VAR_IN_OUT	MOTOR	UDT21_MOTOR3
VAR_IN_OUT	电机 #1	UDT21_MOTOR3
VAR_IN_OUT	电机 #2	UDT21_MOTOR3
VAR_IN_OUT	电机 #3	UDT21_MOTOR3

逻辑中通过 MOTOR 对象的 QRUN 来起动后面的工艺流程。电机对象的数据传到 WinCC，可以以电机设备的模式操作起停整套系统。而且它还有完备的手动 / 自动切换功能、联锁功能、报警功能等。如果需要，都可以直接使用。更进一步，假设更高一层，这样的整套设备还有 3 套，还需要群控功能，则建立一个 FB L401_ 多台皮带电机群控，见表 8-10。

表 8-10　自动 L4 局部标签

类	标签名	数据类型
VAR_IN_OUT	MOTOR	UDT21_MOTOR3
VAR_IN_OUT	机组 #1	UDT21_MOTOR3
VAR_IN_OUT	机组 #2	UDT21_MOTOR3
VAR_IN_OUT	机组 #3	UDT21_MOTOR3

这里机组 #1、机组 #2、机组 #3 的类型仍然为 MOTOR，绑定的实参即为机组生成时的 MOTOR 引脚的数据。即标签名其实可以仍然为电机，而如果工艺逻辑要求接近的话，后面的 L411 甚至都不需要再设计，直接借用前一个 L401 即可。

假设有一个 100 台皮带电机串联应用的项目，用一个 FB 直接管理 100 台电机显然比较繁琐。那么其实可以分层管理，分成 10 组，每组 10 台，在最高层级，再把 10 组集中调度。在理想情况下，可以对一个类似的 L401 调用 11 次，即实现了所有 100 台皮带电机的控制。

8.12 更多自动功能需求

在前面各节基础上，可以实现更复杂的功能，比如：

● 群控机组中的某一台设备为公用设备，需要同时服务于多个机组实例。

● 公用设备一用一备或一用多备或多用多备。

● 完善安全保护功能。

● 中央声光报警。

● 在阀门、AI 等功能块完备之后，加入阀门动作和物理模拟量条件。

● 某一台设备电机由普通电机升级为变频器控制电机，继而基于物理量反馈的 PID 控制。

读者可以根据自己以往工作中遇到的应用需求，自由发挥，增加功能，并实现。然后就会发现，这已经逐渐接近一个真实的自动化项目了。掌握所有上述技能方法后，就可以锻炼用标准化烟台方法设计自己的项目了。

8.13 相关参考文章

标准化架构的方法，首先是一种技能。而这些技能需要的是大量的对底层基本理论的认知。然而长期以来，PLC 行业的理论知识只是见于 PLC 厂家的产品资料中，而作为厂家，他们的主要目的在于其自身产品的应用方法，对于普遍性、原理性的知识通常关注不足。然而这些知识和技能又非常重要。读者如果单凭前面介绍的具体技能方法就很难读懂，所以将近几年发表过的以故事形式为载体的相关技术文章列于书中，供读者参考。

这些文章在撰写时，大多是基于西门子 PLC 的。然而这些理论又是通用于所有 PLC 品牌的，是跨品牌跨平台的通用知识。所以尽管原文中一些专用词汇和附图很多都是西门子环境平台的，引用到本书并没有特别修改到三菱平台，需要读者自行理解领会。

8.13.1 ［万泉河］双线圈（1）

双线圈问题是 PLC 行业独有的问题。如果把这个名词讲给没有接触过 PLC 的 IT 程序员，对方一定不知所云。所以，可以算作是 PLC 工程师相比 IT 工程师掌握的为数不多的行业门槛。但也有很多人提及双线圈就谈虎色变，对程序中有可能出现双线圈忧心忡忡。而有一些品牌如三菱的编程软件，在编译过程中会频繁出现双线圈警告，无疑在同行中也加深了这种忧虑。

双线圈问题的描述是基于梯形图语言的，即在整个 PLC 的程序范围内，对同一个 Q 点的输出线圈指令只能有一次，不要超过两次。如果超过两次，程序就很有可能出现错误。因为两次线圈指令中的某一次会无效。

线圈指令的本质是赋值。如果程序中有连续两次赋值：

```
Q:=1;
Q:=0;
```

则最终执行的结果是 0，前面的 1 的赋值部分被冲掉了。所以，除非有意这样写程序，否则检查中发现这样的语句，就需要小心一点，有可能有错误。

我们这里讲线圈的本质是赋值，但反过来却未必成立。赋值指令却未必是线圈指令，因为还有置位（S）/ 复位（R）指令。S/R 指令的本质是条件赋值。

所以，线圈指令的本质其实是无条件赋值。警惕双线圈其实是要警惕两次以上的无条件赋值。比如

```
Q:=I0;
```

这是赋值。而如果用 S/R 指令写，其实是 IF/THEN 的条件判断，以文本表达为

```
IF I0=TRUE THEN
    Q:=TRUE;
ELSE
    Q:=FALSE;
END_IF;
```

上述两种程序写法是完全等效的，效果完全一样。然而如果遇到两次需要写操作的场合，而且两次写操作不能合并，只能分在两个不同的位置。前一种：

```
Q:=I1;
……
Q:=I2;
```

程序是有错误，而且无法解决。而后一种则可以各自增加上升沿、下降沿的判断，最终分别实现

```
IF I1=TRUE AND I1_SAVE=FALSE THEN
    Q:=TRUE;
IF I1=FALSE AND I1_SAVE= TRUE THEN
    Q:=FALSE;
I1_SAVE:=I1;
……
IF I2=TRUE AND I2_SAVE=FALSE THEN
```

```
        Q:=TRUE;
IF I2=FALSE AND I2_SAVE= TRUE THEN
        Q:=FALSE;
I2_SAVE:=I2;
```

这样的程序大致实现了 I1 和 I2 分别为 TRUE 时，都可以点亮 Q。而不必非要把程序逻辑拼在一个段落中，用 OR 语句来实现。

注意，这里的逻辑还只是大致实现，是假设 I1 和 I2 的变化不会同时发生的情况下。如果同时发生，而且发生时间片段有重叠，那么还需要更复杂的处理。总之，对于双线圈难题的解决方案是，不要用线圈。

8.13.2 [万泉河] PLC 程序中起保停的本质

起保停和双线圈一样，是 PLC 行业特有的概念，也是一种特殊的编程方法。

某次讲座中在讲双线圈话题时，我问了一个问题，如果一个 Q 点被连续两次起保停的程序控制，这是不是双线圈，程序有没有错误？

有人回答：程序有错误。

下面我讲解演示一下，起保停逻辑的本质是 SR 逻辑。比如一段最简单的起保停逻辑，如图 8-4 所示。

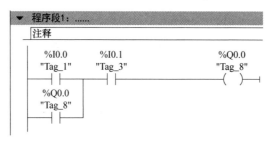

图 8-4　起保停逻辑

这是完全可以等价互换为 SR 逻辑的，如图 8-5 所示。

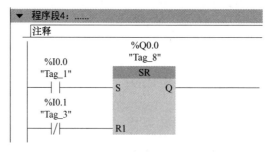

图 8-5　SR 逻辑

所以针对同一输出点的两段起保停的逻辑，如图 8-6 所示。

这可以等价为两段 SR 逻辑，如图 8-7 所示。

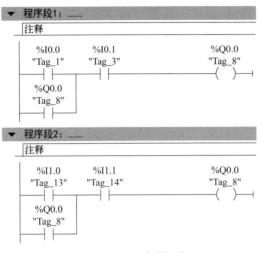

图 8-6　两段起保停逻辑

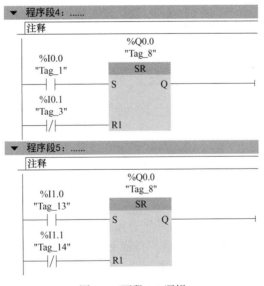

图 8-7　两段 SR 逻辑

当看到这两段 SR 逻辑时，所有人恍然大悟，程序没错，是正确的。而这样的需求在实际应用中也完全存在。

比如两个房间共用一个通风扇，两个房间都有起停控制开关，要求任何一方想开启时都可以操作开启，而要停止时都可以操作停止。如果各自房间都有各自的逻辑，按照模块化的架构，就可以把逻辑分别实现。而如果担心上面的逻辑有问题，就只能混杂在一起去写逻辑了，如图 8-8 所示。

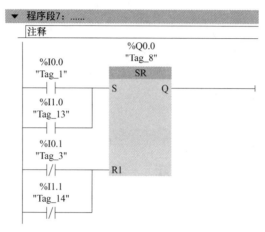

图 8-8　SR 逻辑二合一

起保停的写法，如图 8-9 所示。

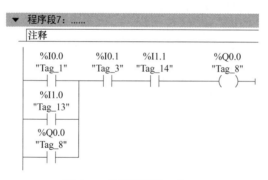

图 8-9　起保停逻辑二合一

然后就没法做模块化了。而如果要做模块化，又担忧双线圈，或者变量重复写，需要用 2 个 M 变量做中间变量，反而导致程序逻辑改变，各自房间开机后只能各自开，而对方开启设备，己方无法关停了。

所以结论是，起保停逻辑输出的线圈本质上不是线圈，在核查双线圈故障时，可以略过。

最后，我还有一个观点是，FC/FB 的 OUTPUT 本质是线圈，即不管 FB 内部逻辑如何，只要使用 OUTPUT 引脚，都会给这个引脚增加线圈属性，而 INOUT 则不会。这一点在处理双线圈问题以及公用设备管理问题上都非常重要。讨论双线圈问题的本质是讨论公用设备，把双线圈问题搞清楚，对公用设备的控制思路大有好处。

8.13.3　［万泉河］浅议 PLC 程序中 SR 和 RS 逻辑的区别

PLC 程序中通常有 SR 指令、RS 指令，以及单独的 R 和 S 指令。后者不提，只提前两者。这两者有什么区别？

编程手册上通常写到，RS 指令，S 指令在后面，S 优先；而 SR 指令，R 指令在后面，R 优先。

指令的优先级，在编程中随处可见，比如数学运算符之间都是有优先级的。然而，在实际的工作中，通常很少有人会依赖于优先级进行编程。反而在一些编程规范中，会明确强调程序的易读性，禁止依靠优先级实现程序逻辑。

所以，一段别人写好的程序逻辑，如图 8-10 所示，没有必要从中读出 I0.0 还是 I0.1 优先级更高的潜台词，更没必要思考如果恰巧 I0.0 和 I0.1 同时发生，会有什么意外结果。因为很大的可能性是，实际现场中对这种偶然情形的发生根本不在乎。

如果在乎，就应该直接在逻辑中体现，如图 8-11 和图 8-12 所示，提醒编程者自己，也提醒后来的阅读者。这时，如果 I0.0 和 I0.1 同时发生，而逻辑上又确实有安全需求，不管后面使用的是 SR 还是 RS，运行结果是一样的，都是以 I0.1 优先。

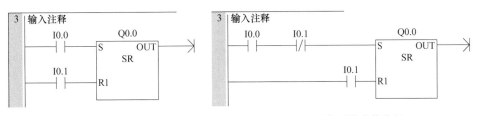

图 8-10　示例程序　　　　　　　图 8-11　程序逻辑含优先级 SR

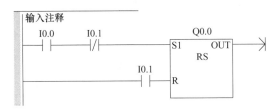

图 8-12　程序逻辑含优先级 RS

所以，结论是，对于一个规范程序的作者和阅读者，SR 逻辑和 RS 逻辑没有区别。

8.13.4 ［万泉河］PLC 程序中 SR 逻辑的本质

SMART 200 的 SR 逻辑在 STL 格式下，就是用的起保停，而未使用 S 或者 R 指令。

R 指令优先的 SR 逻辑如图 8-13 所示。

以 STL 显示如图 8-14 所示。

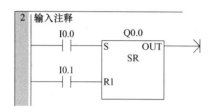

图 8-13　SR 逻辑梯形图

图 8-14　SR 逻辑语句表

把其中的每一句指令功能都研读搞懂之后，再以梯形图方式表达出来，如图 8-15 所示。

这是起保停，只要 I0.1 不导通，Q0.0 就长时间自保持。

然后更有意思的是 S 指令优先的 RS 逻辑，如图 8-16 所示。

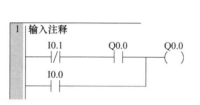

图 8-15　等价梯形图

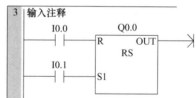

图 8-16　RS 逻辑梯形图

转换后如图 8-17 所示。

语法稍微复杂一些了，换用 LAD 再写出来，如图 8-18 所示。

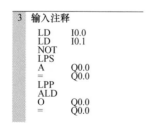

图 8-17　RS 逻辑语句表

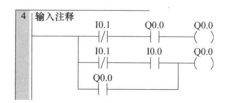

图 8-18　等价梯形图

这里只是原样抄写，实际在梯形图中编译是通不过的，因为前面直通不符合语法，需要分到 2 个网络才可以。

注意，这其中的两个线圈（外形上的）是有先后顺序的，不可以简单地把它们拼接做成 3 行的或逻辑。而如果要拼接，可以横着拼接为，如图 8-19 所示。

这里两个 I0.1 有些重复，完全可以去掉前面的一个而逻辑结果不影响，如图 8-20 所示。

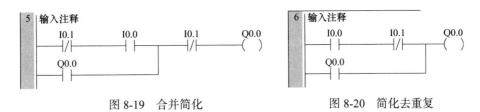

图 8-19　合并简化　　　　　　　　　图 8-20　简化去重复

这就变为最标准最原始的起保停逻辑了。

而在拼接之前，它其实是两段起保停逻辑。这证明，即便对同一个 Q 点（或者 M 点）连续做多次的起保停控制，也不存在双线圈语法错误。而其实西门子原本早就在这么做了。

用起保停开关逻辑搭出 SR 逻辑，这是久远的事。而等到 TIA Portal 面世，一切语言都是以 SCL 为基础，STL 被彻底抛弃，甚至梯形图都是基于 SCL，对于一个 SR 逻辑功能，在 SCL 中会如何写呢？

有两种写法。第一种是严格照抄的起保停的逻辑：

Q0.0 := (Q0.0 OR I0.0) AND NOT I0.1;

这种一口气写成的程序，信息密度太大，读起来有一种喘不过气的压迫感，而这还是最简单的逻辑条件。

而第二种方式以 IF 语句写成，则简单清晰多了：

IF I0.0 THEN
　　　Q0.0 := TRUE;
END_IF;
IF I0.1 THEN
　　　Q0.0 :=FALSE;
END_IF;

后一种方法还有一个特点是，对系统的调用环境要求宽松多了。

前一种逻辑依赖于 OB1 的循环，需要每个周期都扫描运行到，然后才能根据信号的变化及时计算得到新的结果。而后一种方法甚至可以只在 I0.0 和 I0.1 变化时调用执行一次，其余时间，程序不被调用也可以，程序的运行结果都不受影响。

不仅仅 IF THEN 语句带有高级语言的特性，这里甚至隐约都带有基于事件的编程方法了。这一点在面向对象的高级语言编程中经常遇到。

所以，SR 逻辑的本质，其实有两个答案：一是，本质是起保停；二是，本质是 IF THEN。

8.13.5 ［万泉河］双线圈（2）

前面那篇关于双线圈的文章及例子，并没有如愿达到在同行中统一认识的结果。很多人被传统认知束缚，已经形成了习惯，习惯于见到双线圈就害怕。当然，也让我认识到了烟台方法和同行们之间差距的起点，即烟台方法的思维方式是基于计算机编程的，而很多同行还是以继电器逻辑的思维方式来对待 PLC 编程。

所以，感觉到必须再写一篇关于双线圈的科普，还是以较常见的 SMART 200 来举例。而其实其他所有品牌的 PLC 原理也全都完全一样，因为所有的 PLC 运行机理都是一样的。

比如一个简单的逻辑如图 8-21 所示。

我们可以从中间截断，用中间继电器（中间变量）过渡一下，如图 8-22 所示。

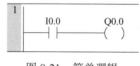

图 8-21　简单逻辑

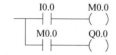

图 8-22　增加中间变量

逻辑功能是完全等效的。

这是只有一个输出点的情况，也可以完全扩展到更多的输出点（比如 80 个、800 个）。那么所使用的中间继电器是否需要逐个也更换到不同的 M 点呢？不需要！你完全可以从头到尾全部都是用同一个 M0.0，如图 8-23 所示。

而这时，如果观察 M0.0，就看到了貌似存在传统的双线圈错误。如果我们不是在做 PLC 程序，而是在接线做控制盘柜使用中间继电器，这样的线路当然是有错误的，必须逻辑重复多少次，就耗费同样数量的中间继电器。

然而，这里是 PLC，是微型计算机，同样的问题就不存在。所以虽然我们还按照传统的命名方式称

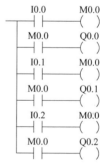

图 8-23　中间变量使用多次

M0.0 为中间继电器，然而它其实早就不是简单的软中间继电器了，它是计算机内存中的一个变量。

上面的程序本身是完全可以正确执行的，只不过有一点，这个 M 变量在同一个周期内，数值经过了无数次的写和读，变化了无数次，然而我们并不关心它在每一个环节的具体值。当然，如果关心，则可以在特定的步中间把这个值读取出来，送到另外的变量中进行监控。

还有一个问题，这个变量的值被污染了，即如果同一个 CPU 中同时还有传统方法写的程序，其中用到了这个 M 点，那么对应的程序逻辑就被干扰了，要出错了。

这种问题在实际工作中也会遇到。比如有人遇到一些改造项目，需要在原设备程序中增加一些模块和功能，而自己已经开发了成熟稳定的库函数，希望能直接使用，那就需要做些处理。其实很简单，在使用之前先把 M 变量值备份保护，使用之后再恢复。可以整体一次备份保护，也可以多次备份恢复，如图 8-24 所示。

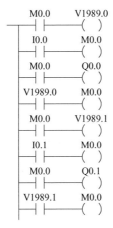

图 8-24　对中间变量备份和恢复

其中 V 区是新程序规划到的一片数据区域中的某个点，而这个具体的点的地址并不重要，它只实现了辅助数据保存的功能。同样可以使用同一个地址，也可以使用不同的地址，取决于模块本身的需求。

不管是备份模块，还是数据恢复模块，以及库函数，都是对同样的公用变量进行各种运算操作，实现需要的逻辑功能。因为变量相同，所以函数可以模块化，可以被重复调用。而不是每个调用时使用的变量不同，导致函数模块的内容各不相同，只能分别单独写逻辑。

8.13.6 ［万泉河］双线圈（3）

"双线圈"是个特有词汇，完整的定义是，梯形图逻辑中因为对同一个变量不恰当的多次重复线圈类型的写操作，而带来程序逻辑错误。所以，当我们说双线圈时，指的是程序有错误，而且不一定是 2 次线圈，有可能是多次。只要超过 2 次而出错，都叫双线圈错误。

另外，也不是所有对线圈的写操作都会发生双线圈错误，除了前面文章讨论的 SR 和起保停之外，即便是最通常的语法结构：

|-----|I0.0 |---------(Q0.0)

如果多次发生，外形上看起来是双线圈，三菱等 PLC 软件中会提醒有双线圈，也未必一定会发生双线圈错误。

比如程序：

|-----|I0.0 |-----|I0.1 |----|I0.2 |----|I0.3 |---------(M0.0)
|-----|M0.0 |-----|I0.5 |----|I0.6 |----|I0.7 |---------(Q0.0)
|-----|I1.0 |-----|I1.1 |----|I1.2 |----|I1.3 |---------(M0.0)
|-----|M0.0 |-----|I1.5 |----|I1.6 |----|I1.7 |---------(Q1.0)

这样的程序原本是为了易读性，把一行长程序截断，分到了 2 行，其中使用了 M 中间变量，而 2 次操作中使用的是同一个中间变量的线圈，然而并不会发生双线圈错误。

我知道一些同行的习惯，程序中遇到类似上面的场合时，不敢重复使用同一个 M0.0，而是会换用不同的 M1.0 中间变量来实现。甚至有人还因此认为，这样程序中重复使用同一个 M 变量，整个程序中到处都用，导致程序多难读啊！我的回复是，恰恰相反，这样的程序才更容易读呢！

稍微有些读程序的经验，读别人的程序时只要见到一个变量这样被重复地写和读，那就可以知道，这个变量只是临时使用，只在当下的上下文的程序中起作用，而不需要全程序区域检索阅读。

所以这是我与大多数同行做程序的原则出发点的不同之处，抛开双线圈专有词汇的概念之外，他们的意思是尽量不重复使用变量，而我的观点是要尽量重复使用变量。但凡有机会可以重复使用的，都要尽量重复使用，以节省变量资源。

一个最常见的场景是设备的手动／自动模式切换。传统的控制系统中，每一台设备都要有手动／自动的模式切换。比如就地安装的风机水泵柜，会在电气控制回路上做两种模式，手动部分继电器逻辑通过盘面的起停按钮控制，而自动模式则接受来自 PLC 系统的硬线或者通信的控制指令。然后进化到 PLC 或者 DCS 控制之后，这个特性也被原样继承下来了。比如 DCS 的电机块，都要有手动／

自动模式切换。其实根源就来自双线圈问题。

有过不少 PLC 的初学者，在开始学写 PLC 程序时，会把一台设备的手动和自动逻辑分到不同的模块中，然后再在子程序中分别逐个调用。到调试时就出了问题，对一个线圈多次写操作，出现双线圈错误。而其实，这只是对 PLC 运行机制不熟悉之前容易发生的错误。而我这样不厌其烦地探讨双线圈话题，有一个目的就是针对手动 / 自动模式这点的。

标准化示范项目使用的是来自西门子官方的 BST 库函数，这些库函数的统一的特征都是对设备模式有手动 / 自动的切换。

通过对双线圈原理的分析，以及对起保停、SR 等各种基础原理的分析之后，其实完全可以做到去掉手动 / 自动模式的切换，即便设备有手动 / 自动模式切换问题，也只需要在 HMI 一侧做切换和隐藏显示，而不需要深入到 PLC 程序逻辑，甚至影响到底层块中。也可以实现手动控制和自动控制模式的分开，IT 程序员刚接触 PLC 时，模块化的程序做法是，手动控制模块和自动控制模块完全分开，其实只要逻辑处理得当，也是可以实现的。

我在研究信捷小型 PLC 标准化时，就把这一技能充分用上了。底层库函数不区分手动 / 自动，程序逻辑手动 / 自动分开，整个程序架构很清晰，如图 8-25 所示。

图 8-25　程序架构

8.13.7 ［万泉河］PLC 编程烟台方法升级：万线圈技术

我对双线圈的定义，是因为不当地多次使用线圈指令，导致程序功能错误，所以双线圈是错误。而如果我们能精确把握 PLC 程序中的线圈指令，以及许多貌似线圈的其他指令，最终虽然可能有双线圈错误的嫌疑，然而程序功能是可以成功达到预期目的的，同一线圈可以无限次重复使用，可以 80 次，可以 10000 次，可以无穷大次，那么我们统一称之为万线圈。所以，程序中有双线圈是一种错误程序，而程序中有万线圈是一种有意为之的正确程序。

图 8-26 是我做过的信捷 PLC 程序标准化架构中的一段程序。

图 8-26　信捷 PLC 程序

程序双线圈检查的结果，如图 8-27 所示。

这些变量都是疑似双线圈，而实际上我们现在可以称其为万线圈。

最后再补充一点，程序中对 M211、M212、M213 等变量的使用方法，其实是相当于把它们当作了 FB 的 INOUT 引脚。信捷 PLC 的子程序只有 CALL，没有参数，而这里则通过万线圈方法，不仅让它们有了 INPUT、OUTPUT，甚至 INOUT、TEMP、STATIC 都是可以实现的。

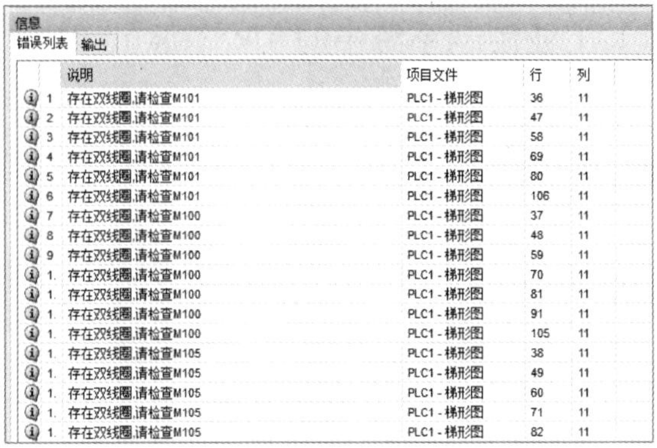

	说明	项目文件	行	列
1	存在双线圈,请检查M101	PLC1 - 梯形图	36	11
2	存在双线圈,请检查M101	PLC1 - 梯形图	47	11
3	存在双线圈,请检查M101	PLC1 - 梯形图	58	11
4	存在双线圈,请检查M101	PLC1 - 梯形图	69	11
5	存在双线圈,请检查M101	PLC1 - 梯形图	80	11
6	存在双线圈,请检查M101	PLC1 - 梯形图	106	11
7	存在双线圈,请检查M100	PLC1 - 梯形图	37	11
8	存在双线圈,请检查M100	PLC1 - 梯形图	48	11
9	存在双线圈,请检查M100	PLC1 - 梯形图	59	11
1.	存在双线圈,请检查M100	PLC1 - 梯形图	70	11
1.	存在双线圈,请检查M100	PLC1 - 梯形图	81	11
1.	存在双线圈,请检查M100	PLC1 - 梯形图	91	11
1.	存在双线圈,请检查M100	PLC1 - 梯形图	105	11
1.	存在双线圈,请检查M105	PLC1 - 梯形图	38	11
1.	存在双线圈,请检查M105	PLC1 - 梯形图	49	11
1.	存在双线圈,请检查M105	PLC1 - 梯形图	60	11
1.	存在双线圈,请检查M105	PLC1 - 梯形图	71	11
1.	存在双线圈,请检查M105	PLC1 - 梯形图	82	11

图 8-27　程序双线圈检查的结果

当然，这些技能是参考了汇编语言的处理方法。

8.13.8 ［万泉河］汇编语言支持面向对象编程吗

所有编程语言最终都要经过其编译器或者解析器，编译成为汇编语言，然后再成为二进制的机器代码，交给 CPU 运行。通常认为汇编语言对应的就是机器语言。

假设你手里没有原始的高级语言的编译器和源代码，而只有其生成的汇编语言代码，那么把这个代码全部抄写一遍，也自然写的是面向对象的程序，即结果是完全一样的。无非过程中，对能力要求不一样，你需要记忆更多的指令，以及更多的程序架构安排部署。

我们来看 IEC 61131 标准中规定的 PLC 程序语言 IL 指令表，在西门子中称为 STL，其语句语法基本就是如汇编语言用到的 ADD /SUB/ INC/DEC/MOV 等。那么我们大致可以认为 STL 就是约等于汇编语言。

如果我们认为用汇编语言可以做出面向对象的 PLC 程序，自然 STL 也可以，那么梯形图可以转化为 STL，所有 STL 指令在梯形图中也都有对应的指令，那么梯形图自然也完全可以做出完整的面向对象的程序。

我们通常描述面向对象的三大特性是封装、继承和多态，讨论 PLC 平台是否已经提供并支持这些功能时，其实应当认识到的是，平台如果提供了这些功能，那么只不过是便于我们便捷使用。而如果平台没有提供，那么需要程序员自己来实现。

所以，当我们评价某个 PLC 系统因为不支持所以不能做出面向对象的高内聚低耦合的系统设计时，其实是我们推卸责任了，把不能做到的责任推给了平台，而其实那是我们自己能力不足导致。这一点，我在研究信捷 PLC 的标准化架构时领悟到了。

8.13.9 ［万泉河］工业控制系统中的 Tik-Tok

大多数人知道 Tik-Tok 这个词汇是因为海外版的抖音视频软件。Tik-Tok 的本意是滴答，即钟表的钟摆发出的滴滴答答的声音。这里讲解的是研发设计工作中的 Tik-Tok 思想，即滴答原理。

滴答，就是大部分工业产品在设计升级换代的过程中，都遵循一个滴答的节奏规律，即一大步，再一小步，再一大步，再一小步。这样滴滴答答交替更新。具体一点，就是产品的设计者会有意控制产品更新换代的节奏。比如前一个版本会应用很多新技术，而到下一个产品，就会基本不再应用新技术，而是把前一代所应用的技术功能上细化优化，对遇到的缺点故障做一定的修复，功能完善之后，再到下一代产品，再应用新技术。如此交替上升，实现升级换代。

这样控制滴答节奏的好处是，可以很好地控制系统的稳定性，不至于每一代都应用最新技术，万一其中一个环节出现问题，就会影响开发进度，最终可能导致产品质量不稳定，影响市场声誉。这一点在很多大家很熟悉的产品中都可以见到。

不能永远原地踏步没有创新升级，也不能一步到位步子太大，所以对于工业控制系统来说，最适合的升级创新的方式当然是滴答节奏了。

讲一个我自己亲历的做 MODBUS 通信轮询的升级过程作为例子。在没有标准化思维之前，我都是每次针对项目具体的站点和数据配置，现做程序逻辑。每一次新项目的站点数、数据地址、长度都各不相同，所以每次都要花些心思重新理解程序逻辑，并每次调试。

后来一个项目有十几个 CPU，每个 CPU 里面都挂有数量不等的 MODBUS 从站，所以就花了一定的时间，做了一个比较标准的轮询模块，不同的应用中，参数稍微修改一下就可以实现。这是一次完整的 Tik-Tok 集中在一起实现，当时为不影响工期，调试测试都比较紧张，所以比较被动。而且仍然需要一定的维护工作量，非常不够标准化。

在掌握标准化设计原理之后，感觉到 MODBUS 通信的部分会是标准化设计中的难题，所以就花费了一定的时间做了 MODBUS 并轮询的功能块。使用中不再需要关心轮询问题，只需要根据需要，调用多次即可。这是 Tik。

最近的项目应用中，发现其实每一个 MODBUS 的通信都是基于设备的，比如 MODBUS 通信的 PID 表、温湿度计，以及通过 MODBUS 通信控制的 ABB 变频器。由此结合之前积累的功能块的继承方法（那是另一个 Tik），针对项目很容易就做出了需要的专用块，建立设备实例时，只需要输入其 MODBUS 站号即可，连 MODBUS 通信缓冲区的数据块都省略了。这是 Tok。

回过头看，通信数据区如果使用全局数据块，就破坏了标准化程序设计的完整性。理想情况下，即便 MODBUS 通信，也不应该使用全局数据块。

然后计划用 TCP 网关来替代 485 模块实现通信，因而重新做了 MODBUS TCP 的并行通信块，这是 Tik。

现场中发现有可能需要多个 MODBUS TCP 网关，带多条 485 线，因而做了分别最大 7 条 RTU 和 7 条 TCP 线的扩展，这是 Tok。

项目中有 SMART 200 PLC 需要用到 MODBUS RTU 通信，因而把并行通信块移植到 SMART 中并得以实现，这是 Tik。

同样根据项目中使用的变频器、温湿度仪表等设备做了应用，这是 Tok。

由此几个 Tik-Tok 的滴答循环下来，我们积累了丰富的库函数基础，如果将来还有更多的 MODBUS 通信设备的话，无非再来几次 Tok 即可。

8.13.10　[万泉河] 如何优雅地点亮一个指示灯

对于指示灯，最简单的应用是指示电机的运行。最开始在继电器逻辑时，通常是直接从电机的相线中抽一路 AC 220V 的电源，点亮 220V 的指示灯。后来为了安全，指示灯不使用 220V 了，换用 24V 直流指示灯，那就使用接触器的一副辅助触点，达到了同样的目的。

后来发现，指示灯的灯泡是有寿命的，而如果一旦灯泡坏了，就无法正确指示设备的运行状态了。所以需要一个单独的检查灯的按钮，在按下 LAMP_TEST 按钮时，盘面的所有指示灯都亮起，这样检修人员就能发现哪个指示灯坏了。而这时就无法借用接触器的触点，必须使用一个单独的 DO 通道。

有了单独的指示灯的 DO 通道之后，还可以增加一个功能，即设备运行时灯亮，停止时灯灭，而在发生故障的情况下，可以让指示灯闪烁。甚至可以根据不同的报警等级，设计不同的闪烁频率。通常为 1Hz，在 S7-200 中是 SM0.5。

现在因为有上位机，设备的运行和故障界面大都从 WinCC 画面上就可以表示了。设备类的运行状态基本不需要在盘面安装指示灯了。但后来有重要的工艺段，终于还是遇到指示灯了，而且是声光报警的那种。

我在 FB 中简单加了个输出的引脚 HA，然后就等着把报警灯的 Q 点绑在这里就行了。可到 FB 调用第二次时，就发现工艺专业设计两次工艺调用的指示灯是同一个。当然也不能说工艺设计错了，因为只有一个罐体，当然只能安装一个报警灯了。其实我就是从那个时候开始对梯形图不满意的。

不满意在哪儿呢？ FB 的 OUT 对输出是完全独占的。不仅仅引脚为 1 时 Q 要为 1，而且输出 0 时，Q 必须为 0。不许双输出，双线圈。像这里两次工艺用 1 个指示灯，如果简单直接绑定，那最后指示灯的状态只能跟随最后一次 FB 调用的逻辑状态，前面的绑定失效了。所以，只能在逻辑之外又搭了个 OR 逻辑，如图 8-28 所示。这样程序就变得不够好了。

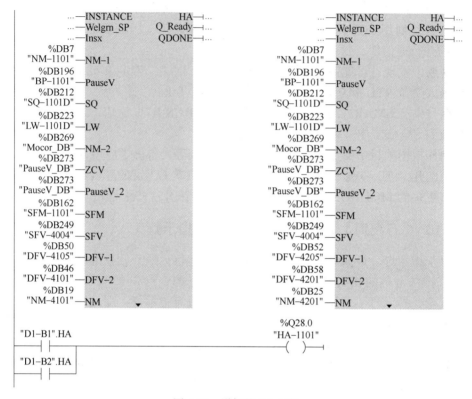

图 8-28　增加的 OR 逻辑

如果对标准化编程的理念有所理解，就会知道这完全违背了模块化标准化项目的原则，即逻辑和对象分开。

我过去对指示灯不够重视，没有把它当作一个设备类型，这是错误的。新项目中，我首先编制了专门的指示灯的 FB 模块，如图 8-29 所示。

		名称	数据类型	默认值	保持	可从 HMI/...	从 H...	在 HMI ...	设定值
		HA							
1		▼ Input							
2		＜新增＞							
3		▼ Output							
4		＜新增＞							
5		▼ InOut							
6		HA_1Hz	Bool	false	非保持				
7		HA_ON	Bool	false	非保持				
8		Q	Bool	false	非保持				
9		▼ Static							
10		▶ TON1	TON_TIME		非保持				
11		HLP1	Bool	false	非保持				
12		CLOCK_1S	Bool	false	非保持				

图 8-29　FB 模块接口

其中，2 个 INOUT 引脚分别用于控制输出闪烁和常亮。然后还另外编制了用于简单同步链接的 FB LINK，用于输出的 LINK1 和 LINK2 均为 INOUT 类型，如图 8-30 和图 8-31 所示。

LINK

	名称	类型	默认值	保持	可从 HMI/...	从 H...	在 HMI ...	设定值	监控	注释
1	▼ Input									
2	Enable		false	非保持						激活LINK
3	IN1		false	非保持						
4	▼ Output									
5	<新增>									
6	▼ InOut									
7	LINK1		false	非保持						
8	LINK2		false	非保持						
9	▼ Static									
10	HLP0_0		false	非保持						
11	▼ Temp									
12	<新增>									

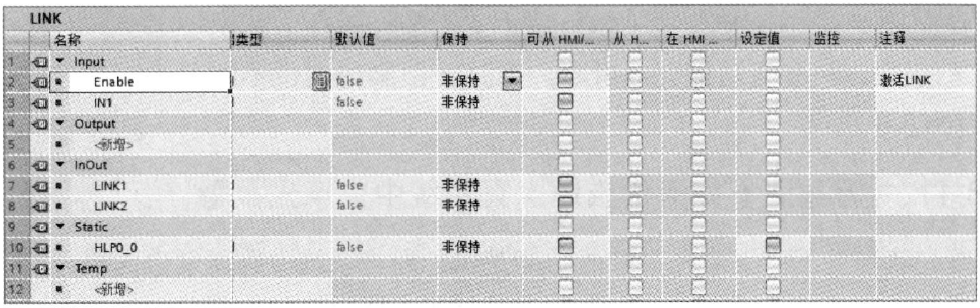

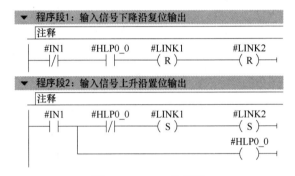

图 8-30　LINK 块

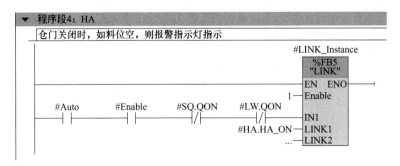

图 8-31　LINK 块逻辑

输入信号的上升沿时置位输出，下降沿时复位输出。效果上看起来是输出等于输入信号。但本质上输入信号对输出不占用。其他输入信号也可以用于控制同一个输出。

在程序逻辑内部的调用则如图 8-32 所示。

图 8-32　程序本体

HA.HA_ON 也是作为 INOUT 类型传入到实参中的。

这里两套工艺是不可能同时运行的，不会发生对指示灯的 ON 要求时间重叠，而导致不能正确点亮或熄灭。所以 FB 里简单处理就可以了。而其实即便如果有重叠的可能，也可以通过计数、记录 SID 等方法来实现更精确的逻辑。

总而言之，应该尽量多使用 INOUT，哪怕传统上认为是标准的 IN 或者 OUT 的引脚，只要有可能，或者事先对这个引脚的定位不够明确，都应该尽量用作 INOUT 类型。

8.13.11 ［万泉河］如何优雅地点亮系统中央声光报警

首先解释一下中央声光报警的功能逻辑，即当系统中有新发生的报警时，除了指示灯亮起之外，还有声音报警的警笛响起。同时系统中有确认按钮，当人工按下 ACK 或者 RESET 按钮之后，声音停止输出，而指示灯继续点亮，直到这个故障完全消失，指示灯才熄灭。

因为声音报警通常比较尖锐，会令人厌烦，而操作人员有可能在报警发生的第一时间首先去处理线上的故障，没时间来控制柜按 ACK 按钮，所以还可以设置延时时间，时间到后自动确认，声音停止，但指示灯可以保持为闪烁，直到故障消除后，指示灯熄灭。

简单地说，对系统的所有报警信息的判断有两个：①有报警；②有新报警，分别对应的是指示灯和发声警笛，即为中央声光报警系统。

通常的解决方法是，取系统中所有的故障点的故障信号，整理到一个大的数据区中，然后对这个数据区进行判断、比较，得出有新报警和有报警的状态，输出到声光报警器。

这个问题曾经是 2012 年到 2013 年间技术论坛的热点问题，图 8-33 是我当年一个项目中所实现的。

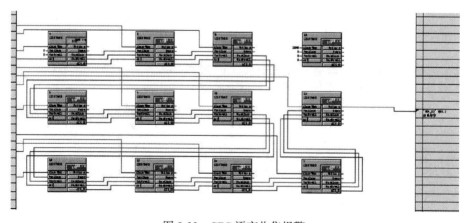

图 8-33　CFC 语言收集报警

一个库函数串联调用了十几遍，最终把系统中的所有报警收集起来送到了最后的输出上。

我现在总结一下，当年所有人的做法都不够优雅，甚至相当笨拙。比如我自己的做法，是在 CFC 中实现的，虽然不需要去逐个数用过的 M 变量了，但仍然需要把所有设备的报警输出都连线后接过来。当时做的时候，就生怕某一个设备落下了，就会遗漏掉它的报警指示，运行中就会出大问题。我自己当初的做法是，程序接完线之后，又仔细地翻阅每一页程序框图，通过查看特定位置的特定颜色接线，判断有没有错误。

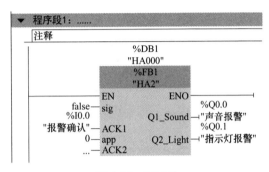

图 8-34　HA2 块

而今天，我现在的实现方法就是只做了一个专用的 FB：HA2，就可以实现了，如图 8-34 所示。

FB 中有一个 APP 引脚，在程序调用建立实例化时，设定 APP=0，然后把声光的输出点绑定。而在实际的使用中，APP=1，但不需要绑定 Q 点了。特别重要的一点是，不管是实例化，还是使用时，背景数据块是同一个。所以，在实际使用中，只要有报警信号发生，需要触发中央报警时，就把块的调用复制过来，触发一次。

FB 块中的逻辑现在可以用 SCL 来写，其实就很简单，APP=1 时，做信号的收集整理堆栈，APP=0 时，则分析这些数据，以判断有没有报警，以及有没有新报警。

我们开始学习 PLC 编程时，得到的认知常识是，FB 块每一次调用都要附加不同的背景数据块，否则基本上会是编程错误。而现在，我在实现一些特殊任务时，就特别喜欢重复调用 FB+ 不变的 IDB。这就是我基于对 PLC 运行原理的认知加深了。

我在开发完成这个报警处理块之后，便着手对已有的电机、阀门、变频器等设备块进行了二次封装改造，封装之后所有设备只要发生报警，就自动进入中央报警序列，自动触发声光报警。再也不用担心遗漏了哪个重要设备的重要报警了。

8.13.12　[万泉河] 就是要用中文编程

在综合考虑了语境的前提条件之后，其实在有可能使用中文编程的情况下，凡是符合语法要求的场合，建议大家还是尽量使用中文。

在工控领域的 PLC 编程中，团队协作的机会非常少。绝大部分的设备控制程序在整个设备的生存周期里，从开发、维护到升级甚至到最后的设备报废，经手的工程师只有一个。自己的程序自己看，完全可以使用我们熟悉的中文来编程。

我自己近几年也开始小心翼翼地探索全中文编程。为什么要小心翼翼？因为一个工程项目有几千个变量，如果一不小心因为使用的字符出了问题，导致功能不能实现，等发现时，需要再回过头来逐个修改，那就相当麻烦了。总的来说，西门子的软件系统到 Portal V16 之后，各方面还不错，未发现不兼容的问题。极少数地方有一些不够完美，但总体来说，已经足够满足我们的需求了。

图 8-35 ～图 8-38 是使用中文变量名编程的一些示例。

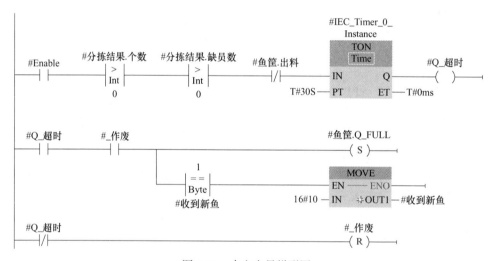

图 8-35　中文变量梯形图

```
1  IF  #配方.个数 > 0 THEN
2        //计算单条目标平均值
3        #配方.单条平均重量（计算）:= (#配方.总重 + #配方."总误差+" + #配方."总误差-") / #配方.个数;
4        #配方."单个允许误差+" := (#配方."总误差+" - #配方."总误差-") / 2.0;
5        #配方."单个允许误差-" := - #配方."单个允许误差+";
6
7
8        #分拣结果.缺员数 := #配方.个数 - #分拣结果.个数;
9
10       ;
11  ELSE
12
13       #分拣结果.缺员数 :=- 9999;
14
15  END_IF;
16
--
```

图 8-36　中文变量文本编程

210

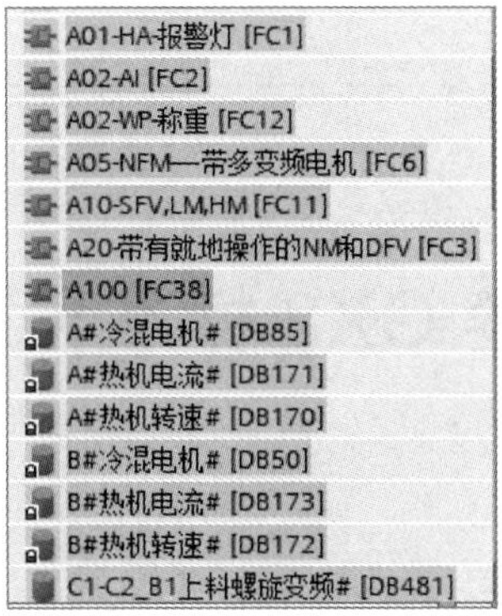

图 8-37　中文定义程序块

```
"AG-B4上料管路阀#"(FB_OPEN := "AG-B4上料管路阀开到位",
                FB_CLOSE := "AG-B4上料管路阀关到位",
                QCMD_OP => "AG-B4上料管路阀",
                INSTANCE := 'AG-B4上料管路阀',
                HA2 := "HA2000");
"AG除尘管路阀#"(FB_OPEN := "AG除尘管路阀开到位",
             FB_CLOSE := "AG除尘管路阀关到位",
             QCMD_OP => "AG除尘管路阀",
             INSTANCE := 'AG除尘管路阀',
             HA2 := "HA2000");
"AS-1管路阀#"(FB_OPEN := "AS-1管路阀开到位",
             FB_CLOSE := "AS-1管路阀关到位",
             QCMD_OP => "AS-1管路阀",
             INSTANCE := 'AS-1管路阀',
             HA2 := "HA2000");
```

图 8-38　中文符号和位号

用中文写程序，最大的障碍其实是输入不如英文便捷。用各种中文输入法，好不容易绕过了各种同音字同音词，还有可能一不小心选错了字，导致变量使用错误，好的编程器，框架本身会自动弹出备选的变量名，就大大简化了操作过程。

既然选择了中文模式编程，写程序和注释都使用中文，那么会在程序编写的过程中全程打开中文输入法，但却出现了标点符号的问题。通常中文输入中，标点符号都是全角的字符更美观。然而程序中的语法是不认可全角符号的。最容易出错的是逗号和分号，因为外观上很难分辨，而对于 SCL 语言来说，分号用得又特别多，每行语句的结尾都需要一个半角分号，导致整个程序编写过程中明明语法正确，却提示错误，然后发现是符号写错了。所以需要频繁切换中英文输入，并更改输入错误的字符，这很麻烦，但至今没有找到好的方法。

第 9 章

三菱 GX2 标准化工程实践

我们讲述的顺序，总是先理论，而后实践。在通用原理时，是这样，到具体到 PLC 品牌和型号时，也是这样。

前面我们讲解了在 GX Works2 和 WinCC 中搭建设备库函数的方法，对从底层 L1 开始到 L2、L3、L4 各层的设备函数都做了具体的讲解，并辅以示例。

现在假设我们已经开发完成了所有需要的库函数，针对具体的工程项目，本章介绍了如何在操作层面具体完成程序设计，如何利用标准化架构的优势，实现程序高效率高准确性的生成。

当然，实际工程项目中，特别是新开发的行业和设备，总有一些新的功能对应了新的设备库函数开发需求。但随着标准化架构的项目逐渐增多，所积累的库函数素材逐渐丰富，即便有些功能需要新开发，也会在已有成熟的库函数基础上简单叠加修改即可完成，功能测试的工作量会比较小。

而对于专注于某一行业的重复性极强的非标设备或工艺系统，在经过几轮项目实践后，往往已经没有可开发的新模块新功能，剩下的就是具体的操作累加了。

这里不再考虑开发环节，假定所有库函数都是完备的。所以，这里的工作都是属于技术含量低的简单工作，符合高内聚、低耦合原则中的低耦合的工作。

9.1　PLC 硬件组态和变量表生成

我们以第 4 章举例生成的符号表为例。

首先根据 PLC 平台的性质，如果需要做硬件组态，则根据项目设计的符号表的顺序，为 CPU 做硬件组态，如 Q 系列。然后将硬件组态得到的硬件地址更新到绝对地址列中。

这里举例使用了 FX3U 的 CPU，不需要硬件组态，则根据其地址规则直接得到地址定义。比如这里系统总共使用了 DI16 模块 2 块，DQ16 模块 2 块。原符号表中硬件地址为空白，现在填入，并根据三菱 PLC 的特点，整理增加了类、数据类型等列，见表 9-1。

表 9-1　符号表

序号	类	符号名	数据类型	绝对地址	注释
1	VAR_GLOBAL	NM02_1001_FAULT	Bit	X000	DI01_00// 通风机 5.5kW
2	VAR_GLOBAL	NM02_1001_OFF	Bit	X001	DI01_01// 通风机 5.5kW
3	VAR_GLOBAL	NM02_1001_ON	Bit	X002	DI01_02// 通风机 5.5kW
4	VAR_GLOBAL	NM02_3001_FAULT	Bit	X003	DI01_03// 搅拌电机 5.5kW
5	VAR_GLOBAL	NM02_3001_OFF	Bit	X004	DI01_04// 搅拌电机 5.5kW
6	VAR_GLOBAL	NM02_3001_ON	Bit	X005	DI01_05// 搅拌电机 5.5kW
7	VAR_GLOBAL	NM02_5001_FAULT	Bit	X006	DI01_06// 循环泵 7.5kW
8	VAR_GLOBAL	NM02_5001_OFF	Bit	X007	DI01_07// 循环泵 7.5kW
9	VAR_GLOBAL	NM02_5001_ON	Bit	X010	DI01_10// 循环泵 7.5kW
10	VAR_GLOBAL	NM02_7001_FAULT	Bit	X011	DI01_11// 补水泵 2kW
11	VAR_GLOBAL	NM02_7001_OFF	Bit	X012	DI01_12// 补水泵 2kW
12	VAR_GLOBAL	NM02_7001_ON	Bit	X013	DI01_13// 补水泵 2kW
13	VAR_GLOBAL	NM02_7002_FAULT	Bit	X014	DI01_14// 真空泵 13kW
14	VAR_GLOBAL	NM02_7002_OFF	Bit	X015	DI01_15// 真空泵 13kW
15	VAR_GLOBAL	NM02_7002_ON	Bit	X016	DI01_16// 真空泵 13kW
16	VAR_GLOBAL	DFV12_1001_CLS	Bit	X017	DI01_17// 气动阀
17	VAR_GLOBAL	DFV12_1001_OPN	Bit	X020	DI02_00// 气动阀
18	VAR_GLOBAL	DFV12_3001_CLS	Bit	X021	DI02_01// 气动阀
19	VAR_GLOBAL	DFV12_3001_OPN	Bit	X022	DI02_02// 气动阀
20	VAR_GLOBAL	DFV12_5001_CLS	Bit	X023	DI02_03// 气动阀
21	VAR_GLOBAL	DFV12_5001_OPN	Bit	X024	DI02_04// 气动阀
22	VAR_GLOBAL	DFV12_7001_CLS	Bit	X025	DI02_05// 气动阀
23	VAR_GLOBAL	DFV12_7001_OPN	Bit	X026	DI02_06// 气动阀
24	VAR_GLOBAL	DFV12_7002_CLS	Bit	X027	DI02_07// 气动阀
25	VAR_GLOBAL	DFV12_7002_OPN	Bit	X030	DI02_10// 气动阀
26	VAR_GLOBAL	NM02_1001_LAMP	Bit	Y040	DQ01_00// 通风机 5.5kW
27	VAR_GLOBAL	NM02_1001_Q	Bit	Y041	DQ01_01// 通风机 5.5kW
28	VAR_GLOBAL	NM02_3001_LAMP	Bit	Y042	DQ01_02// 搅拌电机 5.5kW
29	VAR_GLOBAL	NM02_3001_Q	Bit	Y043	DQ01_03// 搅拌电机 5.5kW

（续）

序号	类	符号名	数据类型	绝对地址	注释
30	VAR_GLOBAL	NM02_5001_LAMP	Bit	Y044	DQ01_04// 循环泵 7.5kW
31	VAR_GLOBAL	NM02_5001_Q	Bit	Y045	DQ01_05// 循环泵 7.5kW
32	VAR_GLOBAL	NM02_7001_LAMP	Bit	Y046	DQ01_06// 补水泵 2kW
33	VAR_GLOBAL	NM02_7001_Q	Bit	Y047	DQ01_07// 补水泵 2kW
34	VAR_GLOBAL	NM02_7002_LAMP	Bit	Y050	DQ01_10// 真空泵 13kW
35	VAR_GLOBAL	NM02_7002_Q	Bit	Y051	DQ01_11// 真空泵 13kW
36	VAR_GLOBAL	DFV12_1001_LAMP	Bit	Y052	DQ01_12// 气动阀
37	VAR_GLOBAL	DFV12_1001_Q	Bit	Y053	DQ01_13// 气动阀
38	VAR_GLOBAL	DFV12_3001_LAMP	Bit	Y054	DQ01_14// 气动阀
39	VAR_GLOBAL	DFV12_3001_Q	Bit	Y055	DQ01_15// 气动阀
40	VAR_GLOBAL	DFV12_5001_LAMP	Bit	Y056	DQ01_16// 气动阀
41	VAR_GLOBAL	DFV12_5001_Q	Bit	Y057	DQ01_17// 气动阀
42	VAR_GLOBAL	DFV12_7001_LAMP	Bit	Y060	DQ02_00// 气动阀
43	VAR_GLOBAL	DFV12_7001_Q	Bit	Y061	DQ02_01// 气动阀
44	VAR_GLOBAL	DFV12_7002_LAMP	Bit	Y062	DQ02_02// 气动阀
45	VAR_GLOBAL	DFV12_7002_Q	Bit	Y063	DQ02_03// 气动阀

PLC 程序全局标签中，建立 DIDQ 的表，将上述数据复制到表中。三菱的平台支持从 Excel 到标签表的复制粘贴。可以先增加常量、地址等空列，所有列数对应之后整体数据复制，也可以对表中数据列多次复制，得到符号表。

当然，也可以研究 PLC 软件所导出的 CSV 文件的数据格式，生成 CSV 格式的符号表文件，用导入方式生成变量符号表。

只有软件支持这些导入导出方式，才可以实现批量式生成。我们必须掌握各种软件的这些快速操作技巧。

9.2 设备的手动程序生成

程序中建立 POU，命名为 AA1，代表手动模式下运行的设备实例。语言选择梯形图。将 FB 拖入到梯形图中，实例名部分输入一个设备的位号，并将实例定义在全局标签一个单独的标签组 IDB_A 中，引脚上则绑定各自的输入输出符号地址，如图 9-1 所示，即完成了一个设备对象的调用。然后，将这个段复制，再用查找替换的方式，改为下一个实例。如此，完成一个设备类型的所有实例，而后完成所有设备类型的实例化调用。

图 9-1　手动调用

总体来说，都是建立第一个以后，用复制、查找、替换的方法就可以完成。因为变量名都是规范统一的，所以非常有规律性，不需要担心会因为手误导致的错误。即便偶尔发生错误，一眼看去，也很容易发现。效率还是很高的，比传统非标准化的编程已经有了很大的提高。

然而，系统规模大，同一类型设备实例数量多的情况下，我们仍然会觉得效率太低。希望有更快捷的方法。也正如我们一直主张的，凡是在动手之前已经可以明确知道答案的设计，可以想办法用程序工具的便捷方法实现。

这样就需要选择用 ST 语言编程。

ST 是 IEC 61131-3 标准中完全文本化的编程语言，与各种文字处理软件兼容性好，我们可以尽量在 Excel 中辅助实现，充分利用 Excel 的强大文字处理功能实现调用部分的程序编写。

我们这里举例的 FX3U CPU 就支持 ST，所以重新建立一个程序 POU，命名为 AA2，语言选择 ST。

将 FB 程序块拖入程序区，同样实现一个实例调用，生成的程序为

NM02_1001(FB_ON:=NM02_1001_ON,MPSa:=NM02_1001_FAULT,QCMD_ON:=NM02_1001_Q);

将程序文本复制，并将现有的位号信息用 AAAA 替换，即得到了一个设备类型的程序模板如下：

AAAA(FB_ON:=AAAA_ON,MPSa:=AAAA_FAULT,QCMD_ON:=AAAA_Q);

结合原始的设备位号表（见表 9-2），在 Excel 中，用 SUBSTITUTE 公式，就可以生成所有设备的手动调用程序（见表 9-3）。

表 9-2　设备位号表

序号	位号	注释
1	NM02-1001	通风机 5.5kW
2	NM02-3001	搅拌电机 5.5kW
3	NM02-5001	循环泵 7.5kW
4	NM02-7001	补水泵 2kW
5	NM02-7002	真空泵 13kW
6	DFV12-1001	气动阀
7	DFV12-3001	气动阀

（续）

序号	位号	注释
8	DFV12-5001	气动阀
9	DFV12-7001	气动阀
10	DFV12-7002	气动阀

表 9-3　Excel 生成程序

A 列	B 列	C 列
NM02_1001	AAAA(FB_ON:=AAAA_ON,MPSa:=AAAA_FAULT,QCMD_ON:=AAAA_Q);	NM02_1001(FB_ON:=NM02_1001_ON,MPSa:=NM02_1001_FAULT,QCMD_ON:=NM02_1001_Q);
NM02_3001	AAAA(FB_ON:=AAAA_ON,MPSa:=AAAA_FAULT,QCMD_ON:=AAAA_Q);	NM02_3001(FB_ON:=NM02_3001_ON,MPSa:=NM02_3001_FAULT,QCMD_ON:=NM02_3001_Q);
NM02_5001	AAAA(FB_ON:=AAAA_ON,MPSa:=AAAA_FAULT,QCMD_ON:=AAAA_Q);	NM02_5001(FB_ON:=NM02_5001_ON,MPSa:=NM02_5001_FAULT,QCMD_ON:=NM02_5001_Q);
NM02_7001	AAAA(FB_ON:=AAAA_ON,MPSa:=AAAA_FAULT,QCMD_ON:=AAAA_Q);	NM02_7001(FB_ON:=NM02_7001_ON,MPSa:=NM02_7001_FAULT,QCMD_ON:=NM02_7001_Q);
NM02_7002	AAAA(FB_ON:=AAAA_ON,MPSa:=AAAA_FAULT,QCMD_ON:=AAAA_Q);	NM02_7002(FB_ON:=NM02_7002_ON,MPSa:=NM02_7002_FAULT,QCMD_ON:=NM02_7002_Q);

　　其中，A 列为整理到语法合格的位号，B 列为公式模板，C 列的公式为 =SUBSTITUTE(B1,"AAAA",A1)

　　从上到下拖下来，即得到了所有的公式。如此只要位号整理准确，即便再多数量的设备，程序脚本生成也不过几分钟就可以完成。将 C 列的内容复制到 PLC 程序中。然而，当编译时会发现，除了刚才 LAD 编程时手动建立的第一个实例之外，后面的新建部分编译错误，原因是实例标签不存在。所以，还需要先统一建立实例。

　　在为手动实例建立的全局标签中，将位号表中的位号全部复制到表中，实例类型选择对应的 FB 类型，见表 9-4。

表 9-4　设备实例

类	标签名	数据类型	常量	软元件	地址	注释
VAR_GLOBAL	NM02_1001	MOTOR2				通风机 5.5kW
VAR_GLOBAL	NM02_3001	MOTOR2				搅拌电机 5.5kW
VAR_GLOBAL	NM02_5001	MOTOR2				循环泵 7.5kW
VAR_GLOBAL	NM02_7001	MOTOR2				补水泵 2kW
VAR_GLOBAL	NM02_7002	MOTOR2				真空泵 13kW
VAR_GLOBAL	DFV12_1001	VALVE2				气动阀
VAR_GLOBAL	DFV12_3001	VALVE2				气动阀
VAR_GLOBAL	DFV12_5001	VALVE2				气动阀
VAR_GLOBAL	DFV12_7001	VALVE2				气动阀
VAR_GLOBAL	DFV12_7002	VALVE2				气动阀

此处调用的 MOTOR2 和 VALVE2 的功能块的引脚包含了需要的直接 I/O 引脚，而不是如前面章节讲到封装时只有一个 UU 接口。这是最新的实现方法。在最早发布的并交付给标准化学员的参考资料中，手动部分实例化比现在做的要复杂许多，原因是原始的版本对 UDT 的数据处理不够好，而这里则对这部分做了改进。

另外，也可以看到，这里的设备对象实例化的过程中，程序都是简单平铺下来的 FB 的调用。其实，FB 的程序逻辑调用运行并不是首要的目的，首要的是实例化，在实例化的过程中对接口参数赋实参地址或者值。

经常有人质疑这里的程序应该用循环，以为可以让程序更简练。首先，在耦合部分做循环逻辑，是不符合编程中高内聚、低耦合原则的。其次，做循环从操作上根本就不可行。有疑问的读者不妨先尝试用循环方式实现一下，自己摸索经验后，再回来进行比较。

还可以看到，上述的实例化程序直接通过符号寻址就实现了在程序中的调用，而且每个 I/O 变量只在程序中使用一次，也没有用到所谓的 I/O 映射。因为实在没有必要。即便用了 I/O 映射，也不会比这里程序实现得更简单和优雅。

9.3　设备的自动程序生成

自动程序（包括联锁和连启）的生成，其实就是所开发好的 L3 工艺库函数的实例化，在相应的工艺块开发过程中已经有讲解。

通常在一个系统中，自动逻辑作为设备实例对象，数量并不多，所以尽管可以，但其实没有必要像 9.2 节一样进行 SCL 批量生成。所以通常就简单用梯形图生成调用实例最简单直接。

这时，更多的是摊开工艺图，工艺图上事先已经标注好了设备位号，然后根据工艺图来输入实参名称，通常工作量就很小了。

9.4　WinCC 库面板个性化处理

WinCC V7.5 发布之后，带来了一个新功能，画面文件可以分目录了，即过去所有画面文件，以及为画面所设计的各种图标、图像文件，都平铺放在项目文件夹的 GRACS 文件夹里。BST 库画面模板带来的各种文件数量不少。如果还使用了 OS 项目编辑器自动生成了各种画面和图标，则一个项目与具体工程相关的内容还没开始做，就先有几百个文件了，相当杂乱。所以，我们需要把文件分组。

OS 项目编辑器自动生成的内容动不了，而且只能在画面根目录里。那么我们可以把库文件部分和为项目建立的文件分别分组。建立一个 BST 的文件夹，把所有库文件放到这个文件夹中。然而还需要做一些修改。

首先，原本的那些画面名称都是叫作 DEMO××××的，显得不够正式。先手动将各个文件名改掉，可以改为读者自己公司的特定标识，这里假设也改为BST。

逐个打开各个画面 PDL 文件，全选之后，选择编辑→链接→文本，如图 9-2所示。

图 9-2　链接→文本

搜索 DEMO 字样，如图 9-3 所示。

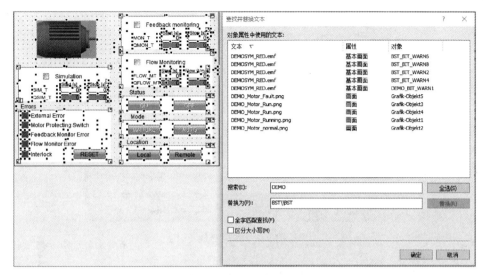

图 9-3　文本搜索和替换

过滤出所有使用了 DEMO 名称的文件名，替换为 "BST\\BST"，前者为路径名，后者为新图标文件的开头标识。

整体替换后大部分可以完成，然而会有疏漏。这是因为一些动态显示的对象，不同的状态引用了不同的图形文件，这种文本搜索不能搜到，所以需要运行后再逐个检查替换。

一番替换之后，这些库面板文件才算真正属于自己标准化项目的一部分了。以后的项目可以直接复制整个 BST 文件夹到新项目中。

9.5　WinCC 变量和画面图标

按照 6.7.1 节所描述的方法，建立 OPC 通信并为 OPC 生成变量之后，WinCC 中建立 OPC 通信连接，并将变量导入到 WinCC。然后以静态工艺图为画面背景，在各个设备的位置放置其面板图标，绑定变量，如图 9-4 所示。图中为一个图标的 QwdState 属性绑定了设备的状态字的变量。然而其实对一个设备对象，也只需要绑定这一个变量。整个画面窗口中的所有变量，包括控制字、设定参数等，可以通过程序脚本对这里的变量名称进行拆解，得到位号，继而得到所有其他的变量名。

这是由 WinCC 的特性能力决定的，也需要一定的编程能力基础。

完成一个之后，相同类型的可以复制，复制后可以通过替换变量方式修改变量链接。如此在每个画面中完成画面设计。

图 9-4　绑定变量

如果有个别需要批量修改的内容，可以考虑开发 VBA 脚本命令，以实现更高效的设计。

9.6　趋势图和报警

前面讲过，每一个标准化设备对象相关的趋势图都随对象显示在对其设备的操作面板中，而要求则是，变量记录中存储的变量必须在特定名称的文件夹中。按照约定的名称，建立文件夹，然后选择需要归档的变量。通常，这个工作量不大，几分钟内即可以完成，所以通常不需要有什么高级的高效处理。

然而如果确实项目巨大，需要归档的变量多，也可以使用 Excel 工具以及 WinCC 中的 VBA 工具来实现，如果上位机不是 WinCC 而是其他的 SCADA 软件，则需要从各自的软件中发掘相应的自动化功能。

然后是报警部分。先回顾一下在西门子中的做法。

西门子的 PLC（S7-1500、S7-300/400）与上位机（包括 WinCC 和其触摸屏）之间有特殊的系统报警信息的通道。即可以在 PLC 中通过程序生成报警文本，在运行中，当逻辑条件满足时，触发报警，并在 HMI/SCADA 上自动显示相关报警信息。

这种方式与传统的报警信息组态模式有相当大的不同。传统的报警信息组态中，上位机和下位机之间对接的是一批自定义的离散量，上位机根据每个离散量对应的含义，组织编辑好报警文本，而设备运行时，下位机的 PLC 只需要将相应的位触发，则上位机的报警系统就触发显示相应的报警文本，并进行历史归档。

所以，相比之下，传统的报警组态方式工作量是巨大的。在整个上位机界面的组态工作中，甚至可以认为接近 1/3 ~ 1/2 的工作量。而西门子的这种特殊的报警信息传递通道则具有超高的效率，在实现标准化烟台方法之后，甚至可以认为这方面的工作量接近于 0。

那么，在三菱的系统中如果有这样的功能，有可能以同样的方式实现报警信息，我们就应该尽量采取，甚至不惜因此更换整个上位机软件系统。

然而，可惜我们本书探讨的上位机是西门子的 WinCC，与下位机的 PLC 分别来自不同的厂家，双方目前并没有互相交换协议实现上述功能。那么我们暂时还只能按照传统方法实现报警组态。不过在标准化架构下，报警信息的组态也可以是模块化的，组态时的设计效率也仍然可以有一定程度的提高。

由于报警信息组态的本质是表格，所以我们的探讨只限定在 Excel 环节。而从 Excel 到 WinCC 或者其他软件都是常见功能，不需要具体展开。

从 BST 移植的 MOTOR 库函数的报警字 QwAlarm 的定义见表 9-5。

表 9-5　报警字 QwAlarm 定义

位	信号	信息文本
0	QMON_ERR	Feedbackmonitoringerror
1	QFLOW_ERR	Dry-runningmonitoringtriggered
2	QMPS	Motorprotectionswitchtriggered
3	—	—
4	QLOCK	Lock, motor switched off
5	—	—
6	QERR_EXT	Externalerror
7	QERR	Generalerror
8	QSTOP	MotorisOFF
9	QSTARTING	MotorisSTARTING
10	QRUN	MotorisON
11	QSTOPPING	MotorisSTOPPING
12	LOCK	Interlockpending
13	QREMOTE	Controller=>REMOTE
14	QMAN_AUT	Operatingmode=>AUTOMATIC
15	QSIM	SimulationisACTIVE

其中错误类信息有 6 条，分别在位 0、1、2、4、6、7，而正常运行类信息有 8 条，分别在位 8 ~ 15。

本例中共假设了 5 台电机设备，则结合位号表，添加变量名列以及设备信息描述后，第一台电机 NM02_1001 的报警信息列表见表 9-6。

表 9-6   报警信息列表

变量名	位	报警类型	信息文本
NM02_1001_QwAlarm	0	故障	通风机 5.5kW::Feedbackmonitoringerror
NM02_1001_QwAlarm	1	故障	通风机 5.5kW::Dry–runningmonitoringtriggered
NM02_1001_QwAlarm	2	故障	通风机 5.5kW::Motorprotectionswitchtriggered
NM02_1001_QwAlarm	4	故障	通风机 5.5kW::Lock,motorswitchedoff
NM02_1001_QwAlarm	6	故障	通风机 5.5kW::Externalerror
NM02_1001_QwAlarm	7	故障	通风机 5.5kW::Generalerror
NM02_1001_QwAlarm	8	信息	通风机 5.5kW::MotorisOFF
NM02_1001_QwAlarm	9	信息	通风机 5.5kW::MotorisSTARTING
NM02_1001_QwAlarm	10	信息	通风机 5.5kW::MotorisON
NM02_1001_QwAlarm	11	信息	通风机 5.5kW::MotorisSTOPPING
NM02_1001_QwAlarm	12	信息	通风机 5.5kWw::Interlockpending
NM02_1001_QwAlarm	13	信息	通风机 5.5kW::Controller=>REMOTE
NM02_1001_QwAlarm	14	信息	通风机 5.5kW::Operatingmode=>AUTOMATIC
NM02_1001_QwAlarm	15	信息	通风机 5.5kW::SimulationisACTIVE

5 台电机则得到了 70 条报警信息列表。同理，对于 VALVE 阀门类型，其报警字 QwAlarm 的定义见表 9-7。

表 9-7   报警字 QwAlarm 定义

位	信号	信息文本
0	QMON_ERR	Feedbackmonitoringerror
1	—	—
2	—	—
3	—	—
4	QLOCK	Interlock,valveclosed
5	—	—
6	QERR_EXT	Externalerror
7	QERR	Grouperror
8	QCLOSE	ValveisCLOSED
9	QOPENING	ValveisOPENING
10	QOPEN	ValveisOPEN
11	QCLOSING	ValveisCLOSING
12	LOCK	Interlockpending

（续）

位	信号	信息文本
13	QREMOTE	Controller=>REMOTE
14	QMAN_AUT	Operatingmode=>AUTOMATIC
15	QSIM	SimulationACTIVE

其中错误类信息有 4 条，分别在位 0、4、6、7，而正常运行类信息有 8 条，分别在位 8 ～ 15。即每个阀门实例共有 12 条报警信息，5 台阀门总共可以得到了 60 条报警信息。

另外系统的每一个 L3 自动工艺模块也都应该设计有 QwAlarm，根据具体的工艺，将其中工艺运行的重要信息输出定义到报警字，同样的方法输出到上位机中定义组态以及上位机记录和显示。由此形成了完整的报警信息列表。如此方式设计的报警信息列表虽然没有 PLC 中自动生成报警简便，然而对于规模不算太大的非标设备等系统，其实过程也比较便捷，工作量不算很大。

然而现在回过头看 5.4 节讲到的自动生成变量表的需求，会发现报警列表与变量表结构其实很相似，都是整理一套表格模板，然后根据设备位号列表，扩展生成一整套数据表格。那么，其实可以在自动生成变量表时，根据软件拓展功能涵盖到报警信息的功能，至少可以将手动状态设备电气级别的报警一键自动生成。

而在设计开发环节，自动逻辑报警需要逐个增加完善。而一旦设备工艺成熟稳定，其 L3 程序块固化不再需要变更之后，也同样可以添加到软件工具中。在完全成熟稳定之后，再有新项目或者新设计的非标设备就可以针对项目简单生成，而不需要研发工程师参与了。

至此，上位机部分的 WinCC 设计工作也基本完成。

9.7　关于程序注释

历来业界对程序注释的争论比较多。有主张程序注释非常重要的一方甚至把完备的注释作为评价程序好坏的关键标志。

从我们全文的演示中读者应该也发现了，我们的标准化程序很少有注释。其实，我们在制作演示程序时，也想尽可能地把注释写清楚，然后再截屏分享。然而，大多数时候，发现根本没有必要。程序的功能想要实现的目的都非常直观的情况下，非要硬加上注释，反而有些画蛇添足。

我们标准化的程序有内聚部分和耦合部分两部分，即库函数的部分和实例化的部分。对于库函数部分，取决于逻辑的复杂程度和最终的使用目的。如果库函数最终都是封装的，甚至加密的，有没有注释，需要有多少注释，都是取决于主导开发的工程师自己的技能水平。

其中比较重要的是对库函数功能的描述，如本书中花费了大量篇幅所介绍的 BST 库函数的功能介绍。而实例化的耦合部分，我们多次强调，逻辑要尽量简单，那么对于逻辑足够简单的程序，注释就基本没有必要。只需要在项目前期工作中把位号名称、设备注释等整理充分，程序中，即便没有注释，所有人也可以一眼看懂。这是我们在前面花费大量篇幅介绍设备分类、位号编制、符号表编制的原因。

所以，读者在被灌输强调程序注释重要性的同时，还需要知道另一个说法：好的程序自带注释。

9.8　关于编程语言的选择

我们在所有讲解中，编程语言只用到了 SCL 和 LAD 两种，因为这两种语言最常用，支持度也最高。

然而，如果一些 PLC 型号支持特殊的编程语言，或者将来会提供一些更高级的语言，如 GPAPH、SFC、CFC 等，这些语言在实现特定的工艺功能时有相当大的优势的话，读者在设计自己工艺专属的库函数时，也完全可以选择使用。

9.9　关于交叉索引

如所有 PLC 品牌一样，三菱的 PLC 也有交叉索引，只不过软件中翻译后的名词叫作交叉参照。不管是符号表中还是程序中，点中一个变量后，右键中选择交叉参照命令，就可以弹出窗口，窗口中显示了这个变量被使用的所有位置的列表。

这在传统的 PLC 编程中是非常重要的功能，也是不可或缺的工具。然而在完全实现标准化架构之后，会发现交叉索引功能就很少用到了。不是禁止读者使用，而是根本没有用得到的机会。

整个程序做下来，没有使用全局变量 M 和 T，而 D 区的变量都是自动分配地址的，程序本身按符号寻址，并没有直接使用 D 区变量。

而物理通道的 IO，当然要使用，然而进入交叉参照之后，这些 IO 在程序中只使用了一次，即它所在的 L1/L2 设备对象实例化时，按照程序的架构设计很容易找到，正常也是不需要借助交叉参照去查找变量所使用的位置的。所以，反而如果发现某个 IO 在列表中出现 2 次，证明程序有错误，需要找到原因。

而在标准化程序中，有可能会出现多次的是对象标签，每一个 L1/L2 的设备在实例化时生成一次，而如果是某个自动逻辑的一部分，则会被其调用一次。通常是其对象中的 UDT 类型的数据作为实参，出现在某个 L3 设备的引脚上。后者也有可能出现多次。这种情况就只发生在那些公用设备上。比如一台为所有工位服务的公用设备，有多少个工位就会出现多少次。这可以根据工艺图来找到，而不需要依靠交叉索引功能。

9.10　相关参考文章

9.10.1　［万泉河］PLC 编程中的循环语法使用

不管什么 CPU 和编程语言都有循环语法，可以用于实现循环。当然，很多时候，语言对循环支持得并不够理想，通常还要有指针、间接寻址等配合。所以在 PLC 编程中，属于难度比较高的问题。

循环编程方法的意义有以下几个方面：

1）提高 CPU 的工作效率。

2）降低程序代码数量，减少内存使用。

3）降低编程时的工作量。

关于 1），用类似 FOR…NEXT 的循环语句对 CPU 的工作量其实是没有多少改善的。循环 100 次与写 100 行并没有区别。当循环周期数太大时，同样都要当心 OB1 循环超时。

关于 2），减少代码数量需要有足够多的循环周期。如果只有 5 个对象或者更少，为了做循环，还要精心准备输入和输出接口，最终反而使程序代码量多了。

关于 3），编程的工作量，同时还有难度都是要综合考虑的。如果编程工具可以支持与办公软件的数据相互复制，先在办公软件中，通过数据整理技巧，把程序代码整理好，在 PLC 环境中拿来直接使用，工作量有时候说不定更少、更快捷。

工业自动化系统中，通常设备数据量都很小。比如一个中型的控制系统，100 台电机设备算比较多了。而值得通过循环来编程的，通常还需要是同一个类型的序列设备。超过 5 台都很少见。而如果要设计为循环编程方法，还需要在 I/O 排布开始就充分考虑。比如输入信号按顺序 X.0、X.1、X.2、X.3、X.4，输出信号也要同样地按顺序排起来。这就需要提前与电气图纸设计者沟通好，也要与盘柜工人配合。这些是不符合标准化模块化设计原则的。尤其是，如果运行中，突然中间的某一个模块的点坏掉了，要把其中一个点挪到其他的地址，还做不到了。这比较麻烦。

回顾我自己十几年来做过的 PLC 程序，真正用过循环编程的场合少之又少。

印象中比较深的是处理仓库类数据用到了循环。但因为循环量太大，尽管开始是用循环语句实现的，但后来发现导致 CPU 的循环周期过长，而因为也没有实时性要求，最后还是改为异步循环，通过 OB1 的循环周期来实现了。

所以，关于循环语法，我的原则是少用循环。只要能不用循环，就尽量不用循环。

9.10.2 ［万泉河］程序算法的本质

我有一个观点：所有程序，包含计算机程序和 PLC 程序，当谈及算法的时候，算法的本质一定有循环以及与 IF 语句的配合。

对于 PLC 系统来说，由于它自身内置了 OB1 循环机制，所以好多简单的循环功能甚至不需要用显式的 FOR NEXT 或者 LOOP 语句，通过借用 OB1 的循环机制就可以实现。反而会比 LOOP 循环更节省 OB1 循环时间，所以在 PLC 领域，用到循环的场合很少。

我曾经在一篇文章中指出，大部分的 PLC 应用领域是不需要用循环语法的，只有少数的算法中有可能用到。然而大家如果按照传统的方法写 PLC 程序的话，实在没有多少算法，那么自然也没有机会用到。

有读者在我文章后面回复我并找出一个特例：MODBUS 通信报文的 CRC。

没错，这确实是有算法，确实是需要用到循环。然而，所有同行中，有几个人需要编写调试 CRC 的程序呢？市面上所有 PLC 平台的应用，CRC 基本都被封装成标准块了，大家要做 MODBUS 通信的时候，只需要调用这个库函数即可，完全可以不用晓得其内部的算法，也自然就不需要知道有什么循环了。

而对于某些有机会做 CRC 以及 BBC 等别的校验计算语法的程序员，这些算法最多调试一次，一次成功后就会自己给自己打包，在以后的项目中重复应用。

所以，从那位读者列举出的 CRC 例子反而证明了工业控制 PLC 程序中用到循环算法的机会很少，而且少之又少。

可能由于这样的原因，导致大家反而非常珍惜用到循环的机会。会不由自主地挖掘一切可以用循环实现功能的机会，以锻炼自己的语法掌控能力。

我在所有 PLC 平台实现同样功能的 80 工位控制公用灯的系列例子中，从一开始就强调，80 只是个量的概念，工位配置是复杂多样的，不要去尝试简单循环调用。只要脱离例子本身，针对工程项目，循环规律必然被打破，没法用到循环语法了。

然而，这根本挡不住大家对循环的执念。

在回复中，仍然不断地有各种回帖将我给出的例子程序改造后用循环实现，然后指着他那十来句的程序说，我做例子比你做的例子还简练！

然而你做的循环程序都不用到工程项目上，因而毫无应用价值啊！

对应到工程项目中，工程现场的布局规律，工艺要求稍微改变一点，辛辛苦苦做出来的语法程序就彻底作废，需要从头重来。

将 80 工位分为三个区域，每个区域共用一个灯，产线布局图如图 9-5 所示。

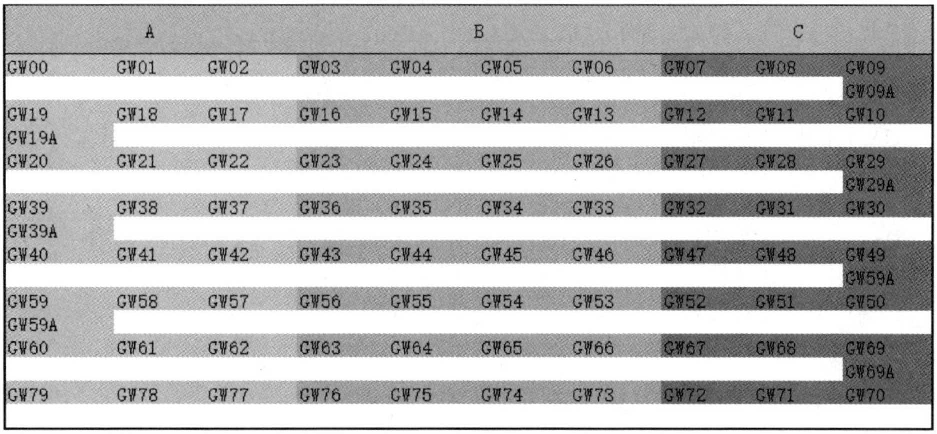

A				B			C		
GW00	GW01	GW02	GW03	GW04	GW05	GW06	GW07	GW08	GW09 GW09A
GW19 GW19A	GW18	GW17	GW16	GW15	GW14	GW13	GW12	GW11	GW10
GW20	GW21	GW22	GW23	GW24	GW25	GW26	GW27	GW28	GW29 GW29A
GW39 GW39A	GW38	GW37	GW36	GW35	GW34	GW33	GW32	GW31	GW30
GW40	GW41	GW42	GW43	GW44	GW45	GW46	GW47	GW48	GW49 GW59A
GW59 GW59A	GW58	GW57	GW56	GW55	GW54	GW53	GW52	GW51	GW50
GW60	GW61	GW62	GW63	GW64	GW65	GW66	GW67	GW68	GW69 GW69A
GW79	GW78	GW77	GW76	GW75	GW74	GW73	GW72	GW71	GW70

图 9-5　产线布局图

然而，产线在厂房内的布局不是一字排开，而是蛇形弯曲的，这符合工程实际应用。所以，最终三个区域控制的灯并不具备数字上的规律，而是如图中的 GW00、GW01、GW02、GW19、GW18、GW17、GW20、⋯、GW78、GW77 等被划分在同一个公用灯 A 之下。总之，这个环节的程序是需要在现场根据工艺图来完成的。

输出的灯变多之后，程序也变乱了，因此可以在产线方向折回的地方增加一个工位 GW09A、GW19A 等，初衷是在设计布局时为了整齐而人为增加的，而实际工程应用也完全有可能有这样的临时改动。

另外，关于算法和循环，传统的面向过程的 PLC 程序中很少用到，但在标准化架构烟台方法中其实用到的机会很多。比如优雅点亮指示灯、MODBUS 自轮询的并行通信等各种功能实现，以及近年来提出的一些算法题目、GETUID、配方参数联动竞赛等，这些题目的实现背后其实都是依靠大量的循环语法支撑的。甚至有的算法是多重循环交叉配合才能实现的，除了 FOR 循环，还要再借助 OB1 本身的循环机制，对于有兴致研究复杂算法的读者，机会还是很多的。

9.10.3　[万泉河] 优雅的 PLC 程序一定是用 Excel 写出来的

作者曾在《PLC 标准化编程原理与方法》一书中，明确将 Excel 技能列在技能需求第二项，重要程度为 8，难度系数为 2。因为 Excel 技能相当于通用技能，而不仅仅局限于 PLC 行业之内。要提升技能或者获取答案的方法非常多，即便有解决不了的问题，也可以在网上搜索，十分便捷。

比如在一个 S7-200 SMART PLC 的例子里备注：后面 79 个工位调用用 STL 编写。

```
CALL L31_ 工位控制，GW01_SIG，LAMP，GW01_SAV
CALL L31_ 工位控制，GW02_SIG，LAMP，GW02_SAV
CALL L31_ 工位控制，GW03_SIG，LAMP，GW03_SAV
CALL L31_ 工位控制，GW04_SIG，LAMP，GW04_SAV
CALL L31_ 工位控制，GW05_SIG，LAMP，GW05_SAV
CALL L31_ 工位控制，GW06_SIG，LAMP，GW06_SAV
CALL L31_ 工位控制，GW07_SIG，LAMP，GW07_SAV
CALL L31_ 工位控制，GW08_SIG，LAMP，GW08_SAV
CALL L31_ 工位控制，GW09_SIG，LAMP，GW09_SAV
CALL L31_ 工位控制，GW10_SIG，LAMP，GW10_SAV
……
```

这样简单有规律的程序脚本用 Excel 即可完成。

下面从 Excel 技巧出发，逐步演示用 Excel 生成 PLC 程序的方法最终将 80 个模拟量调用的示例程序与 80 工位双联开关程序合并到一个系列中（前提基础是所有 PLC 平台均兼容）。

将上述的 STL 程序生成的第一个实例的程序复制到 Excel 中，然后拖拽单元格右下角的小黑点拖到 80 行，并选择填充序列，如图 9-6 所示。

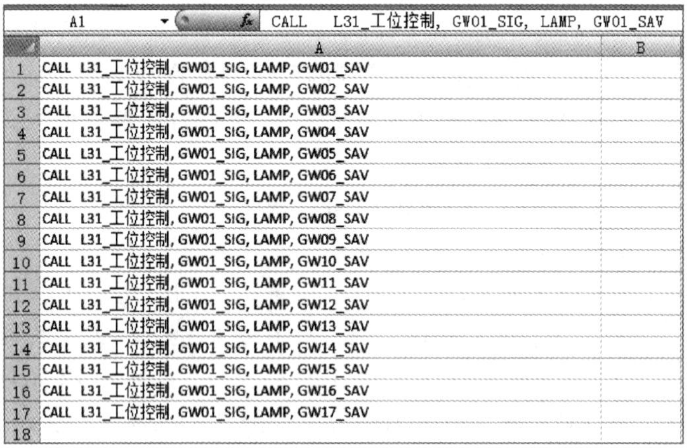
A1 fx CALL L31_工位控制, GW01_SIG, LAMP, GW01_SAV

	A	B
1	CALL L31_工位控制, GW01_SIG, LAMP, GW01_SAV	
2	CALL L31_工位控制, GW01_SIG, LAMP, GW02_SAV	
3	CALL L31_工位控制, GW01_SIG, LAMP, GW03_SAV	
4	CALL L31_工位控制, GW01_SIG, LAMP, GW04_SAV	
5	CALL L31_工位控制, GW01_SIG, LAMP, GW05_SAV	
6	CALL L31_工位控制, GW01_SIG, LAMP, GW06_SAV	
7	CALL L31_工位控制, GW01_SIG, LAMP, GW07_SAV	
8	CALL L31_工位控制, GW01_SIG, LAMP, GW08_SAV	
9	CALL L31_工位控制, GW01_SIG, LAMP, GW09_SAV	
10	CALL L31_工位控制, GW01_SIG, LAMP, GW10_SAV	
11	CALL L31_工位控制, GW01_SIG, LAMP, GW11_SAV	
12	CALL L31_工位控制, GW01_SIG, LAMP, GW12_SAV	
13	CALL L31_工位控制, GW01_SIG, LAMP, GW13_SAV	
14	CALL L31_工位控制, GW01_SIG, LAMP, GW14_SAV	
15	CALL L31_工位控制, GW01_SIG, LAMP, GW15_SAV	
16	CALL L31_工位控制, GW01_SIG, LAMP, GW16_SAV	
17	CALL L31_工位控制, GW01_SIG, LAMP, GW17_SAV	
18		

图 9-6　用 Excel 写程序 1

可以看出程序中有两个数字序列，但 Excel 只给文本中的最后一个数字生成序列。要实现两个或多个数字序列方法是将文本复制到 AB 两列，然后各自删掉头和尾，保证数字分到了两个列中，再对这两个单元格同时拖拽 80 行，即生成了 80 行调用程序，如图 9-7 所示。

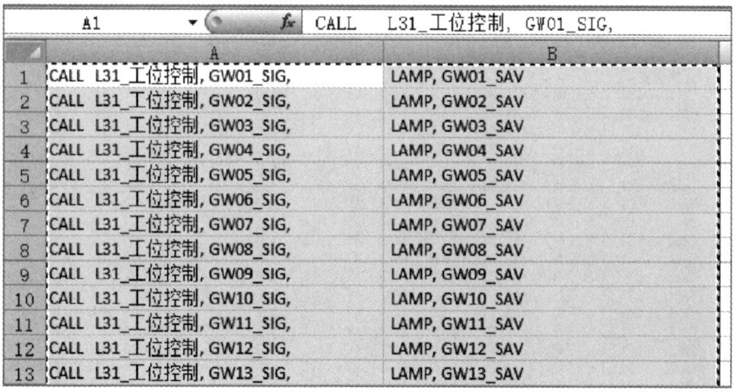

图 9-7　用 Excel 写程序 2

全部选中，复制内容回程序中，直接可用。其实，这样复制的内容中有表格分隔符，所以也可以另外生成一个 C 列，里面的公式填入 "=A1&B1"，同样拖拽到 80 行，生成了 80 行结果，由此便得到了完整的 80 行程序调用。

然而，这里 80 个工位编号完整整齐的从 01 递增到 80，是为了例子生成便捷刻意安排的。实际的工程项目中位号通常不连续，比如：GW1001　GW1002　GW1003　GW1004　GW1005　GW1006　GW1007　GW1008　GW1009　GW1010　GW2001　GW2002　GW2003　GW2004　GW2005　GW2006　GW3001　GW3002　GW3003　GW3004　GW3005　GW3006……总计 80 个。

首先将上述的位号数据复制到 A 列，这里是一行数据，可以先复制到一个行中，然后选择性粘贴，转置，将行排列的数据转置成列。

程序调用的位号部分修改到 AAAA，即

CALL L31_ 工位控制，AAAA_SIG，LAMP，AAAA_SAV

复制到 B 列所有行。

C2 中填入公式 "=SUBSTITUTE（B2，"AAAA"，A2）"。

意思是将 B 列中的 AAAA 字符的部分替换为 A2 单元格的内容，即得到了目标的程序，拖拽到底，则生成了所有程序，如图 9-8 所示。

接下来模拟量转换程序的调用。模拟量程序的特点是输入的参数很多，每一个模拟量的标定数据上下限、物理单位等都不一样，来自工艺统计的位号表如图 9-9 所示。

工艺表中必然另外存在一些不关心的数据信息列，只需要隐藏即可，留下的内容都需要生成到程序中，包括字符类型的注释和单位部分。在 PLC 支持的情况下，可以直接做到 FB 的引脚上，最终不仅在程序中直观可见，字符数据还可以传到上位机中，上位组态时也不必再包含这部分录入的工作量了。

	A	B	C
1	位号	程序模板	替换位号
2	GW1001	CALL L31_工位控制, AAAA_SIG, LAMP, AAAA_SAV	CALL L31_工位控制, GW1001_SIG, LAMP, GW1001_SAV
3	GW1002	CALL L31_工位控制, AAAA_SIG, LAMP, AAAA_SAV	CALL L31_工位控制, GW1002_SIG, LAMP, GW1002_SAV
4	GW1003	CALL L31_工位控制, AAAA_SIG, LAMP, AAAA_SAV	CALL L31_工位控制, GW1003_SIG, LAMP, GW1003_SAV
5	GW1004	CALL L31_工位控制, AAAA_SIG, LAMP, AAAA_SAV	CALL L31_工位控制, GW1004_SIG, LAMP, GW1004_SAV
6	GW1005	CALL L31_工位控制, AAAA_SIG, LAMP, AAAA_SAV	CALL L31_工位控制, GW1005_SIG, LAMP, GW1005_SAV
7	GW1006	CALL L31_工位控制, AAAA_SIG, LAMP, AAAA_SAV	CALL L31_工位控制, GW1006_SIG, LAMP, GW1006_SAV
8	GW1007	CALL L31_工位控制, AAAA_SIG, LAMP, AAAA_SAV	CALL L31_工位控制, GW1007_SIG, LAMP, GW1007_SAV
9	GW1008	CALL L31_工位控制, AAAA_SIG, LAMP, AAAA_SAV	CALL L31_工位控制, GW1008_SIG, LAMP, GW1008_SAV
10	GW1009	CALL L31_工位控制, AAAA_SIG, LAMP, AAAA_SAV	CALL L31_工位控制, GW1009_SIG, LAMP, GW1009_SAV
11	GW1010	CALL L31_工位控制, AAAA_SIG, LAMP, AAAA_SAV	CALL L31_工位控制, GW1010_SIG, LAMP, GW1010_SAV
12	GW2001	CALL L31_工位控制, AAAA_SIG, LAMP, AAAA_SAV	CALL L31_工位控制, GW2001_SIG, LAMP, GW2001_SAV
13	GW2002	CALL L31_工位控制, AAAA_SIG, LAMP, AAAA_SAV	CALL L31_工位控制, GW2002_SIG, LAMP, GW2002_SAV
14	GW2003	CALL L31_工位控制, AAAA_SIG, LAMP, AAAA_SAV	CALL L31_工位控制, GW2003_SIG, LAMP, GW2003_SAV
15	GW2004	CALL L31_工位控制, AAAA_SIG, LAMP, AAAA_SAV	CALL L31_工位控制, GW2004_SIG, LAMP, GW2004_SAV
16	GW2005	CALL L31_工位控制, AAAA_SIG, LAMP, AAAA_SAV	CALL L31_工位控制, GW2005_SIG, LAMP, GW2005_SAV
17	GW2006	CALL L31_工位控制, AAAA_SIG, LAMP, AAAA_SAV	CALL L31_工位控制, GW2006_SIG, LAMP, GW2006_SAV
18	GW3001	CALL L31_工位控制, AAAA_SIG, LAMP, AAAA_SAV	CALL L31_工位控制, GW3001_SIG, LAMP, GW3001_SAV
19	GW3002	CALL L31_工位控制, AAAA_SIG, LAMP, AAAA_SAV	CALL L31_工位控制, GW3002_SIG, LAMP, GW3002_SAV
20	GW3003	CALL L31_工位控制, AAAA_SIG, LAMP, AAAA_SAV	CALL L31_工位控制, GW3003_SIG, LAMP, GW3003_SAV
21	GW3004	CALL L31_工位控制, AAAA_SIG, LAMP, AAAA_SAV	CALL L31_工位控制, GW3004_SIG, LAMP, GW3004_SAV
22	GW3005	CALL L31_工位控制, AAAA_SIG, LAMP, AAAA_SAV	CALL L31_工位控制, GW3005_SIG, LAMP, GW3005_SAV
23	GW3006	CALL L31_工位控制, AAAA_SIG, LAMP, AAAA_SAV	CALL L31_工位控制, GW3006_SIG, LAMP, GW3006_SAV

图 9-8　用 Excel 写程序 3

序号	符号	类型	单位	量程下限	量程上限	注释
19	AI_V019	AI	pa	0	100	DPT-R5
20	AI_V020	AI	pa	0	500	DPT-F5
21	AI_V021	AI	°C	-5	55	THT-R6-T
22	AI_V022	AI	%	0	100	THT-R6-RH
23	AI_V023	AI	pa	0	100	DPT-R6
24	AI_V024	AI	pa	0	500	DPT-F6
25	AI_V025	AI	°C	-5	55	THT-R7-T
26	AI_V026	AI	%	0	100	THT-R7-RH
27	AI_V027	AI	pa	0	100	DPT-R7
28	AI_V028	AI	pa	0	500	DPT-F7
29	AI_V029	AI	°C	-5	55	THT-R8-T
30	AI_V030	AI	%	0	100	THT-R8-RH
31	AI_V031	AI	pa	0	100	DPT-R8
32	AI_V032	AI	pa	0	500	DPT-F8
33	AI_V033	AI	°C	-5	55	THT-R9-T
34	AI_V034	AI	%	0	100	THT-R9-RH
35	AI_V035	AI	pa	0	100	DPT-R9
36	AI_V036	AI	pa	0	500	DPT-F9

图 9-9　位号表

程序模板如下：

"//#AAAA（IN_INT：=""AAAA""，
　　　　　HI_LIM：=CCCC, LO_LIM：=BBBB，
　　　　　INSTANCE：='DDDD', unit：='EEEE'); "

其中除了信号名称 AAAA 需要替换之外，后面的 BBBB，CCCC，DDDD，EEEE 也分别替换为表格内的内容。把模板所在的单元格起名字定义为 AI_1500，替换语法设置如下：

=SUBSTITUTE（SUBSTITUTE（SUBSTITUTE（SUBSTITUTE（SUBSTITUTE
（SUBSTITUTE（AI_1500，"AAAA"，B2），"BBBB"，G2），"CCCC"，H2），"DDDD"，I2），
"EEEE"，F2），CHAR（10），"　"）

最终生成了程序：

"AI_V019"（IN_INT：="AI_V019"，　　　　　　　　　　HI_LIM：=100，LO_LIM：=0，
INSTANCE：='DPT-R5'，unit：='pa'，QOUT=>"HMI".AI.AI_V019）；
　　"AI_V020"（IN_INT：="AI_V020"，　　　　　　　　　　HI_LIM：=500，LO_LIM：=0，
INSTANCE：='DPT-F5'，unit：='pa'，QOUT=>"HMI".AI.AI_V020）；
　　"AI_V021"（IN_INT：="AI_V021"，　　　　　　　　　　HI_LIM：=55，LO_LIM：=-5，
INSTANCE：='THT-R6-T'，unit：='℃ '，QOUT=>"HMI".AI.AI_V021）；
　　"AI_V022"（IN_INT：="AI_V022"，　　　　　　　　　　HI_LIM：=100，LO_LIM：=0，
INSTANCE：='THT-R6-RH'，unit：='%'，QOUT=>"HMI".AI.AI_V022）；
　　"AI_V023"（IN_INT：="AI_V023"，　　　　　　　　　　HI_LIM：=100，LO_LIM：=0，
INSTANCE：='DPT-R6'，unit：='pa'，QOUT=>"HMI".AI.AI_V023）；

再将程序文本直接复制到 PLC 软件中即可，如图 9-10 所示。

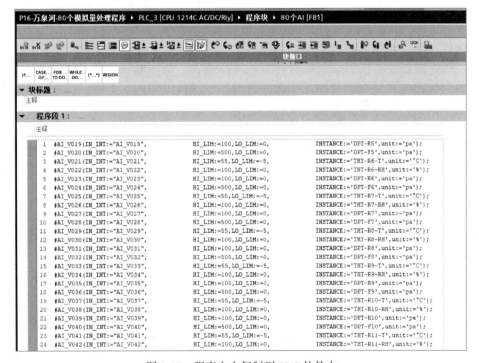

图 9-10　程序文本复制到 PLC 软件中

由于篇幅有限，故只复制了其中的前几行，而实际项目中即使模拟量庞大，
只要数据表格规范完整，这些工作量都可以瞬间完成的。

　　假设有 8000 个数据，项目所控制的 PLC CPU 至少有几十个，那么只需要在数据表中标明 CPU 的标识，程序生成后按标识复制到相应的 CPU 中即可，不需要任何循环。

　　用循环语法处理模拟量往往只在意了调用部分，而忽略了参数的输入部分的工作量，但这其实才是工作量最大的。

　　模块参数的给定、物理通道的给定等，最方便的方式恰恰是通过 FB 调用的实例化时给定，因为可以在一行程序语句里一次性完成。如果只为了循环调用，那么留给数据整理部分的工作量反而增加了，而且分散到整个程序的多个角落，使得查错、维护都成了问题。

9.10.4 ［万泉河］80 模拟量例子程序升级版 V2.0

　　在 PLC 程序中，除了必要的数学算法必须用循环之外，在调用实例环节没有必要使用循环的理念。

　　为了证明为什么会用间接寻址，而没有使用循环法来做，我又写了文章来解释了工程项目中的分工原则，正常情况下，IO 点表并不是规律整齐的，反而不整齐、不规则才是常态。不能要求设计工程师在分配点表时而过度分心去为后面的编程方便而做额外的工作。

　　我指的点表不仅仅是模拟量，而是所有点表，包括电机设备、阀门等所有类型的点表都应该是有规律的，都能实现循环、快捷调用的。否则仅仅是基本模拟量做了循环，其他设备类型还是照样会乱作一团。

　　下面再将这个例子完善一下，模拟量的数量仍然是 80 个，而数据类型有 4 ～ 20mA 电流信号，也有 RTD 温度信号，即使用了专用温度模块。温度模块的特点是不再通过上下限线性变换，而是整数值中直接带有 1 ～ 2 位小数，这里默认带 1 位小数。

　　而对 SMART 来说，AIW 数据区范围无法容纳 80 个模拟量，所以采用了一部分第三方的远程 IO 卡件，以通信方式来读数据。比如零点自动化公司的 AI 卡件，以 MODBUS TCP 协议通信得到。

　　每个公司的卡件、模数转换时，上下限定义各不相同。比如 S7-200 SMART PLC 中 20MA 对应的上限值为 32000，而零点模块为 27648，这一点与 S7-1200/1500 和 S7-300 相同。所以这次升级版的例子中，模拟量处理的模

块增加了两个，分别是温度模块，用于本地的 S7-200 SMART PLC RTD 卡件和远程的零点的 3 通道 RTD 卡件；而零点专用块用于处理零点的 4 ～ 20mA 模拟量信号，上限由 32000 改为 27648，如图 9-11 所示。

　　在前面版本的程序基础上稍作修改之后，程序调用

图 9-11　增加的模拟量块

过程如图 9-12 所示。

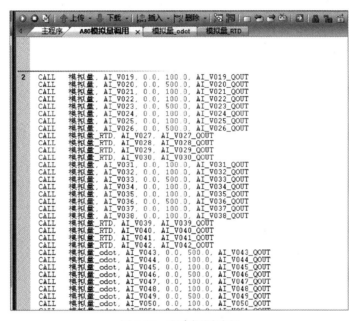

图 9-12　程序调用过程

注意：由于其中对温度信号使用了专用 RTD 模块，所以对 IO 表顺序做了调整。卡件使用的顺序为普通模拟量模块和 RTD 模块交替使用，便于与工艺现场对接。比如这次修改了变量表之后，生成的数据如图 9-13 所示。

E	F	G	H
AI	pa	0	100
AI	pa	0	500
AI	%	0	100
AI	pa	0	100
AI	pa	0	500
AI	%	0	100
AI	pa	0	100
AI	pa	0	500
AI	°C	-5	55
AI	°C	-5	55
AI	°C	-5	55
AI	°C	-5	55

图 9-13　数据表

9.10.5　［万泉河］给烟台方法学员的第一堂作业：80 台电机群控

假设系统中有 10 台普通电机，实现对它们的手动控制。要求在 HMI/ 上位机中能逐个操作起动停止。对这些电机设备做顺序控制，即上位机触发自动起动之后，所有电机逐个延时起动。而停止时则逆序逐个停机。其中，每台的延时时间都可以单独在 HMI 上设置。除功能之外的安全保护和报警功能，可根据实际应用需要实现。扩大电机数量规模到 80 台，并同样实现从 1 到 80，以及从 80 到 1 的顺序起动和逆序停止。如果觉得太简单，可以增加到 800 个、8000 个。一台 CPU 做不了，可以分布到多个 CPU 模块化协同实现。

有同行可能认为这作业很简单，不需要学习烟台方法也照样能实现。

这作业当然简单。特别是第一步实现手动的部分，与 80 模拟量以及 80 工位的例子一样简单。然而我们这里是模块化的优雅的实现方法，程序最终可以做到与 80 例子一样优雅，而且数量都可以自由组合。比如增加到 100 台或者减少到 70 台电机，系统设计改动工作量都很少，可以做到不需要再调试，直接装入模块即可。

在实际应用中，比如现在要做的是皮带机的控制，不同的项目中皮带机的数量都不一样，但控制原理都是一样的，那么只需要把作业完成一次，以后不管现场应用如何更改，都可以不必再进行现场编程调试。做好的程序下载到 PLC 系统中，现场安装工人安装对接完成，就可以运行了。这才是烟台方法的模块化。

到这一步，只是入门了，毕竟，当面对真正的工程项目时，控制对象要复杂得多，工艺结构也千差万别，实现标准化模块化难度要大很多。

9.10.6 ［万泉河］80 工位双联开关例程有什么实际意义

前一段时间里，做了一套 80 工位双联开关控制一个公用指示灯的例子，实现的功能是，假设有 80 个工位，每个工位都有一个双联开关，而系统有一个总控的公用指示灯。那么任何一个工位，当它的开关位置切换，从左到右，或者从右到左，即信号从 0 到 1 和从 1 到 0 时，都要触发切换指示灯的亮灭状态，即如果原来为灯灭，则点亮灯，而如果原来为灯亮，则熄灭灯。我把这个例子功能在几乎所有的 PLC 平台都实现了。

下面解释一下这个例子的实际意义。

首先，这是一个逐渐成长起来的例子，例子的作用是让读者从中领会其中的逻辑技巧，而不是直接去套用。

例子演示用的是双联开关，而实际应用中，更多的是单键自复位的按钮，足以实现功能，而且更简单。而如果需要的是工位中的逻辑条件满足之后控制灯，也只需要将输入点换为响应的内部变量，对灯的控制要求会是多工位的取或（并联）而不是翻转状态。

对于技术的学习来说，通常做减法比做加法要容易得多。学习者可以在这个例子的基础上做减法，比如可以把双联开关减为单按钮，把 80 个工位减少为 2

个工位。

当下的工位控制是相同的，所以通过对同一个 FB 的多次调用实现。那么也可以是相似的 FB，即主要功能完全不同，而仅仅相关联的引脚和变量相同。例子的控制对象现在是指示灯，是一个 Q 点，然而这个 Q 点也完全可以是驱动电机的接触器的 Q 点。那么，如果 2 个工位分别改名字为手动控制和自动控制，就实现了：

CALL 电机手动控制
CALL 自动控制

即前面提及的实现手动控制和自动控制解耦并列实现的程序写法，是很多 PLC 初学者迈入过的坑，大家后来纷纷改变了程序架构，而其实，只要对 PLC 逻辑有足够的驾驭能力，也是完全可以实现的。

这个例子的另一个重要意义在于，演示了写 PLC 程序的方法是可以完全离开 PLC 平台的，即用同一种思想方法在所有 PLC 平台都可以实现。用这种架构方法写出的 PLC 程序要移植到其他平台，都是非常容易的。甚至如果用的都是同样语法规范的 ST 语言，直接文本复制粘贴也都是可能的。

9.10.7　［万泉河］澄清一个一直以来的所谓的高效编程方式：IO 映射

一直以来，同行之中一直流传着这样一个所谓的高效编程的方式：IO 映射。何为 IO 映射？即说的是，PLC 的主程序中不要直接使用物理的 I 和 O 地址，而是在 OB1 程序的开始和结束，分别做一个批量映射，在开始时把 I 信号批量复制到中间寄存器或者全局 DB 中，而在结束时，则对应地把另一个表征输出的全局 DB 的数据或寄存器区域的数据批量复制到 O 地址区。

这有什么优点？优点是可以保证程序中所有的 I/O 物理地址只使用 1 次，如果卡件的单个通道坏了，可以直接把映射表改一下，既可以更换到另一个备用通道，而主程序逻辑可以丝毫不需要改动。比如如果正常程序，一个 %I0.0 在整个程序中用了 100 次，就不需要逐个修改了，只需要在映射部分改一下即可。

熟知这个经验方法的同行应该不在少数，而且因为简单易表达，所以很多熟手就特别愿意作为一种宝贵经验分享给同行，甚至还发展出一些实现 IO 映射的高级技能技巧。

比如，有人的文章的核心内容是用 PEEK/POKE 指令做了个循环，批量式地实现了 IO 映射。

我的质疑是，如果真的发生了 I/O 通道替换，应该怎么做？好像也没有什么更好的答案。只能是在循环之后再多一句指令，打一个补丁。比如原本是把 %I0.0 映射到了数据块符号定义的地址：DI_DB.DI00，现在物理通道改为了 %I31.7，则为

DI_DB.DI00:=%I31.7;

即在循环逻辑中对 DI_DB.DI00 做了一次赋值，然而紧随其后，又再次赋值，按照先后理论，后一次的值才是真值，程序中可以正常运行了。

然而，如果真的发生 IO 通道损坏而不想更换卡件，如果要换 IO 点，但没做过 IO 映射，该怎么处理呢？也同样打一个补丁即可，只需在程序的最开始增加：

%I0.0:=%I31.7;

在 PLC 中，I 和 Q 原本就不是简单的电气通道，而是寄存器，无非是 PLC 底层系统在循环的每个周期把电气信号转换为数值之后，对应到了寄存器中。而如果在程序中某个位置对这个寄存器的值进行了修改，那么随后的程序中，程序执行时采用的就是新值，而不再是原本的电气信号的值了。

下面是我对 IO 映射方法本身的质疑：

如果是设备程序的提供者，你交给甲方的设备，如果卡件是带病的，有坏通道，甲方会同意接收吗？

如果是设备的运行维护，设备运行过程中卡件的某个通道坏了，不舍得更换整个卡件，而是通过修改程序来对付，那么程序版本准备如何管理？能把修改后的程序称作最新程序吗？如果运行时间久了，卡件的坏通道越来越多，终于打算整体更换时怎么改，再改回来吗，还是坏的通道的位置就继续废弃下去了？

而如果做 IO 映射的目的是为了在不同的项目中，IO 地址变换了，老的程序仍然可用，只改映射部分，那么除了第一次的程序，映射规则非常整齐甚至可以用循环来实现，后来的项目，更改的部分要对应做正确映射，手工处理将非常复杂。

再者，IO 映射过程中符号表的定义也是个大问题。原本整理符号表都是一个比较大的工作量，再多一个映射表，相当于工作量翻倍。

当然，我说的是传统的编程方法，所有这些与烟台方法无关。

在讲述烟台方法的文章中，有描述过程序中 IO 地址只用一次，但那是结果，而不是出发点。通过烟台方法实现的标准程序，自然不需要 IO 地址多次调用，或者说如果多次使用了，就是方法错了。

9.10.8 ［万泉河］PLC 编程标准化：照着系统工艺图编 PLC 程序

在把项目中的设备通过模块实例调用到系统中后，需要做自动逻辑的部分。根据项目的不同，修改 L3 层中的 FB。L3 的 FB 都是针对每次具体的项目的，所以新项目中，必然要修改以及新建。

现在要做每个自动逻辑的调用，即自动运行的接口中，一个个设备作为对象被自动逻辑的 FB 调用。

举个例子，如图 9-14 所示。

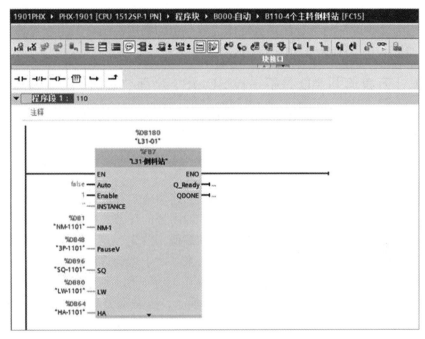

图 9-14　程序块调用

这些设备位号哪里来的？参照工艺图。打开工艺图相应的部分，如图 9-15 所示。

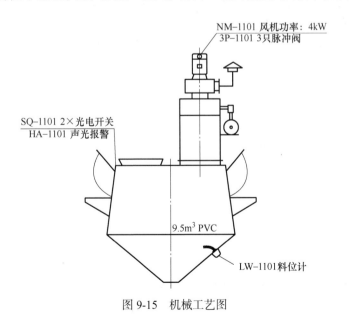

图 9-15　机械工艺图

是不是简直一模一样？

所谓的编程的过程，只不过是查阅系统工艺图，输入相应的位号即可。

而因为这些设备的位号都很有规律，下一台的调用甚至可以用查找替换的方法，比如把 1101 替换为 1201，即为第二台了。

9.10.9 ［万泉河］LAD 是不是被 SCL/ST 全面"碾压"了

LAD 即梯形图。SCL 和 ST 即 IEC 61131 规定的结构化文本编程语言，在西门子中称为 SCL，而在其他品牌，如三菱中则称为 ST。

前段时间，有人向我提了这样的问题：LAD 是不是被 SCL/ST 全面"碾压"了？

其实我自己还真没仔细想过。想了一下，好像确实有这个趋势。

我们在做程序时要讲究高内聚低耦合，即内聚的环节难度高，耦合的环节难度要相对低。然而不管两者之间具体多高和多低，首先一点，要做到内聚和耦合严格分开，即在程序中可以非常清楚地分出来。对于烟台方法来说，其实更重要的贡献是实现了这一点。

图 9-16 是烟台方法移植到三菱之后的程序，手动部分和自动部分加起来是

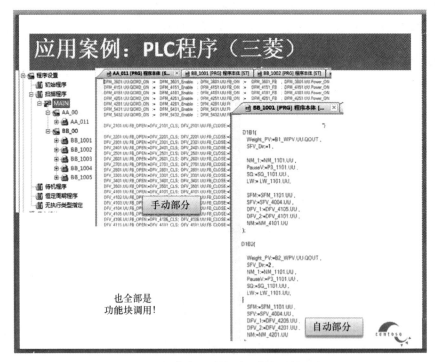

图 9-16　烟台方法移植到三菱之后的程序

整个的耦合部分，全部都是 FB 的调用和挂实参，没有任何逻辑。而耦合部分则全部在程序块的文件夹中，那里面定义了程序中所有需要用到的功能块和库函数。然而没有使用全局变量，也没有访问任何外部 IO 变量，所以 FB 可以跨项目自由复制，而绝不会有变量冲突，也当然不需要进行任何检查修改。

那么，回答这个问题，分为两部分：

1. 内聚

第 1 版的烟台方法的程序是在 S7-1500 中实现的，库函数大量借用了西门子的 BST 库函数。然后在其基础上，又自己开发了工艺函数。而不管是 BST 库函数，还是我近来一直在介绍的 BPL/LBP，它们的库函数原本都是用 SCL 写成的。那么我在移植到其他的 PLC 平台之后，也只不过将 SCL 的语法适应到了 ST。

而我自己为行业和项目开发的库函数，就有些混杂了。看具体的功能需求，在陈述性语句比较多，以及有循环和条件判断时就用 SCL。而如果是顺序控制等需要比较多调试时，就尽量多用 LAD。因为对于在线调试来说，我认为 LAD 还是强于 SCL 的。但当我从西门子移植到三菱等时，LAD 就逐渐掉队了。

如果可以两个屏幕平铺，同时打开两个 PLC 平台的 LAD 编辑器，可以照着一套的 LAD 程序，简单在后一套中画出其 LAD 程序，我们也认为这可以符合移植条件。

然而，在实际操作中，西门子的 LAD 语法比其他品牌要复杂得多。原本在西门子 LAD 中画出来的梯形图，到了倍福或者三菱中，好多画法不支持。在西门子中的一个网络，有时候需要分割到多个网络中才可以，甚至有时候还需要添加内部变量来承接。

所以，在整个内聚部分，不管是复制来的程序还是移植来的程序，都还是 ST 的实现比较简单，也逐渐越来越多，LAD 被挤压到越来越少了。

当然，如果我新调试一个系统功能块，在没有移植需求的情况下，还是会尽量选择 LAD。

2. 耦合

耦合就是程序的调用。程序调用的特点在于难度低，而重复的工作量大。读者有看过我 80 系列的例子，不管是 80 工位还是 80 模拟量，那种大工作量的重复程序并没有什么语法，也自然不需要什么调试，那么即便教给一个新手来帮忙干具体的工作，需要教给他的编程知识都很少。

所以，其实我们主要是在 Excel 中写耦合程序。因为选择了 SCL，所以可以用 Excel 拖一下直接生成。而如果选择 LAD，则只能逐个 LAD 网络一一汇制了。

综上所述，确实 LAD 被 SCL/ST 全面碾压了。这是个客观问题客观答案，不包含主观倾向。那么如果只会 LAD 的工程师，看到 LAD 如此被碾压，应该怎么做？当然是开始学习 SCL 编程了。

9.10.10 ［万泉河］工艺是分层的，库也是分层的

这观点其实很浅显的，简单说就是哪些程序块不允许改，或者改动时需要获得同意，哪些程序块允许改，调试中遇到问题可以改，大家要有共识，这样才不至于改乱了。

比如，一台电机带一个水泵给一个罐体供水，保证其液位在一个允许的范围内。那么，这个电机的运行条件，或者在运行中，发生哪些故障信号时，电机必须停止运行，以保护某些设备、材料、环境，乃至人员安全。简单列举如下：

1）电机过电流，超温，变频器故障等。

2）源水水压低，缺水保护。

3）液位超高限。

在传统的继电器逻辑中，上面的逻辑用一行 LAD 自保逻辑即可完成，如图 9-17 所示。

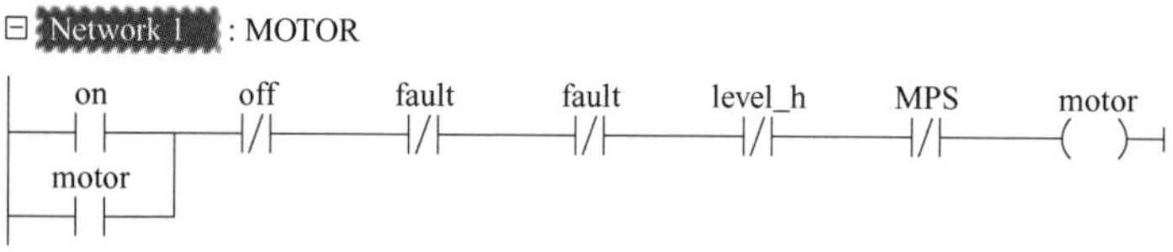

图 9-17　LAD 自保逻辑

但在标准化编程的框架下，程序就不能这么做了。仔细分析一下，上面列举的故障信号的性质其实属于不同的工艺层。第一类信号属于电气系统级别的，仅仅是保护电气到电机的设备安全的。第二类信号属于设备级别的，保护水泵设备安全。第三类信号属于工艺级别的，满足生产工艺需求，或保护工艺设备安全。那么很显然，在进行程序设计时，也要把这些不同工艺层级的功能分开放到不同的工艺库中才最合理。

如果在电气级别的库函数中，加入了高水位、缺水等工艺保护功能，那么这个库函数就失去了通用性。比如这个电机库函数原本还可以用于传送带电机，水位条件在里面就不合适了。反过来，如果在编制工艺逻辑中，还时刻强调电机过电流了要停机，那估计谁也无法做出好的工艺逻辑。

给大家看一个程序的结构，如图 9-18 所示。

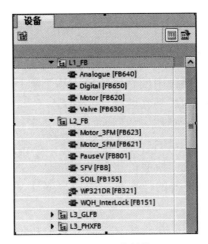

图 9-18　程序结构

　　这些库函数 FB 是分到 3 个层中的，其中 L1 内的库函数是直接从西门子官方的例子中摘来的，除非万不得已，不会去动它。对它们的定义也是通用型的底层库，可以应用于所有工业控制领域相关行业。

　　而其中的 L2 层的库函数，有的是对 L1 库改造升级的，有的是调用 L1 库进行了再次封装的，还有的是专门编写的，总体定义是针对本行业的通用函数。将来同一个行业另外的项目可以直接使用，而且升级过程中要保持延续性。

　　而其中的 L3 层的函数，则仅仅针对本次项目，不具备任何通用性。如果将来的同行业项目有很大程度的接近，甚至相同，那也只是借用，完全可以在调试中根据工艺需求进行修改，而不需要有任何兼容性方面的顾虑。

　　最后，这些函数只是作为库的存在，尽管没有使用 TIA 的库功能。在项目中调用的部分在另外的目录树中，如图 9-19 所示。

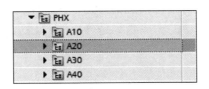

图 9-19　程序目录

　　简单说，OB1 中调用了从 A10 到 A40 内的所有 FC，FC 中调用了需要的不同层的库函数，而每个库函数 FB 被调用的背景实例分处于各自的目录中。

　　从我对工艺函数的分层方式，有人很容易联想到 PCS7 中 PlantView 下的工厂分级。是有一定的联系，但我在这里强调的是库函数的通用性问题。作为库函数，体量上来说小多了，还达不到一个库函数对应一个车间或者工厂的程度。所以，总的说来，不是一回事。

9.10.11 ［万泉河］报警也是分层的

我曾经出差解决一个项目中的软件故障。这个项目的系统是别人做的，是在我原始项目的基础上修改做成现在的这个新项目。

然后在给解决问题时，操作工还同时向我反映了一个小问题，就是系统经常莫名其妙地报一条报警，提示 G3 仓已满，但他们从整个工艺中找不到 G3 仓。

当年我做项目时，系统中所有的报警条目都是一条一条整理的，整理了一个巨大的 Excel 表格，所有报警的位变量，以及报警文字信息说明都整理完备，后来又逐步导入到 WinCC 中。

当他们做项目时，新增的设备毕竟是少数，有可能会加做报警，也有可能没做。而少掉的设备，他们从画面上删掉，PLC 程序上也可以删掉。加上项目工期往往都很紧张，很多工作都是现场改的，很难将每条报警信息都找到并删除。所以，这种重复复制利用的程序里面不可避免地遗留下大量的垃圾信息，也不可避免有些新设备的报警信息没做。后者只能是出一次事故，发现没有触发报警，汇报后再整改才能完善。

这个案例说明了要把报警信息做完整，确实不是一件容易的事。工作量相当大，而且还没法审核，不容易发现遗漏和错误，只能从设计方法本身来解决，即按设备的级别，分层生成报警信息。每一个设备类型都产生一组固定的报警组，这类设备即便有无穷多个实例，所产生的报警都是一样的，无非是设备名称不一样而已。

有人会问，如果系统中的设备嵌套，那岂不是产生的报警信息都重复了。我认为就应该重复。比如某核电站发生故障，它故障报警的信息一定是自下往上逐级发生的。先是一个传感器故障，然后一个水泵运行故障，然后机组故障，任何一条信息都不可或缺，所有报警信息都并列依次发生。

所以，随着工艺是分层的，库函数是分层的，其实报警信息也是分层的。

第 10 章

三菱 GX3 标准化工程实践

三菱的产品线有两大系列，除了 GX Works2 之外，还有部分 PLC 新产品需要在 GX Works3 环境下编程。

经过评估和测试，GX3 和 GX2 在技术架构上大致相同，并没有发现明显的区别，在实现标准化编程设计方法时应用的技术手段也基本一致。本质上来说，在 GX3 下实现标准化应用，可以参考前面在 GX2 中实现的过程，所以可以认为是同样从西门子移植到 GX3 的过程，也可以从 GX2 移植到 GX3。

我们假设读者对三菱的这两个软件平台都同样熟悉，工作中也同样需要用到，所以学习烟台方法的过程，必然需要同时覆盖两个平台。本章不再赘述从西门子系统移植过来时遇到的困难和障碍，也不再过多阐述实现标准化系统架构的方法，而是重点介绍从 GX2 移植到 GX3 的过程。

然而，在讲述从 GX2 移植到 GX3 之前，需要先提一下在 GX2 平台内的移植。同在 GX2 平台下不同系列的三菱 PLC，程序其实并不能直接复制后使用，也仍然需要移植。

10.1 GX2 平台 FX3U PLC 程序移植到 Q PLC

不同 PLC 硬件系列之间的程序移植主要针对的是与项目不相关的库程序部分。其中也不针对包含特殊功能的控制，因为特殊功能的实现方法不同，程序需要单独编制设计，这不在本节的范围。

那么，移植所需要的工作主要在"程序部件"文件夹下的自下而上结构体、FB/FUN 和程序三个文件夹中。

首先，运行 GX2 软件，打开需要移植的源 FX3U 程序，然后再运行一次 GX2 软件，建立目的 Q PLC 程序。

1. 自下而上的结构体

FX3U 中选择一个结构体，通过数据名更改指令，可以选择并复制其结构体名称；Q 中新建一个结构体，名称直接粘贴。FX3U 中打开结构体，单击左上角选中所有单元格后复制；Q 中打开结构体，单击左上角后粘贴。然后逐个结构体重复上述动作，完成移植。

也可以用导出到 CSV 文件，然后在目标 PLC 中逐个导入的方法。然而不可以直接复制整个项目，直接到目标项目中粘贴会报错误："复制源与粘贴目标的 PLC 系列不同时，无法粘贴"。

2. FB/FUN

FX3U 中选择一个 FB，先打开其局部标签，单击左上角选择所有单元格后复制；Q 中建立同名 FB，打开局部标签，单击左上角粘贴。完成局部标签的移植重建。

程序本体的复制需要区分原始程序的语言，即在 Q 中建立 FB 时需要与 FX3U 中完全一致。如源程序语言为 ST，则直接复制文本内容到 Q 中粘贴即可。

如果源程序格式为"结构化梯形图 /FBD"，则从上至下选择所有梯形图块；Q 中粘贴。完成程序本体部分移植。

这是从 FX3U 到 Q 的移植，通常没有什么问题。然而如果方向颠倒过来，会发现 Q PLC 中可选择的编程语言要比 FX3U 多，而如果恰巧原始程序使用的是 FX3U 不支持的语言，比如梯形图，则不能直接移植，只能照着重新绘制。

所以，在选择编程语言，尤其较高性能的 PLC 的编程语言时，除了要方便实现之外，还要充分考虑未来是否有移植的需求，特别是同样功能在低系列产品中应用的可能。

注意，本书提及的用 FX3U 做的标准化架构的程序，项目建立时工程类型中都是选择结构化工程的模式生成的。结构化工程和简单工程可以选择的编程语言完全不同。前者可以选择 ST 和结构化梯形图，后者可以选择梯形图和 SFC，而结构化梯形图和后者的梯形图不是一种语言，因而也是不能跨项目移植。

3. 程序

POU 程序部分，即手动设备和自动设备的实例化，与项目深度相关，除了需要根据硬件分配的地址建立 IO 变量表之外，还需要根据设备位号在全局标签中建立设备的实例。通常不需要从旧程序中移植，还是按照本书中的方法，直接用 Excel 生成程序功能比较方便。

10.2　GX2 FX3U PLC 程序移植到 GX3 FX5U PLC

在 GX3 软件的菜单栏"工程"→"打开其他格式文件"→"GX Works 格式"命令下，可以打开原本在 GX2 中的 GXW 工程文件。打开时，会自动分配新平台对应的 PLC 型号。原本的 FX3U 会对应 FX5U，而如果原本是 Q，则会自动对应 R。

本节讲解书中做过的 FX3U 程序升级到 FX5U。升级完成后，全部编译重新生成，会报错，然后则需要对每个错误逐个处理。

示例 1 见表 10-1。

表 10-1　编译报警

No.	结果	数据名	分类	内容	错误代码
1	Warning	MOTOR	转换程序	VAR_OUTPUT 类型中使用了 :=	0x11042FD0

单击跳转到产生报警的代码位置检查，发现根源在于，ST 语言的程序在对 FB 的调用中，OUTPUT 引脚的实参部分语法不对。GX3 要求的是 >= 的语法，这是与 IEC 61131 一致的。问题其实出在 GX2，因为 GX2 不支持 >=，所以原始程序源代码从西门子 Portal 移植来时，之前就是 >=，而因为编译语法错误，所以在规则中加入了 >= 替换到 := 的条目。

西门子源程序中原本 INPUT 引脚用的都是 :=，现在既然已经统一改为了 :=，再想用程序挑出来个别恢复到 >=，难度就相当大了。解决的方法有以下几种。

● 方法 1

这只是 Warning，其实后果不严重，并不影响运行结果。在报警数量不多的情况下，将就使用也可以。但如果太多，就有可能影响编译过程了。

● 方法 2

方法是程序代码重新移植，从最原始的西门子的代码移植，这条规则。但这样导致的结果是，GX2 和 GX3 的代码就不兼容了，而且在 GX2 中原本自己编写的程序如果要移植到 GX3 也一样存在这样的问题。所以，不是最优的方法。

● 方法 3

方法是把程序块中所有 OUTPUT 引脚类型改为 IN_OUT 类型。对于 IN_OUT 引脚类型来说，如果程序逻辑内部只拿它当 OUT 用，也完全没有问题。

当然可以只在编译后的 GX3 环境中修改。但为了将来两套库函数一致，也可以先在 GX2 中改好后再移植。然而，并不是所有的 FB 都可以修改。比如系统自带的 FB 定时器模块 TON 就不能这样改。

那么，需要新建一个 FB，比如叫作 TONa，引脚名字与原 FB 完全相同，其中原本的 Q 和 ET 定义为 IN_OUT。多重调用一个 TON：

TON1(IN:= IN ,PT:= PT ,Q=> Q ,ET=>ET);

然后将程序中所有 FB 中使用了 TON 定时器的变量，类型全部改为 TONa，则消除了上述的编译警告。

示例 2 见表 10-2。

表 10-2　编译错误

No.	结果	数据名	分类	内容	错误代码
1	Error	MOTOR	转换程序	指定了无法访问的标签	0x110E1A32

跳转之后发现相关代码为

```
OO.SIM_T:=DINT_TO_TIME( REAL_TO_DINT(1000.0 * UU.SIM_T));
OO.QSIM_T :=DINT_TO_TIME( REAL_TO_DINT(1000.0 * UU.QSIM_T));
OO.SIM_T_STOP :=DINT_TO_TIME( REAL_TO_DINT(1000.0 * UU.SIM_T_STOP));
OO.QSIM_T_STOP   :=DINT_TO_TIME( REAL_TO_DINT(1000.0 * UU.QSIM_T_
STOP));
OO.MON_T :=DINT_TO_TIME( REAL_TO_DINT(1000.0 * UU.MON_T));
OO.MON_T_STOP   :=DINT_TO_TIME( REAL_TO_DINT(1000.0 * UU.MON_T_
STOP));
OO.FLOW_MT   :=DINT_TO_TIME( REAL_TO_DINT(1000.0 * UU.FLOW_MT));
```

7 行代码中前四行对 OO 内的 VAR 变量不允许访问，而后面三行访问的 OO 的数据是 OUTPUT，则没有错误。从规则来看，三菱的 ST 在 GX3 与 GX2 存在严重的分歧。原本 GX2 中 VAR 静态变量直接可以被外部访问，而到了 GX3 就不允许了。解决方法是，把这些需要外部访问的变量的类型由 VAR 修改为 VAR_PUBLIC，这个新的类型也是旧的 GX2 中所不存在的。对于一个 FB 内的静态变量是否允许外部访问，在各 PLC 厂家不同软件平台，定义各不相同。

如果读者对这里遇到编译错误的程序块足够熟悉，会发现上述这些修改类型的变量其实在原本 GX2 的系统中，就是我们在注释中增加了 HMI 标记并需要传到上位机的变量，也是因此而增加到了 UDT 数据结构中。

从严格意义上讲，最符合规范的做法应该是，所有需要与外部沟通的数据都应该通过各种接口来输入或者输出，FB 内的静态变量只是为程序逻辑内部实现功能而存在。那么其实可以认为是西门子的 BST 库在制作过程中不够规范导致的。比如 QSIM_T 这样的变量，从变量名标记来看原本就应该是 OUTPUT 的，而做成静态变量，本来就容易引起误解。

所以，也完全可以把上述的变量类型根据实际需求修改为 IN_OUT 或者 OUTPUT，然后根据前面的建议统一改为 VAR_INT_OUT 类型，完全合理。

程序移植过程中，此类报错的变量逐一修改类型后，即可以编译通过了。

但我们回过头看举例的报错的变量和程序语句，其功能是将时间参数的数据类型在时间类型和浮点数据之间双向转换。而我们在 GX2 的章节中曾经提及过直接在底层 L1 库函数内就将数据类型更改的设想。即把本章中介绍的对定时器的封装与前面的浮点数定时器结合，并在 L1 库函数中直接使用，数据类型改为浮点数，可以将上述两个问题合并同时解决。然而，原始程序中对数据的处理有可能因为类型变化，所用到的函数有可能需要变化，则只能通过人工解读并修改来实现了。

10.3　GX3 平台不同 PLC 类型之间的程序移植

FX5U 的程序更改 PLC 类型为 R04，然后 R04 还可以更改为更多的 R 系列的类型。这样只需要另存即可实现移植。然而，这个移植是单向的，R 系列的程序并不可用同样的方法降级到 FX5U 来使用。

如果实际工作中有将 R 系列中的程序块移植到 FX5U，甚至 GX2 的 Q 或者 FX3U 等的需求时，可以将程序块数据逐个复制来实现。

10.4　GX3 PLC 与上位机的通信

在 GX2 的程序中，根据前面章节的介绍，我们通过检索程序编译后分配得到的软元件地址，建立上位机与其通信的地址表，实现了通信。然而到了 GX3 之后，我们发现，这个方法不能用了。因为程序编译后，软元件的使用不再是开放的，无从查询。

当然可能因为作者个人对 GX3 软件使用不够熟悉，也有可能在未来版本中会改善。但总之，我们在 GX3 中当下遇到了这样的问题。按照标准化架构的方法所设计的程序，全部都是符号命名的，符号寻址的。然而从目前调研的结果来看，除了三菱 GOT2000 触摸屏设计软件可以直接使用符号寻址与 PLC 通信，其余所有的上位机软件包括 OPC 软件，在与三菱 GX3 的 PLC 通信时，仍然全部需要依赖绝对地址通信。

所以，需要有现实可用的解决方法，在 PLC 编程中解决实现。

在全局标签表中，我们根据项目位号表已经建立了每个设备对象的实例。现在再为每一个实例建立其 UDT 数据的实例。可以为其建立一个单独的 GLOBAL 全局标签表，见表 10-3。

表 10-3　GLOBAL 全局标签表

标签名	数据类型	类	分配（软元件 / 标签）	简体中文
UDT_NM02_1001	UDT01_MOTOR	VAR_GLOBAL_RETAIN	详细设置	通风机 5.5kW
UDT_NM02_3001	UDT01_MOTOR	VAR_GLOBAL_RETAIN	详细设置	搅拌电机 5.5kW
UDT_NM02_5001	UDT01_MOTOR	VAR_GLOBAL_RETAIN	详细设置	循环泵 7.5kW

（续）

标签名	数据类型	类	分配（软元件/标签）	简体中文
UDT_NM02_7001	UDT01_MOTOR	VAR_GLOBAL_RETAIN	详细设置	补水泵 2kW
UDT_NM02_7002	UDT01_MOTOR	VAR_GLOBAL_RETAIN	详细设置	真空泵 13kW
UDT_DFV12_1001	UDT02_VALVE	VAR_GLOBAL_RETAIN	详细设置	气动阀
UDT_DFV12_3001	UDT02_VALVE	VAR_GLOBAL_RETAIN	详细设置	气动阀
UDT_DFV12_5001	UDT02_VALVE	VAR_GLOBAL_RETAIN	详细设置	气动阀
UDT_DFV12_7001	UDT02_VALVE	VAR_GLOBAL_RETAIN	详细设置	气动阀
UDT_DFV12_7002	UDT02_VALVE	VAR_GLOBAL_RETAIN	详细设置	气动阀

默认显示下，"分配（软元件/标签）"列并不显示，需要通过单击上面的"详细显示"按钮令其显示，然后可以逐个点开"详细设置"，为每一个 UDT 实例分配软元件地址。

设备的实例化的程序中，增加对 UDT 部分的实参赋值，如下：

NM02_1001(FB_ON:=NM02_1001_ON,MPSa:=NM02_1001_FAULT,QCMD_ON:=NM02_1001_Q, UU:=UDT_NM02_1001);

即原本的 UDT 数据直接使用的是设备实例内的 UDT 数据，而现在在全局中每一个设备对象除了其设备实例之外，还全部都配对一个 UDT 接口数据。数据的访问通过 UDT 数据来传递。

这里我们认为这些数据大都是需要掉电锁存的，所以类型选择为 VAR_GLOBAL_RETAIN，在分配地址时，也分配到 PLC 参数设定的锁存地址区域。在为第一个变量分配了地址之后，其后的地址自动分配，如图 10-1 所示。

图 10-1 软元件分配

把得到的这些地址记下来，即得到了上位机（WinCC）中需要的变量地址列表，见表 10-4。

表 10-4　上位机变量地址列表

序号	标签名	数据类型	软元件
1	LOCK	位	D200.0
2	ERR_EXTERN	位	D200.1
3	LIOP_SEL	位	D200.2
4	L_AUT	位	D200.3
5	LREMOTE	位	D200.4
6	L_SIM	位	D200.5
7	L_RESET	位	D200.6
8	AUT_ON	位	D200.7
9	MAN ON	位	D200.8
10	SIM_ON	位	D200.9
11	FB_ON	位	D200.A
12	L_MON	位	D200.B
13	MON_T	单精度实数	D201
14	MON_T_STOP	单精度实数	D203
15	MPSa	位	D205.0
16	L_FLOW_MON	位	D205.1
17	FLOW	单精度实数	D206
18	FLOWLL	单精度实数	D208
19	FLOW_MT	单精度实数	D210
20	INSTANCE	字符串 (32)	D212
21	RESTART	位	D229.0
22	QdwState	双字 [有符号]	D230
23	QwState	字 [有符号]	D232
24	QSTOPPING	位	D233.0
25	QSTOP	位	D233.1
26	QSTARTING	位	D233.2
27	QRUN	位	D233.3
28	QCMD_ON	位	D233.4
29	QMON	位	D233.5
30	QMON_ERR	位	D233.6
31	QMON_T	单精度实数	D234
32	QMON_T_STOP	单精度实数	D236

（续）

序号	标签名	数据类型	软元件
33	QFLOW_MON	位	D238.0
34	QFLOW_MT	单精度实数	D239
35	QFLOW_ERR	位	D241.0
36	QMPSa	位	D241.1
37	QMAN_AUT	位	D241.2
38	QREMOTE	位	D241.3
39	QSIM	位	D241.4
40	QLOCK	位	D241.5
41	QERR	位	D241.6
42	QERR_EXT	位	D241.7
43	QwAlarm	字 [有符号]	D242
44	VISIBILITY	字无符号 / 位串 [16 位]	D243
45	OPdwCmd	双字 [有符号]	D244
46	SIM_T	单精度实数	D246
47	QSIM_T	单精度实数	D248
48	SIM_T_STOP	单精度实数	D250
49	QSIM_T_STOP	单精度实数	D252

这里的软元件的地址不支持事先分配好导入，也不支持自动分配后导出或者复制表格的方式直接输出，只能给每个设备对象逐个输入首地址，然后再记录得到的所有地址。由此得到了上位机所需要的所有变量地址列表，可以回到传统的地址寻址的方式，做上位机通信了。本书不再详细展开。

注意，上面的 D 区地址分配的规律是简单按照地址增加的。在一个位类型的变量后，为字等数据类型，即直接进位增加地址号，这会造成一定的地址浪费。所以可以在设计 UDT 数据类型时，尽量按照类型排序，以减少浪费。

这个地址分配规则也是很容易辨识的。我们也可以在自动生成变量表的软件中增加相同规则的生成软元件地址的功能，生成同样的地址表，直接供上位机使用。

除本节介绍的方法之外，还可以通过 OPC UA 的方法实现上位机与 PLC 的通信。比如在 FX5U 的 PLC 模块中增加 FX5-OPC 的专用模块，其提供了 OPC UA 的服务。而 OPC UA 是可以直接支持符号寻址的，那么只要支持 OPC UA 客户端的软件，如 WinCC，就可以直接对接。代价是增加了一部分成本。

当然，最好的方法是等待三菱的软件更新后可以提供更高效便捷的方法，或者有第三方软件开发出了支持三菱标签寻址的 OPC 软件中间插件。

总之，标准化的方法是一个模块化的优化组合的方法，每一个部件和解决方案都不是僵化不可变的，反而是只要有最新的技术产生，并且这个技术有利于提高效率，就会第一时间充实到我们的设计流程中。

读者在阅读本书的过程中，时刻可以发现这一点。所以，切不可把本书介绍的任何技巧和方法当作唯一的标准答案。适应变化，追求创新和效率，才是标准化烟台方法永远不变的目标。

10.5　GX3 中变量值掉电锁存

我们在 GX2 系统中有介绍过实现关键参数的锁存功能的方法。然而，在 GX3 中，变量类型中多了 RETAIN 的选项，比如上一节的 UDT 实例选择的 VAR_GLOBAL_RETAIN，以及 FB 的局部标签中，也分别有 VAR_RETAIN、VAR_PUBLIC_RETAIN 等选择，代表了只要选择相关类型，变量即具备掉电锁存功能。

这样的方法又与西门子 Portal 的实现方法相似了，在需要的变量级别上设置参数即可实现掉电锁存功能。所以，我们在 GX2 中专门做的程序实现功能，到了 GX3 中完全可以不需要了，那么只要相关的代码不再调用即可。当然，也可以继续沿用 GX2 中的方法，以保持代码的通用性。

然而，如果两种方法都用到，则需要谨慎检查地址的使用分配情况，不要产生冲突。比如上一节举例的为 UDT 实例分配的 D200 地址与 GX2 程序中自动分配的程序地址就是冲突的。

10.6　相关参考文章

10.6.1　［万泉河］论 PLC 程序的可移植性（上）：关于移植的定义

程序移植的概念同样来自 IT 行业，把一套程序功能移植到另一个系统平台。PLC 行业与 IT 行业有一点不同，即 PLC 行业中有很多图形化的编程界面。许多所谓的程序，其实是一些图形化的符号。因而并不像 IT 行业一样都是文字形式的源代码。文本类型的源代码可以直接通过复制粘贴的方式从源复制到目的，然后根据两套系统语法或性能的不同，就可以探讨程序如何移植，以及程序质量的好坏，是否可移植可识别了。

PLC 系统的图形化编程语言通常遵循 IEC 61131 标准，有梯形图（LAD）、功能图（FBD）、顺序功能图（SFC）等。

IEC 61131-3 对这些图形化语言标准做了定义，但却没有对存储这些语言的文件格式进行约定。各厂家可以自行定义符号语法，只要最终能在用户层面实现程序显示、编辑和存储即可。这导致各厂家不同平台之间相似的图形语言，比如都是 LAD 的程序，并不可以直接复制粘贴。甚至同一厂家的不同平台也都不能直接兼容。这一点在三菱系统中都可以完整体现。

比如，最简单的一段串联逻辑，如图 10-2 所示。

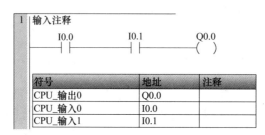

图 10-2　LAD 逻辑

这是在 SMART 200 中的程序。如果要复制到 TIA Portal 中，虽然同样都是西门子的产品，也不可以复制粘贴，如果要移植，也只能参照着重新画一遍。

针对这种状况，近些年，国际上又成立了 PLCOPEN 组织，旨在推广 IEC 61131-3 的标准化应用，增强各厂家之间接口的兼容性。然而，此项工作难度极大。

西门子和 CODESYS 都是使用 XML 标记语言表示图形化元素，即各自的图形化程序语言都是可以导出到 XML 文本代码，然而各自的语法定义大相径庭，完全不相兼容。这是当下的实际状况，也会是未来很长时间内保持的状态。

所以，在图形化程序直接通过剪贴板复制粘贴不可行的情况下，如果编程语言支持 XML 导出，那就降低目标，能导出到 XML 格式之后再到目标平台导入也算是可以实现顺利移植。然而即便这样，在当下的 PLC 行业也是不容易实现的。

我在多个场合反复强调一点，设计工作中，凡是在动手做之前就可以知道结果的，或者工作只是重复性质的工作量问题的，都会想方设法研发或者外购现成的工具软件来实现。

而针对程序的移植，我们会有相似的观点，一套控制程序需要从一个平台迁移到另一个平台，如果目标程序的答案结果是确定的，即便暂时没有自动迁移工具，只要规则是清晰明确的，可以找一个完全没有行业技能的外行，对他们进行简单的规则培训之后，由他们人工进行程序的迁移。迁移的过程没有技术难度，有的只是重复劳动的工作量，那么就可以认定这个程序做得还不错，可以实现跨系统跨平台的移植。

这时，程序的可移植性与平台的功能无关，更与是否存在第三方辅助工具无关。只取决于编程者编写程序的架构和方法，所写的程序是否可以更好地支持移植。第三方辅助工具不存在时人工做，有了工具之后随时可以由工具替代人工来实现。

这才是真正的 PLC 程序可移植性的概念。

概念清晰之后，10.6.2 节的文章会重点论述评估 PLC 程序可移植性的准则，以及编写可移植性高的 PLC 程序的原则和方法。

10.6.2　［万泉河］论 PLC 程序的可移植性（下）：可移植性是评价程序好坏的标志

在 10.6.1 节里，其实只论证了一件事，评价 PLC 程序可移植性时，与所使用的 PLC 品牌和系统平台的性能无关，而只与程序员个人有关，即程序可移植性其实是评价程序好坏的标志。

在可移植性方面，PLC 程序和 IT 程序有极大的共性。只不过双方是完全不同的领域，所以对方的一些特定的名词概念，需要稍微加以替换和修正。

一个很容易被误解的前提，很多 PLC 同行会认为 PLC 行业的系统平台比 IT 行业的平台要多，因为除了 CODESYS 阵营之外，几乎每个 PLC 厂家都有自己的系统平台。而当我们对 IT 行业稍微了解后，会发现他们的系统平台一点都不少，甚至可能会更多，我们甚至很少有人能把这些系统平台的谱系描述清楚。

而总结所有的观点，实现可移植性的基本方法是分层，即把基于操作系统平台的部分逻辑功能封装，而主程序的逻辑部分则完全不依赖于系统硬件特性，因而才可以实现移植。这个观点在 PLC 行业仍然通用，然而貌似有点目标过高，大部分同行还没有能力一步到位实现。我们可以把此作为一个终极目标。

我们讨论可移植性时，指的是跨系统平台，比如一套控制系统，原本使用西门子 S7-1200 完成，现在因为缺货的原因或者其他的原因，需要更换到三菱、欧姆龙、台达、汇川等品牌，原有的程序需要移植到对方的控制系统平台上。如果这套程序完全没有可移植性，即整个程序所有模块单元全部都需要从头设计，那么这套程序的可移植性等于 0。

然而，行业中当下的现状是，相当一部分的 PLC 程序都不要说跨系统平台了，即便 PLC 型号不变，仅仅是换了个项目，或者非标设备功能参数有改变，原有的程序逻辑直接复制过来都不能使用，还需要做一些修改和替换，如逻辑涉及的物理通道地址需要替换，用到的 M 点、定时器、DB 数据等系统资源需要重新分配并更改。

　　这些工作，除了工程师本人，外人是没有能力协助的。而即便工程师自己，在改完了以后，也不敢直接宣布此部分程序功能已经完成移植，还需要下载到设备后，在线运行调试确认。因为总有某些细节在修改时有可能疏忽，带来新的故障。所以，其实和完全从头新写一个程序并没有什么两样。

　　这是过去二十年，我自己和大部分同行所做的工作中的大部分内容。

结束语

PLC 标准化编程烟台方法是一种通用于所有 PLC 平台的原理方法，本书前面讲解的原理部分与作者同系列的书《PLC 标准化编程原理与方法》《倍福 PLC 标准化编程烟台方法》相关章节的架构基本相同。目前，正在规划的罗克韦尔 AB、汇川、欧姆龙等品牌 PLC 的同系列书，仍会沿用同样的架构。

在实践部分，针对三菱 PLC 的 GX2 和 GX3 平台分别做了实现。由于篇幅所限上位机继续沿用西门子的 WinCC 软件。

实质上，在 PLC 标准化编程中，工作量大，而更重要的是上位机画面的内容。因为这是一套工业设备与用户的交接界面，直接影响用户的使用体验，因此工业设备的标准化设计，首先体现在上位机画面设计的标准化，唯有画面实现了标准化，才能真正地降低工程师设计的工作量，才有精力精益求精地设计画面的架构，提高设计工作的重复利用率，提高工作效率。

本书大部分篇幅集中地讲解了 PLC 的编程，都是在为上位画面的标准化做准备。本书正是因为使用了现成的 WinCC 画面模版，节省了大量的工作量，才可以在一本书中完整实现，而读者们在理解并掌握烟台方法架构之后，还应对自己公司和行业选用的 SCADA 软件或者 HMI 产品，分别做出对应的画面模版。当然，这些模版可以参考现有的 WinCC 模版移植完成。

将西门子的库架构移植到三菱、倍福以及更多品牌的 PLC 和 HMI 的过程中，也实现了所有品牌架构的程序逻辑复用和界面风格的统一，这才是 PLC 标准化编程的目标所在。

借鉴使用已有的成熟的库模版并进行移植后应用，其优点在于设计调试工作量小，比较容易快速实现。在本书中，以 BST 为例是为了方便讲解展示其中的技术方法。读者在掌握所有模块化标准化设计技能方法之后，应该有能力根据自身行业的特点重新设计符合自己应用习惯的库模版架构。因此，未来 PLC 行业所使用的库模版架构不会只有个别的寥寥几套库，而应该是百花齐放百家争鸣，数十种乃至上百种库架构任由行业工程师选择使用，由此形成繁荣的交易市场和开源生态。

目前，这方面的工作在整个 PLC 行业还是空白，因此可做的工作非常多，同时机会也非常多，而且将是一个长久的乃至几十年的过程。作为前提条件，熟练地掌握 PLC 标准化编程烟台方法尤其重要，唯有如此，所有同行的工程师之间才有了共同语言，互相之间的工作成果才有可能分享和交换。为了便于烟台方法学员和读者之间的相互学习与交流，作者成立了读者群，本书读者可以添加作者微信 zho6371995，并申请加入到读者群中。